"环境科学与工程"类普通高等教育本科规划教材

环境生态学基础

杨清伟　主编

U0189236

中国科学技术出版社

·北　京·

图书在版编目（CIP）数据

环境生态学基础 / 杨清伟主编 . –– 北京：中国科
学技术出版社，2024.10. ––ISBN 978–7–5236–0937–8

Ⅰ . X171

中国国家版本馆 CIP 数据核字第 20243YY445 号

策划编辑	王晓义
责任编辑	李新培
封面设计	郑子玥
正文设计	中文天地
责任校对	焦 宁
责任印制	徐 飞

出　　版	中国科学技术出版社
发　　行	中国科学技术出版社有限公司
地　　址	北京市海淀区中关村南大街 16 号
邮　　编	100081
发行电话	010–62173865
传　　真	010–62173081
网　　址	http://www.cspbooks.com.cn

开　　本	720mm×1000mm　1/16
字　　数	356 千字
印　　张	19.25
版　　次	2024 年 10 月第 1 版
印　　次	2024 年 10 月第 1 次印刷
印　　刷	涿州市京南印刷厂
书　　号	ISBN 978–7–5236–0937–8 / X·159
定　　价	69.00 元

《环境生态学基础》
编委会

主　　编　杨清伟

参编人员（按姓氏笔画排序）

　　　任　杰　刘　威　杨延梅　宫阿都

前　言

环境生态学可以说是一门既年轻又古老的科学。说它年轻，是因为一般认为，环境生态学是在 20 世纪 60 年代，以美国海洋生物学家蕾切尔·卡尔逊（Rachel Carson）科普作品《寂静的春天》（*Silent Spring*）的公开发表为里程碑，随后迅速发展起来的。说它古老，是因为从生产实践角度考察，中国早在 17 世纪明末清初即兴起"桑基鱼塘"这样的环境生态生产实际，并一直得到发展，今天更是被提升为世界瞩目的生态文明发展与建设。

因此，无论是理论发展还是实践应用均表明，在人类社会快速发展，尤其是人口剧增并由此导致对环境与生态资源的开发利用力度急剧增加，进而产生了日益严重的环境污染与生态破坏的背景下，环境生态学对于解决这些难题都已受到密切关注并切实提出了有效的解决之道。

环境生态学是传统生态学与环境学科交叉而成的新分支学科，是伴随着环境问题的出现而产生和发展的综合性科学。传统生态学侧重研究生物与其环境之间相互作用的规律，环境学侧重研究以人为中心体之外的事物受人类活动的影响，即环境污染问题的产生以及人类为净化污染环境而发展出的一系列方法和技术。作为交叉学科，环境生态学即是探析人类活动影响下生态系统的结构和功能的变化，维护生物圈的正常功能和持续发展，保障人类与生存环境之间能够得到协调发展。基于传统生态学相关研究理论、原理和方法，对合理利用及保护自然资源环境，治理环境污染和生态破坏，恢复和重建受损生态系统，实现社会—经济—生态复合系统的协调发展，以满足人类生存和可持续发展需要，构成环境生态学的核心研究内容。

本书内容针对非生态学专业本科学生，根据他们中学阶段所学生态学与环境学相关知识基础，以及一般课时长度，共设计了 8 章。第 1 章为绪论，概述环境生态学的学科性质、学习任务、发展历程以及关键学习方法等；第 2 章至第 4 章侧重介绍人类对自然生态系统的基本认识和研究结果；第 5 章介绍不同类型生态系统构成的景观及其生态作用；第 6 章介绍人类活动导致环境污染的基本情况；第 7 章介绍各种干扰，主要是人为干扰对环境生态的影响；第 8 章介绍对于环境污染和生态破坏所可能进行的生态恢复 / 修复。期望本书能构建基础的环境生态学知识体系，并对读者有所裨益，也期待本书的出版可以推动我国环境生态学基础教育，促进生态环境保护和生态文明建设的发展。

　　本教材的完成得到重庆交通大学规划教材建设项目的资助，全书由重庆交通大学的杨清伟和杨延梅老师、北京师范大学的宫阿都老师、广州大学的刘威老师和中山大学的任杰老师共同完成，由杨清伟老师最后统稿。本教材编者理论水平有限，对实际工作情况的把握亦有欠缺，故引用了大量文献并均已给出标注，在此表示诚挚谢意。同时，由于编写时间仓促，不妥之处在所难免，恳请读者提出宝贵意见。

编者

2023 年 11 月

目录

第1章 绪 论

1. 本学科的研究对象与任务

环境生态学研究干扰（尤其是人为干扰）影响下的生态系统。在学习经典生态学的基本理论基础上，环境生态学更加关注以下内容。

研究人为干扰下生态系统内在变化机理和规律——人类对生态系统的干扰主要表现为环境污染和生态破坏。自然生态系统在受到人类干扰后将会产生怎样和哪些规律性的反应和变化特征，在这一过程中干扰效应在系统内不同组分间是如何相互作用的，产生了哪些生态效应以及对人类有何影响等问题。

进行生态系统受损程度及危害性的判断。包括判断受损生态系统在结构和功能上有哪些影响，有什么样的退化特征，这些退化现象具有怎样的生态学效应、性质和危害性程度等。

开展生态系统退化机理探析及对其进行修复。在超负荷的人口以及污染等人类干扰及其他因素影响下，大量生态系统处于不良状态，如森林衰退、土地荒漠化、水土流失、水源枯竭等。需要探析人类活动致使生态系统退化的机理并研究其恢复途径，比如如何发展生态农业、自然资源综合利用以及污染物的生态处理技术等。

研究各类生态系统的功能及保护措施。要研究各类生态系统的结构、功能、保护和合理利用的途径与对策，探索不同生态系统的演变规律和调节技术，防治人类活动对自然生态系统的干扰，有效地保护自然资源，为合理利用资源提供科学依据。

研究解决环境问题的生态学对策。过去单纯依靠工程技术解决人类活动所导致的环境问题已被实践证明是行不通的，而采用生态学方法治理环境污染和解决生态破坏问题，尤其在区域环境的综合整治上已经初见成效，前景令人鼓舞。基于对源自自然生态系统的生态学关系、作用规律的认识，生态学原理的提炼，以及相关理论的构建及发展，结合具体生态与环境问题的特点，并辅以其他方法或工程技术，被证明在恢复和重建受损生态系统的实践中是富有成效的。

2. 本学科的主要发展历程

环境生态学学科诞生于环境问题出现后的 20 世纪 60 年代初，其标志一般认为是美国海洋生物学家蕾切尔·卡尔逊（Rachel Carson）所著科普作品《寂静的春天》（*Silent Spring*）的公开发表，其以生态学的视野对人类与环境关系的传统观念、行为和后果进行了系统的理性反思。

随后，罗马俱乐部于 1972 年发表《增长的极限》，深刻阐明了环境的重要性及资源与人口增长之间的紧密关系，并指出：全球经济的增长将会因为粮食短缺和环境破坏而在 21 世纪出现不可控的衰退；同年，联合国召开"人类环境会议"，第一次将环境问题纳入世界各国政府和国际政治事务议程，并通过了《人类环境宣言》。

1980 年，英国学者 J. M. 安德森（J. M. Anderson）出版第一本《环境生态学》。1987 年，美国学者 B. 福尔曼（B. Forman）出版大学教科书《环境生态学》，从而构建了环境生态学教材内容的基本框架。同期，联合国发布《我们共同的未来》（*Our Common Future*）的研究报告。

20 世纪 60 年代以来，许多学者从不同角度和不同研究领域为环境生态学的形成与学科建立贡献了力量。20 世纪 90 年代中期，我国通过专业调整，在环境科学与工程一级学科和生物学科内设置了"生态学"本科教育专业。受此推动，《环境生态学》的专著和教科书不断增多，其中金岚教授等于 1991 年编著出版了我国第一本教材《环境生态学》。2012 年开始，国家批准在"环境科学与工程"的所属专业中增设"环境生态工程"专业，培养从事环境治理、生态修复和生态保育的专门人才。

进入 21 世纪以来，人类与自然生态系统之间的关系变得日益复杂，人类对自然生态系统的干扰类型、方式、强度、持续时间等都表现出不同以往的性质和特点，因此环境生态学的发展也将具有新的发展方向和特点。

3. 本学科课程的性质与目标

环境生态学课程是环境学、生态学及相关专业学生的专业基础课程。通过学习，使学生掌握环境生态学的基础知识和基本理论（包括学科发展概况、生物与环境、生物种群、生物群落、生态系统、生物圈主要生态系统及自然资源的保护、环境污染的生态效应及生态防治等基本内容），并能运用"物质循环再生原理""物种多样性原理""协调与平衡原理""整体性原理""系统学和工程学原理"等生态学原理，增强学生环境生态保护意识，培养高素质创新人才和广阔的创新思维空间。

4. 本学科课程的学习方法

（1）端正学习态度。态度决定一切，要想提高学习效率，必须端正学习态度。为此，必须明确学习目的，知晓个人学习能力，增强学习信心，注重课堂听课效率。

（2）常做学习反思。在课程学习进展过程中不断学习积累相关理论知识，并注重不断反思，在反思中不断改进学习方法，弄清楚为什么要学习，在反思中获得更好的学习方法来积累知识，提高学习质量。

（3）加强学习的主动性。除了课程学习，还应该主动思考，只有自己思考过的问题才会记忆犹新，领悟日进。主动分析知识的关联性，发现学习中的问题，并及时查漏补缺。

（4）注意理论联系实际，加强实践学习。在实践中运用知识，能够发现问题，并能激发积极寻求解决问题的方案，从而提升专业技能。要做到勤于思，敢于做，勇于写。尝试邀约同学成立课外兴趣小组，自主设计实验方案。积极参与社会实践调查，提升自己思考与实践能力。

思考题

（1）简析环境生态学的概念与发展历程。

（2）与基础生态学进行对比，说明环境生态学的研究内容和任务。

（3）举例说明当今人类面临着哪些重大环境生态问题。对此你有哪些解决思路？

主要参考文献

［1］奥德姆，巴雷特. 生态学基础：第 5 版［M］.陆健健，王伟，王天慧，

等译. 北京：高等教育出版社，2009.

　　［2］胡荣桂，刘康. 环境生态学［M］. 武汉：华中科技大学出版社，2018.

　　［3］金岚. 环境生态学［M］. 北京：高等教育出版社，1992.

　　［4］盛连喜，李振新，王娓. 环境生态学导论：第3版［M］. 北京：高等教育出版社，2020.

　　［5］Bowser G，Cid C R. Integrating environmental justice into applied ecology research：Somebody else's problem?［J］. Ecological Applications，2020，30（8）：e0225.

　　［6］Wyner Y，DeSalle R. An Investigation of How Environmental Science Textbooks Link Human Environmental Impact to Ecology and Daily Life［J］. CBE-Life Science and Education，2020，19（4）：ar54，1-12.

　　［7］黄一绥. 美国大学"环境生态学"课程体系及其借鉴［J］. 高等理科教育，2008（4）：44-46.

　　［8］李梦龙，赵丽娅，李艳蔷，等. 刍议如何学习环境生态学［J］. 成功（教育），2011（1）：293.

第2章　生态系统的结构与功能

导读： 本章内容为生态系统层次上的生态学，包括生态系统的结构与功能。本章注重的是从系统的角度来认识自然界生物与其生存环境所构成的整体性功能。对生态系统的整体认识和学习是将来进行生态系统资源利用与管理、生态保护与恢复以及生态文明设计、规划与建设的基本理论支撑。

学习目标： 了解生态系统的相关概念，理解生态系统组成成分及其生态功能，掌握生态系统的结构及四大基础功能，理解生态系统的服务功能及其价值计算，能对生态系统进行基本认识和初步分析。

知识网络：

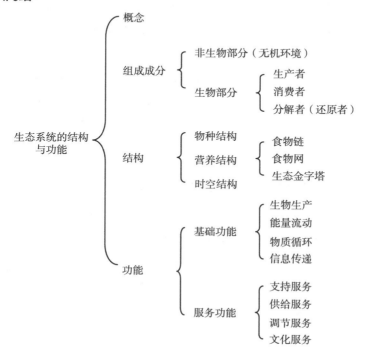

第 1 节　生态系统的组成与结构

"生态系统"这一概念于 20 世纪 30 年代由英国植物群落学家坦斯利（A. G. Tansley）首先提出，他认为，生态系统的基本概念是物理学上使用的"系统"整体。这个系统不仅包括有机复合体，而且包括形成环境的整个物理因子复合体。我们对生物体的基本看法是，必须从根本上认识到，有机体不能与它们的环境分开，而是与它们的环境形成一个自然系统。这种系统是地球表面上自然界的基本单位，它们有各种大小和种类。坦斯利发明这个概念是为了提醒人们注意生物体与其环境之间物质转移的重要性。

因此，"生态系统"这个术语的产生，主要在于强调一定地域中各种生物相互之间以及它们与环境之间在功能上的统一性与联系性。所谓生态系统，是指由一定时间和空间范围内栖居着的所有生物与其生存环境之间由于不停地进行物质循环和能量流动而形成的一个相互影响、相互作用，并具有自我调节功能的统一整体。如果将生态系统用一个简单明了的公式概括，则其可表示为：生态系统 = 生物群落 + 非生物环境。

生态系统是生态学研究的最重要的一个基本单位，也是环境生态学研究的核心问题。可根据研究目的和对象，划定生态系统的范围。最大的生态系统是生物圈，包括地球上的一切生物及其生存条件，小的如一片森林、一块草地、一个池塘都可以看作是一个生态系统。

一、生态系统的组成成分及其生态作用

如何对一个生态系统的组成成分进行描述呢？所有的生态系统，无论是陆地生态系统还是水生生态系统，都可概括为"两大部分"或者"四大基本组分"，前者包括非生物部分和生物部分，而后者则包含非生物环境、生产者、消费者和分解者 4 种基本成分。

生态系统的组成成分如图 2-1 所示。

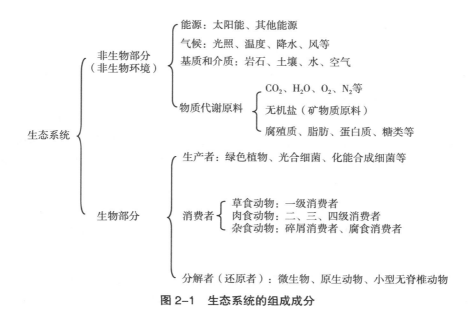

图 2-1　生态系统的组成成分

（一）非生物环境及其生态作用

非生物环境是生态系统的非生物组成部分，包含阳光以及其他所有构成生态系统的基础物质：水、无机盐、空气、有机质、岩石等。生物生存所必需的非生物环境可概括为驱动整个生态系统运转的能量、气候因子、生物生长基质和介质、生物生长代谢的原料 4 个方面。太阳能是驱动生态系统运转的最为重要和主要的能量来源，它提供了生物生长发育所必需的热量。此外，地热能和化学能也是生态系统的能源来源。气候因子包括光照、水分、温度、火、风等。生物生长的基质和介质主要指岩石、土壤、水、空气等。生物生长代谢的原料包括 CO_2、H_2O、O_2、N_2、无机盐、腐殖质、脂肪、蛋白质、糖类等。

（二）生产者及其生态作用

生产者在生物学分类上主要是各种绿色植物，也包括化能合成细菌与光合细菌，它们都是自养型生物。绿色植物包括一切能进行光合作用的高等植物、藻类和地衣。这些绿色植物体内含有光合作用色素，可利用太阳能把二氧化碳和水合成有机物，同时释放出氧气。除绿色植物以外，光合细菌也能利用太阳能进行光合作用。化能合成细菌则能利用某些物质氧化还原反应所释放的化学能合成其自身的有机物，如硝化细菌通过将氨氧化为硝酸盐的方式利用化学能合成有机物。

光合作用过程主要包括光反应和暗反应 2 个阶段，涉及光吸收、电子传递、光合磷酸化、碳同化等重要反应步骤，对实现自然界的能量转换、维持大气的碳—氧平衡具有重要意义。

光反应阶段：在光驱动下水分子氧化释放的电子通过类似于线粒体呼吸电子传递链那样的电子传递系统传递给 NADP+，使它还原为 NADPH。电子传递的另一结果是基质中质子被泵送到类囊体腔中，形成的跨膜质子梯度驱动 ADP 磷酸化生成 ATP。

暗反应阶段：利用光反应阶段生成的 NADPH 和 ATP 进行碳的同化作用，使气体二氧化碳还原为糖。由于这阶段基本上不直接依赖光，而只是依赖 NADPH 和 ATP 的提供，故称为暗反应阶段。

藻类和细菌的光合作用：真核藻类（如红藻、绿藻、褐藻等）和高等植物一样具有叶绿体，也能够进行产氧光合作用。进行光合作用的细菌不具有叶绿体，而直接由细胞本身进行。属于原核生物的蓝细菌（曾称"蓝藻"）同样含有叶绿素，和叶绿体一样进行产氧光合作用。事实上，普遍认为叶绿体是由蓝藻进化而来的。其他光合细菌具有多种多样的色素，称作细菌叶绿素或菌绿素，但不氧化水生成氧气，而以其他物质（如硫化氢、硫或氢气）作为电子供体。不产氧光合细菌包括紫硫细菌、紫非硫细菌、绿硫细菌、绿非硫细菌和太阳杆菌等。

光合细菌广泛分布于自然界的土壤、水田、沼泽、湖泊、江海等处，主要分布于水生环境中光线能透射到的缺氧区。在水产养殖中，能够降解水体中的亚硝酸盐、硫化物等有毒物质，实现充当饵料、净化水质、预防疾病、作为饲料添加剂等功能。光合细菌适应性强，能忍耐高浓度的有机废水，对酚、氰等毒物有一定忍受和分解能力，具有较强的分解转化能力。它的诸多特性，使其在无公害水产养殖中具有巨大的应用价值。光合细菌有叶绿素等光合色素，但无叶绿体。

化能合成过程是自然界中存在的某些微生物（如硝化细菌、亚硝化细菌、硫细菌、铁细菌、氢细菌等），它们能以二氧化碳为主要碳源，以无机含氮化合物为氮源，合成细胞物质，并通过氧化外界无机物获得生长所需要的能量，这一过程称为化能合成作用。在系统学上，化能合成作用比光合作用更高级。

能够进行化能合成作用的细菌称为化能无机营养细菌。亚硝化细菌和硝化细菌利用 NH_3 和 HNO_2 氧化所释放的能量合成有机物；硫细菌能够氧化 H_2S，把 S 积累在体内，当环境中缺少 H_2S 时，这类细菌则把体内的 S 氧化成硫酸；铁细菌能氧化硫酸亚铁，并利用氧化释放的能量合成有机物。

生产者在生态系统中不仅可以生产有机物，而且能在将无机物合成有机物的同时，把太阳能转化为化学能，储存在其所生成有机物中。生产者生产的有机物及储存的化学能，一方面供给生产者自身生长发育的需要，另一方面也被用来维持其他生物全部生命活动的需要，是其他生物类群包括人类在内的食物和能量的供应者。因此，生产者是生态系统中最基本和最关键的成分。

生产者通过光合作用固定太阳能生成有机物的过程称为初级生产，因此生产者又称为初级生产者。太阳能只有通过生产者的光合作用才能源源不断地输入到生态系统中，然后被其他生物所利用。

生产者是连接无机环境和生物群落的桥梁。

（三）消费者及其生态作用

消费者指的是在生态系统中不能利用无机物质制造有机物质，不能直接利用太阳能来生产食物，而只能直接或间接地依赖于生产者所制造的有机物质的生物。消费者将这些有机物摄入体内，转变成自身的组成物质并储存能量。消费者都是异养型生物。需要注意的是，不是所有的异养型生物都是消费者，因为异养型生物包括营捕食、寄生、腐生等类型的各种生物，在生态系统中是消费者或分解者，有些兼具生产者和消费者的身份（如猪笼草）或消费者和分解者（如狐狸）。

消费者通常指动物。根据动物食性的不同，可将消费者分为以下几类。

（1）食草动物：指以植物为食的动物，又称植食动物，是初级消费者（也称为一级消费者），如马、牛、羊、兔子、池塘中的草鱼及许多陆生昆虫等。

（2）食肉动物：以食草动物或其他食肉动物为食的动物。食肉动物又可分为：一级食肉动物（也称为二级消费者），即以食草动物为食的捕食性动物，如池塘中某些以浮游动物为食的鱼类，在草地上也有以食草动物为食的捕食性鸟兽；二级食肉动物（也称为三级消费者），是以一级食肉动物为食的动物，如池塘中的黑鱼、草地上的鹰隼等猛禽；三级食肉动物（也称为四级消费者或顶部食肉动物），是以二级食肉动物为食的动物，如狮子、老虎、狼等。

（3）杂食动物：也称为兼食动物，是介于食草动物和食肉动物之间，既吃动物也吃植物的动物。人就是典型的杂食动物，现代人的食物 88% 为植物性产品，其中约 20% 是谷类。又如狐狸，既食浆果，又捕食鼠类，还食动物尸体等。

从上可见，若依据三界分类方法则可将消费者类型划分为食植物型消费者、食动物型消费者和食微生物型消费者。

无论采用何种分类方法，在功能上，所有消费者在生态系统中都起着重要的作用，它们不仅对初级生产物起着加工、再生产的作用，而且许多消费者对其他生物的生存、繁衍起着积极的调控作用。2022 年 6 月我国陕西省商洛市商南县富水镇和柞水县凤镇、杏坪镇第一批次 10 万头花绒寄甲全部投放到位，下一批将继续投放 10 万头花绒寄甲和管氏肿腿蜂 2 万巢，共计 220 万头。它们都是松褐天牛的天敌昆虫，投放后用于控制和降低松褐天牛虫口密度，遏制松材线虫病扩散蔓延。

因此，消费者在生态系统物质循环和能量流动中也起着重要的作用，促进了整个生态系统循环和发展，维持着生态系统的稳定。

（四）分解者及其生态作用

"分解者"的概念由林德曼于 1942 年提出，他认为，可将异养性的细菌与真菌（是腐食能量消费的主力）称为分解者以方便区别动物消费者。林德曼从能量流动的角度来定义消费者与分解者，他认为，生态系统中能量流动的最后就是分解者的分解过程，它将化学能转化为热能。而 1971 年奥德姆（Odum）认为，分解者所涉及的生物范围极广，几乎包含了生态系统中的所有成分。2017 年里斯（Reece）等人认为，衡量分解者的标准是体外消化和吸收，即向体外分泌酶来消化有机物并吸收有机分子，不需要将食物摄入到体内消化，他们认为原核生物（常见的有细菌、放线菌）和真菌才是分解者。

分解者也称还原者，主要包括细菌、真菌、放线菌等微生物以及土壤原生动物和一些小型无脊椎动物。它们在生态系统中连续地进行着分解作用，把复杂的有机物质逐步分解为简单的物质，最终以无机物的形式回归到环境中，再被生产者利用。所以，分解者对生态系统中的物质循环具有非常重要的作用。

分解者能把酶分泌到动植物残体的内部或表面，使残体消化为极小的颗粒或分子，再分解为无机物回到环境中。如果没有它们，地球上动植物尸体将会堆积成灾，物质不能循环，生态系统会遭到毁灭。

生态系统中的分解作用不是仅由一类生物所能完成的，往往有一系列复杂的过程，各个阶段由不同的生物去完成。比如，草地上有生活在枯枝落叶和土壤上层的细菌和真菌，还有蚯蚓、螨等无脊椎动物，它们共同进行着分解作用。再如，池塘中的分解者除了有细菌和真菌，还有蟹、软体动物和蠕虫等无脊椎动物。

二、生态系统的结构

生态系统的结构是指构成生态系统的各组成成分间相互联系的方式。生态系统中无论生物或非生物成分多么复杂，且其位置和作用各不相同，但却彼此紧密相连，构成一个统一的整体。生态系统的结构包括物种结构、营养结构和时空结构。

（一）生态系统的物种结构

生态系统中不同物种对系统的结构和功能的稳定有着不同的影响。生态系统的物种结构指该系统中的生物组成及其作用。从对生态系统结构、功能的影响和作用来看，除了有生物群落中所谓的优势种、建群种、伴生种和偶见种，具有特别意义的通常是关键种和冗余种。

1. 关键种

关键种是指那些对生态系统的稳定性和持续性起着决定作用的物种（Paine，1969）。类似地，有学者分别将关键种称为"司机"（Walker，1992）和"生态系统工程师"（Jones et al.，1994；Lawton，1994）。他们都认为，生态系统中有些物种能够直接或间接地改变其物种所需资源的状态，从而导致生态系统结构和功能的改变。例如，蚯蚓通过其生命活动和代谢过程改变土壤养分的可利用性和土壤的物理结构，进而影响植物种群动态和群落发展方向。关键种的丢失和消除可以导致一些物种的丧失，或者一些物种被另一些物种所替代（Paine，1966，1969）。关键种对其他物种的影响或作用可以是捕食等直接作用，也可以是别的间接的影响。

根据关键种的不同作用方式可分为 7 种类型：关键捕食者、关键被食者、关键植食动物、关键寄主、关键互惠共生种、关键病原体 / 寄生物和关键改造者。

2. 冗余种

冗余种是指生态系统中那些被去除后不会引起生态系统其他物种的丢失，且对生态系统的结构和功能不造成大的影响的物种。

冗余种的出现并不代表它们是完全多余无用的。1992 年沃克（Walker）首次提出了冗余假说。生态系统中物种作用有显著不同，某些物种在生态功能上有相当程度的重叠。从物种的角度看，一个生态系统中物种的作用是不同的：一种是起主导作用的，可比作公共汽车的"司机"，而另一种是那些被称为"乘客"的物种。若丢失前者，将引起生态系统的灾变或停摆，而丢失后者则对生态系统造成很小的影响。那些高冗余的物种对保护生物工作者来说，优先权较低。但是，这并不意味着冗余种是不必要的。在一个生态系统中，短时间看，冗余种似乎是多余的，但经过在变化环境中的长期发展，那些次要种和冗余种就可能在新的环境下变为优势种或关键种，从而改变和充实原来的整个生态系统。

此外，需要注意的是，同一个物种在不同的群落环境状态中能以不同的群落成员型（即不同的功能和作用成分）出现。例如，在内蒙古高原中部排水良好的壤质栗钙土上，大针茅是建群种，羊草是亚优势种或伴生种。但是，在地形略为低凹且有地表径流补给的地方，羊草则是建群种，大针茅退居次要。

因此，冗余是相对的，是对生态系统功能丧失的一种保险。

（二）生态系统的营养结构

生态系统的营养结构是指生态系统生物与生物之间的营养关系，是生产者、消费者与分解者之间，通过营养或食物传递所形成的一种组织形式，它是生态系统最本质的结构特征。生态系统各种组成成分之间的营养联系是通过食物链和食物网来实现和表征的。

1.食物链

食物链是指生态系统中不同生物之间在营养关系中形成的一环套一环类似于链条式的关系。简单地说，食物链是生物之间（包括动物、植物和微生物）因食与被食而连接起来的一环套一环的链状营养关系。生态系统中各种成分之间最本质的联系是通过食物链来实现的，把生物与非生物、生产者与消费者、消费者与消费者连成一个整体，即系统中的物质与能量从植物开始，一级一级地转移到大型食肉动物。

自然生态系统中，食物链可分为捕食食物链、碎屑食物链和寄生食物链。

捕食食物链从活体绿色植物开始，然后是食草动物、一级食肉动物、二级食肉动物，如草→蝗虫→蛇→鹰，藻类→甲壳类→小鱼→大鱼。

碎屑食物链是以死的动植物残体为基础，从细菌、真菌和某些土壤动物开始的食物链，如动植物残体→蚯蚓→线虫→节肢动物。

寄生食物链则是以活动生物体为营养源,以寄生方式生存的食物链,如哺乳动物→跳蚤→原生动物→细菌→病毒,绿色植物→菟丝子。

2. 食物网

生态系统中不同的食物链相互交叉,形成复杂的网络式结构,即食物网。在任何一个系统中食物链很少是单条、孤立出现的,它们形成交叉链索形式的食物网。食物网形象地反映了生态系统内各种生物有机体之间的营养位置和相互关系。

在生态系统中,一种生物往往同时属于数条食物链,生产者如此,消费者也如此。例如,牛、羊、兔和鼠都摄食禾草,这样禾草就可能与 4 条食物链相连。再如,黄鼠狼可以捕食鼠、鸟、青蛙等,它本身又可能被狐狸和狼捕食,黄鼠狼就同时处在数条食物链上。

生态系统中各生物成分间通过食物网发生直接和间接的联系,保持着生态系统结构和功能的相对稳定性。生态系统内部营养结构不是固定不变的,而是不断发生变化的。如果食物网中某一条食物链发生了障碍,可以通过其他的食物链来进行必要的调整和补偿。有时营养结构网络上某一环节发生了变化,如初级生产者被破坏,其影响会波及整个生态系统。生态系统通过食物营养,把生物与生物、生物与非生物有机地结合成一个整体。

3. 食物链及食物网的特点

食物链上的每一个环节称为营养阶层或营养级,是指处于食物链某一环节上的所有生物种的总和。食物链的长度通常不超过 6 个营养级,最常见的是 4~5 个营养级,因为能量沿食物链流动时不断流失。食物链越长,最后营养级所获得的能量就越少,因为从起点到终点经过的营养级越多,其能量损耗就越大。生态系统中的食物链不是固定不变的,它不仅在进化历史上有改变,在短时间内也会发生变化。此外,食物链或食物网的复杂程度与生态系统的稳定性直接相关。

生态系统中的食物网是非常复杂的,但都有一定的格局。为了简化食物网结构,可将处于相同营养阶层的不同物种或相同物种不同发育阶段归并在一起作为一个营养物种,它由取食同样的被食者和具有同样的捕食者,且在营养阶层上完全相同的一类生物所组成。营养物种可能是一个生物物种,也可能是若干个物种。根据物种在食物网中所处的位置可将其分为以下 3 种基本类型:①顶位种,它是食物网中不被任何其他天敌捕食的物种,在食物网中,顶位种常称为收点,包括一种或数种捕食者;②中位种,它在食物网中既是捕食者,又是被食者;③基

13

位种，它不取食任何其他生物，在食物网中，基位种常称为源点，包括一种或数种被食者。

链接是食物网中物种的联系。链接具有方向性，表明食物网中物种间取食和被食的关系。食物网中的链接可概括为基位—中位链、基位—顶位链、中位—顶位链和中位—中位链等形式。不同于食物链，链接的起点不一定是生产者。

在食物网的控制机理上主要有 2 种争论，即"自上而下"控制还是"自下往上"控制。"自上而下"是指较低营养阶层的种群结构（多度、生物量、物种多样性等）依赖于较高营养阶层物种（捕食者控制）的影响，称为下行效应，而"自下往上"则是指较低营养阶层的密度、生物量等（由资源限制）决定较高营养阶层的种群结构，称为上行效应。下行效应和上行效应是相对的。这场争论的结果似乎是 2 种效应都控制着生态系统的动态，有时资源的影响可能是最主要的，有时较高的营养阶层控制着系统动态，有时二者都决定系统的动态，要根据不同群落的具体情况而定。

4. 生态金字塔

生态金字塔是反映食物链中营养级之间数量及能量比例关系的一个图解模型。根据生态系统营养的顺序，以初级生产者为底层，各营养级由低到高排列成图。由于通常是基部宽、顶部尖，类似金字塔形状，所以形象地称为生态金字塔，也叫生态锥体。生态金字塔有数量金字塔、生物量金字塔和能量金字塔 3 种基本类型。

如果把沿食物链各营养级所固定的能量多少，由低营养级到高营养级进行绘图，则可观察到一个底部宽、向上越来越窄的金字塔形，这称为能量金字塔或能量锥体。类似地，当以各营养级生物的个体数目或生物量来表示，则可分别得到数量金字塔和生物量金字塔，分别称为数量锥体和生物量锥体。

在 3 种生态金字塔中，数量金字塔和生物量金字塔都可能出现底部窄、上部宽的倒置现象。比如，昆虫和树木，昆虫的个体数量多于树木；寄生者的数量也往往多于宿主。在水域生态系统中，浮游动物的生物量超过浮游植物的生物量。只有能量金字塔较直观地表明营养级之间的依赖关系，比前 2 种金字塔具有更重要的意义。因为它不受个体大小、组成成分和代谢速度的影响，能较准确地说明能量传递的效率和系统的功能特点。

通过绘制并分析生态金字塔，可以快速、直观地发现生态系统每一营养级的转化效率情况，从而为改善食物链上的营养结构，获得更多更好的生物产品提供指导作用。生态金字塔层次越多，即食物链越长，能量沿食物链消耗得就越多，这使越高层的生物能获得和储存的能量越少。换言之，若要保持高营养级生物的种群数量增长，则其对底层尤其是生产者的产量及其生存面积的要求就越大。能量生态金字塔直观地解释了各种生物的多少和比例关系，如为什么大型食肉动物（如老虎）的数量不可能很多，人类若想以肉类为食，则一定土地面积可养活的人数就不能太多。

5. 生态效率

从能量的角度来看，生态系统就是一个能量流动转换器，那么就有相对效率的问题。所谓生态效率，就是指各种能流参数中的任何一个参数在营养级之间或营养级内部的比值关系，也可用于同一营养级能流过程中各个环节的比较，常用百分数表示。生态效率是生态系统生态学中一个非常重要的概念。

1）常用的几个能量参数

摄取量（I）：表示一个生物所摄取能量的多少。对于生产者来讲，摄取量代表被生产者吸收的光能或化学能的数量；对于动物而言，则是指动物所摄入食物的能量。

生产量（P）：生物在呼吸消耗后净剩的同化能量值，它以有机物质的形式在生物体内积累下来形成的新组织，可以为下一营养级所利用。对植物来说，是净初级生产量（NP）。对动物来说，它是同化量扣除维持消耗后的净剩能量，即 $P = A - R$。

2）生态效率类型

生态效率可以分为 2 大类，即营养级之内的生态效率和营养级之间的生态效率。前者是度量一个物种利用食物能量的效率、同化能量的有效程度，后者则是度量能量在营养级之间的转化效率和能流通道的大小。

（1）营养级之内的生态效率。

同化效率：对生产者来说，同化效率 = 植物所固定的能量 / 植物吸收的能量；对消费者来说，同化效率 = 同化量（被吸收的食物能）/ 摄取量（吃进的食物量）。统一表示为：

$$A_e = A_n / I_n$$

式中：n 表示营养级数。

一般地，食肉动物的同化效率比食草动物的要高，因为食肉动物的食物在化学组成上更接近于食肉动物本身的组织,而植物中的很多物质并不能被食草动物吸收利用。

生长效率:又称为生产效率,它包括组织生长效率和生态生长效率。

组织生长效率 =n 营养级的净生产量 /n 营养级的同化量

生态生长效率 =n 营养级的净生产量 /n 营养级的摄入量

即
$$P_e = P_n / A_n \ \text{或} \ P_e = P_n / I_n$$

营养级越高,生长效率越低,因而植物的生长效率通常高于动物的生长效率。植物将光合作用所产生能量大约 40% 用于呼吸,约 60% 用于生长;食肉动物将它们同化的能量 65% 左右用于呼吸,35% 左右用于生长;哺乳动物呼吸消耗的能量最多,占同化量的 97%~99%,只有 1 %~3% 用于净生产量;昆虫损失少些,63%~84% 的同化能量用于呼吸。例如,蝗虫吃 50kg 食物可生长 6.85kg,田鼠吃 50kg 食物只能生长 0.7kg。

一般地,大型动物的生长效率比小型动物低,年老动物比年幼动物低,变温动物比恒温动物具有较高的生长效率。

(2)营养级之间的生态效率。

消费效率:也称为利用效率,是指一个营养级的消费能量占前一个营养级的净生产量的百分数。

消费效率 = $n+1$ 营养级的摄取量 / n 营养级的净生产量,即
$$C_e = I_{n+1} / P_n \times 100\%$$

消费效率用来度量一个营养级对前面一个营养级的采食压力。一般来说,C_e 值在 20%~35% 范围内。

林德曼效率:$n+1$ 营养级摄取的食物能量占 n 营养级摄取的食物能量之比,它相当于同化效率、生长效率和消费效率的乘积。

林德曼效率 = $n+1$ 营养级摄取的食物能量 / n 营养级摄取的食物能量,即
$$L_e = I_{n+1} / I_n = (A_n / I_n) \times (P_n / A_n) \times (I_{n+1} / P_n)$$
$$= A_e \times P_e \times C_e$$

或者,林德曼效率 = $n+1$ 营养级同化的食物能量 / n 营养级同化的食物能量,即
$$L_e = A_{n+1} / A_n$$

这是美国生态学家林德曼（R. L. Lindeman）在研究北美相对封闭的赛达伯格湖的能流过程中提出来的。根据林德曼的测量结果，这个比值一般为 1/10，因此也被称为"十分之一"定律，这是生态学中很重要的定律。近年来研究发现这个比值高的可达 30%，低的则只有 1% 左右。

（三）生态系统的时空结构

1. 空间结构

生态系统的水平结构是指在一定生态区域内生物类群在水平空间上的组合与分布。在不同的地理环境条件下，受地形、水文、土壤、气候等环境因子的综合影响，植物在地面上的分布并非是均匀的。有的地段种类多、植被盖度大的地段动物种类也相应多，反之则少。这种生物成分的区域分布差异性直接体现在景观类型的变化上，形成了所谓的带状分布、同心圆式分布或块状镶嵌分布等的景观格局。例如，地处北京市西郊的白家疃村，其地貌类型为一山前洪积扇，从山地到洪积扇中上部再到扇缘地带，随着土壤、水分等因素的梯度变化，农业生态系统的水平结构表现出规律性变化。山地以人工生态林为主，有油松、侧柏和元宝枫等。洪积扇上部为旱生灌草丛及零星分布的杏树和枣树。洪积扇中部为果园，有苹果树、桃树和樱桃树等。洪积扇的下部为乡村居民点，洪积扇扇缘及交接洼地主要是蔬菜地、苗圃和水稻田。

生态系统的垂直结构包括不同类型生态系统在海拔高度不同的生境上的垂直分布和生态系统内部不同类型物种及不同个体的垂直分层 2 个方面。

随着海拔高度的变化，生物类型出现有规律的垂直分层现象，这是由于生物生存的生态环境因素发生变化的缘故。例如，川西高原，自谷底向上，其植被和土壤依次为：灌丛草原—棕褐土，灌丛草甸—棕毡土，亚高山草甸—黑毡土，高山草甸—草毡土。由于山地海拔高度的不同，光、热、水、土等因子发生有规律的垂直变化，从而影响了农、林、牧各业的生产和布局，形成了独具特色的立体农业生态系统。

自然生态系统一般都有分层现象。成熟的森林群落其林灌层吸收了大部分光辐射，往下光照强度渐减，并以此发展为林灌层、灌木层、草本层和地被层等层次。草地生态系统是成片的绿草，高高矮矮，参差不齐，上层绿草稀疏，而且喜阳光；下层绿草稠密，较耐阴；最下层有的匍匐在地面上。这种成层结构是自然选择的结果，它显著提高了植物利用环境资源的能力。在发育成熟的森林中，上层乔木可以充分利用阳光，而林冠下被那些能有效地利用弱光的下木所占据。穿过乔木层的光，有时仅占到达树冠全部光照的1/10，但林下灌木层却能利用这些微弱的，并且光谱组成已被改变了的光。在灌木层中的草本层能够利用更微弱的光，草本层往下还有更耐荫的苔藓层。

动物在空间中的分布也有明显的分层现象。最上层是能飞行的鸟类和昆虫，下层是兔和田鼠，最下层是蚂蚁等，土层下还有蚯蚓和蝼蛄等。

水域生态系统的分层现象也很明显。大量的浮游植物聚集于水的表层，浮游动物和鱼、虾等多生活在中层，在底层沉积的污泥层中有大量的细菌等微生物。

各类生态系统在结构的布局上有一致性，即上层阳光充足，集中分布着绿色植物的树冠或藻类，有利于光合作用，故上层又称为绿带或光合作用层。在绿带以下为异氧层或分解层，又常称褐带。生态系统中的分层有利于食物充分利用阳光、水分、养料和空间。

2. 时间结构

随着时间的推移，生态系统的结构和外貌也会发生不同程度的变化，这反映出生态系统在时间上的动态。一般可用3个时间段来量度：一是长时间量度，以生态系统进化为主要内容；二是中等时间量度，以群落演替为主要内容；三是以昼夜、季节和年份等短时间量度的周期性变化为主要内容。短时间周期性变化在生态系统中是较为普遍的现象。绿色植物一般在白天阳光下进行光合作用，在夜晚只进行呼吸作用。海洋潮间带无脊椎动物组成具有明显的昼夜节律。生态系统短时间结构的变化，反映了植物、动物等为适应环境因素的周期性变化，从而引起整个生态系统外貌上的变化，这种生态系统结构的短时间变化往往反映了环境质量高低的变化，因此对生态系统结构时间变化的研究具有重要的实践意义。

第2节　生态系统的生物生产

生态系统中的生物生产包括初级生产和次级生产2个过程。前者是生产者，主要是绿色植物，把太阳能转变为化学能的过程，又称为植物性生产。后者是消费者，主要是动物，将初级生产品转化为动物能，又称为动物性生产。

一、初级生产

绿色植物通过光合作用，吸收和固定太阳能，将无机物合成、转化成复杂的有机物的过程称为初级生产。光合作用对太阳能的固定是生态系统中第一次能量固定，故初级生产也称为第一性生产。光合作用是自然界最重要的化学反应，也是最复杂的反应，人类至今对其机理还没有完全搞清楚。

生态学中，将单位面积植物在单位时间内通过光合作用固定太阳能的量称为总初级生产量（GPP），其单位用 J/（m²·a）或干重 g/（m²·a）表示。在有一部分的总初级生产量被植物自己的呼吸（R）消耗掉后所剩余的用于植物的生长和生殖，这部分生产量称为净初级生产量（NPP）。

总初级生产量与净初级生产量之间的关系为：

$$GPP = NPP + R$$

生态系统的净初级生产量反映了生态系统中植物群落的生产能力，它是估算生态系统承载力和评价生态系统是否可持续发展的一个重要生态指标。

全球净初级生产总量（干重）的估计值为年产 1.7×10^{11} t，其中陆地为 1.15×10^{11} t，海洋为 5.5×10^{10} t。海洋面积虽然约占地球表面的 2/3，但其净初级生产量只约占全球净初级生产量的 1/3。

海洋中海藻床和珊瑚礁是生产量最高的，年产干物质平均可达 2500g/m²。河口湾净初级生产量位列第二，约为前者的一半，这是因为有河流的辅助能量输入，且上升流区域则能从海底带来额外营养物质。而占据海洋面积最大的大洋区，其平均净生产量仅 125g/（m²·a），被称为海洋荒漠。在海洋中，由河口湾向大陆架到大洋区，单位面积净初级生产量和生物量有明显降低的趋势。在陆地上，热带雨林是生产量最高的［平均达 2200g/（m²·a）］，由热带雨林向温带林、北方针叶林、稀树草原和耕地、灌丛、温带草原、寒漠和荒漠依次减少。

水体和陆地生态系统的生产量都有垂直变化。森林一般是乔木层最高，灌木层次之，草被层更低。水体也有类似的规律，不过水面由于阳光直射，生产量不是最高的，生产量在水深数米处达到最高，并随着水的清晰度变化而变化。

生态系统的初级生产量还随群落的演替而变化。群落演替的早期植物生物量很低，因此初级生产量也不高；随时间推移，生物量渐渐增加，生产量也随之提高；一般森林在叶面积指数（*LAI*）达到 4.0 时，净初级生产量最高。但当生态系统发育成熟或演替达到顶极时，虽然此时生物量接近最大，但由于系统的 *R* 值（呼吸消耗）最高，净初级生产量反而最小。

二、次级生产

次级生产也称为第二性生产，指生态系统中初级生产者以外的生物有机体的生产，即消费者和分解者利用初级生产所制造的物质及其所储存的能量进行新陈代谢，经同化作用转化成自身物质和能量的过程。动物的肉、蛋、奶、骨骼等都是次级生产的产物。

在自然生态系统中，次级生产者并不能将净初级生产量全部转化为次级生产量。造成这一情况的原因有以下几方面。生态系统中的初级生产者总有相当部分分布在次级生产者所到达不了的地方，也有可能因为不可食用（如植物过老不适口）或种群密度过低而不宜采食，即初级生产量总有一部分未被次级生产者摄取。对于可被摄取部分，仍有一些不能被摄入消费者消化道，如老叶、木质部、尖刺等。即使是已摄食部分，也有一部分未被消化吸收，而是通过消费者的消化道排出体外。例如，蝗虫只能消化它所吃进食物的 30%，其余的 70% 以粪便形式排出体外，供腐食性动物和分解者利用。另外，在被同化的能量中，有一部分用于动物的呼吸代谢和生命的维持，这一部分最终以热的形式消散掉，剩下的那部分才能用于动物的生长和繁殖，即次级生产量的形成。因此，各级消费者所利用的能量仅仅是被食者生产量中的一部分，次级生产是以现存的有机物为基础，初级生产的质和量对次级生产具有直接或间接的影响。

次级生产水平上的能量平衡可表示为：

$$C = A + FU$$

式中，*C* 为摄入的能量，单位为 J；*A* 为同化的能量，单位为 J；*FU* 为排泄物、分泌物、粪便和未同化食物中的能量，单位为 J。

次级生产量的一般生产过程可概括为图 2-2。

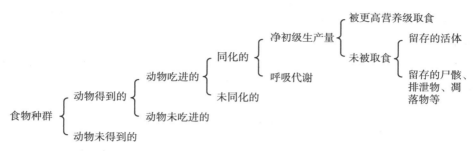

图 2-2　次级生产量的一般过程

第 3 节　生态系统的能量流动

生态系统中的能量流动是指生态系统中的能量从较低营养级向较高营养级的传递，由美国生态学家林德曼于 1942 年首次提出。具体过程是太阳辐射能被生态系统中的生产者转化为化学能并被储藏在产品中，然后通过取食关系沿食物链被逐渐利用，最后通过分解者的作用，将有机物的能量释放于环境之中的能量动态的全过程，包括能量的输入、传递、转化和散失等过程。

一、热力学第一定律与生态系统能量流动

热力学第一定律，指一个热力学系统的内能增量（$\triangle U$）等于系统从外界吸收的热量（Q）与系统对外做功（W）之差，即 $\triangle U = Q-W$。在生态系统中，生产者通过光合作用把光能转化为化学能而固定储存下来，使能量的形式发生了改变，产生了系统的内能变化（即 $\triangle U$），但生产者在一定时间内所转化的这一部分能量增量与以植物呼吸和地面发射等而散失到环境中的能量（W）之和恰好等于该时段内太阳投射到该空间的热能总量（Q）。可见，能量既不能凭空产生也不能凭空消失，它只能以严格的当量比例由一种形式转化为另一种形式。所以，热力学第一定律又称能量守恒定律。

生态系统中绿色植物通过光合作用，从系统外引入太阳辐射能量，通过各种有机体，沿一定方向流过整个生态系统，最终散逸至宇宙空间。在一定的时间内，生态系统中能量的输入与输出是不等的，表明能量在生态系统的流动过程中出现

了滞留。在生态系统内部，一旦太阳辐射能经绿色生产者固定，则就以吃（包括微生物对有机体的分解）和被吃的关系沿一定方向传递。由此构成能量流中的各个节点。热力学第一定律不仅可以说明生态系统整体及其内部各节点所具有多少能量，而且由此指出各节点之间的能量比例关系。

二、热力学第二定律与生态系统能量流动

热力学第一定律能够阐述生态系统中能量流动线上各节点及其整体静态的量，但不能说明能量流动某一过程自发进行的方向性。

热力学第二定律反映了宏观自然过程的方向性。对于该定律，1850年克劳修斯表述为：热量不能自发地从低温物体传到高温物体。1851年开尔文表述为：不可能从单一热源取热使之完全转换为有用的功而不产生其他影响。在引入熵之后，关于自然过程的方向性则可表述为：在任何自然过程中，一个孤立系统的总熵不会减小。因此，热力学第二定律又称熵增加原理。

在自发过程中熵总是增加的，其原因并非因为有序是不可能的，而是因为通向无序的渠道要比通向有序的渠道多得多。

热力学第二定律指出，每一次能量转换都会导致系统自由能的减少，即在能量的传递和转化过程中，除了一部分可以继续传递和做功（自由能），总有一部分以热的形式消散，使系统的熵（系统中不能做功的那部分能量）和无序性增加。在生态系统中，当能量以食物的形式在生物之间传递时，其中一部分能量必然以热的形式消耗掉（使熵增加），其余则用于合成新的组织，作为潜能（化学能）储存下来。由于生态系统是一个开放系统，不断地有物质和能量的输入和不断排出熵，从而维持系统的稳定性，一旦太阳能的输入停止，系统将由于熵和无序性的增加而走向崩溃。

在生态系统中，供食草动物利用的能量是有限的，这取决于生产者营养级通过光合作用所固定的能量，当绿色植物被食草动物采食后，将化学能转化为食草动物活动的机械能或其他形式的能量，包括转变为热量的耗散，但能量总量是不变的（热力学第一定律）。对食草动物可利用的能量而言，存在一个从植物的有机物到动物的有机物的转换过程，这种能量转换效率不可能是100%的（热力学第二定律），因此动物一定会含有较少的能量，即比供养它们的植物少。通过每一营

养级的能量转换都是这样的趋势：随营养级数的增加能量会变得越来越少，其中的动物数量也会越来越少。

三、生态系统中能量流动的特点

（一）生态系统中能量流动是变化的

在生态系统中，能量流动是变化的，难以采用某一个简明的数学模型来进行描述。根据热力学定律建立生命系统纯粹的物理或数学模型是不可能的，因为热力学第二定律对实际生命系统所发生的实际过程而言，只是一个过于简单的描述。各营养级之间能量的浪费比单纯物理上能量转换所损失的能量大得多。

（二）生态系统中能量流动沿单一方向进行

在生态系统中，能量流动是单一方向的。能量以光能的状态进入生态系统后就不能再以光的形式存在，而是以热的形式不断地逸散于环境之中。能量在生态系统中流动，沿食物链被各营养级生物利用，同时，通过呼吸作用以热的形式散失。散失到空间的热能不能再回到生态系统中参与流动，因为至今未发现以热能作为能源合成有机物的生物。

能流的单一方向性主要表现在 3 个方面：①太阳的辐射能以光能的形式输入生态系统，通过光合作用被生产者（主要是绿色植物）所固定，此后不能再以光能的形式返回；②自养生物被异养生物摄食后，能量就由自养生物流到异养生物体内，不能再返回给自养生物；③从总的能流途径而言，能量只是一次性流经生态系统，是不可逆的。

（三）生态系统中能量在流动过程中是逐级减少的

从太阳辐射能入射到生产者所在的时间和空间，被生产者摄入并固定，再经食草动物，到食肉动物，再到大型食肉动物，能量是逐级递减的。

美国生态学家奥德姆（E. P. Odum）于 1959 年把生态系统从外界获取的能量及其在生态系统中的流动路线概括为一个普适的模型。这个模型表明，生态系统中的能量去向一般有 4 个方面：①各营养级生物自身呼吸消耗；②用于自身生长、发育和繁殖；③以残骸、尸体、排泄物等被分解者分解；④流动到下一营养级。因此，能够传递到下一营养级的能量只是前一营养级的一部分。

（四）生态系统中能量在流动过程中质量逐渐提高

能量在生态系统中流动，一部分以热能耗散，另一部分的去向是把较多的低质量能转化成另一种较少的高质量能。在太阳能输入生态系统后的能量流动过程中，能量的质量是逐步提高的。

对杂食性食物链（如植物→猪/牛/羊/鱼→人/狮子/老虎）的顶端消费者来说，植物纤维中的能量是低质的、难以被消化吸收的，但经过猪/牛/羊/鱼食用而转化形成的脂肪和蛋白质等动物性能量为高质能量，则极易被顶端消费者消化吸收。因此，太阳能输入生态系统后的能量流动过程中，能量因其质量逐渐提高而使其被转化率逐渐提高。研究表明，植物光合作用对光能转化率大多为3%~5%，甚至<1%；食草动物对植物中的能量的转化率约为10%，食肉动物对食草动物中的能量转化率约为15%。

第4节　生态系统的物质循环

在生态系统中，各种化学元素（或物质）沿特定的途径从环境到生物体，再从生物体到环境并再次被生物体吸收利用的循环变化的过程，称为生态系统的物质循环或生物地球化学循环。生命活动所必需的各种元素和无机化合物的运动通常称为营养物质循环，这是各种化学元素或物质在组成生态系统的生物成分与非生物成分之间的循环运转过程。

一、物质循环的类型

按循环途径和经历周期长短，可分为地质大循环和生物小循环2类。地质大循环是指物质或元素从环境进入生物有机体内，然后生物有机体以死体、残体或排泄物形式，被流水搬运迁移到海洋，经过漫长的地质年代变成沉积岩，当地壳上升，沉积岩又露出海面成为陆地，再次经受风化淋溶的过程。它是生物小循环的基础，但它形成的仅仅是成土母质。地质大循环几乎没有物质的输出与输入，是闭合式的循环。生物小循环是指环境中元素经生物体吸收，在生态系统中被相继利用，然后经过分解者的作用回到环境后，很快再为生产者吸收、利用的循环过程。生物小循环具有范围小、时间短和速度快等特点，是开放式的循环。

在生态系统中，物质的生物地球化学循环通常分为水循环、气体型循环和沉积型循环 3 大类型。

水循环是指地球上各种形态的水，在太阳辐射、地球引力等作用下，通过水的蒸发、水汽输送、凝结降落、下渗和径流等环节，不断发生在大气、陆地和 / 或海洋之间的周而复始的运动过程，水循环是生态系统中所有物质循环运动的介质。

气体型循环是指元素或化合物以气体形式，通过大气进行扩散、弥漫在陆地或海洋上空，或通过大气库与土壤库的交换后再与生物库交换，从而为生物重新利用。属于这种类型的物质循环比较迅速，有氧、碳、氮、氯、溴和氟等。

属于沉积型循环的物质其储存库主要在地壳里，经过自然风化和人类的开采冶炼，从陆地岩石中释放出来，为植物所吸收，参与生命物质的形成，并沿食物链转移，然后动植物残体或排泄物经微生物的分解作用，将元素返回环境。除一部分保留在土壤中供植物吸收利用外，另一部分以溶液或沉积物状态进入江河，汇入海洋，经过沉降、淀积和成岩作用变成岩石，当岩石被抬升并遭受风化作用时，该循环才算完成，在此过程中几乎没有或仅有微量进入大气库中。磷、硫、碘、钙、镁、铁、锰、铜、硅等元素即属于此类循环。这类循环是缓慢的、非全球性的，并且容易受到干扰，成为"不完全"的循环。

二、典型物质循环

（一）水循环

地球上水的总体积约为 $1.5 \times 10^9 km^3$，海洋持水量约占该总水量的 97%，当量深度为 2700~2800m。淡水约占总水量的 3%，其中 3/4 是固体水，仅有约 1% 的液态淡水可供人类使用。

水循环对生态系统具有特别重要的意义，具体如下。

（1）水的侵蚀和水流携带物质运动的作用，极大地影响着各类营养物质在地球上的分布。

（2）水对于能量的传递和利用也有重要影响，它具有防止环境温度发生剧烈波动的重要调节作用。

（3）全球水循环系统是地球上各种物质循环的中心循环。

（二）碳循环

大气中的碳库相对于海洋、化石燃料和岩石圈中其他储存库来说含量很小。化石燃料的燃烧、农业耕作、森林火烧都会使大气中的 CO_2 持续增加。农业活动所导致进入大气中的 CO_2 的含量惊人，因为许多农作物仅生存于一年中的部分时间，其所固定的 CO_2 少于从土壤中释放出来的 CO_2 的含量，特别是当存在频繁的犁耕，土地由植被覆盖地块被开发为农田或城市，森林的砍伐必然会释放出储存在树木中的碳。相反，处于演替中期快速增长的森林则是碳汇，因此大面积的植树造林是可以降低大气中 CO_2 含量的增加速率，从而使全球气候变暖的速率降低。

（三）氮循环

氮循环模式包括氮在有机体与环境之间的循环和氮循环的全球模式（Odum，Barrett，2005）。大气库是地球上氮的主要储存库。

自然界还存在另外一种固氮反应，即闪电和火山爆发时的高能固氮过程。这个过程将 N_2 转化成 NH_4^+ 或 NO_3^-，并随降雨到达地球表面。

N_2 经固氮作用转化为 NH_4^+ 或 NO_3^- 后即可供生态系统中的其他生物利用。土壤中的无机氮（氨态氮和硝态氮）被植物吸收利用，并在植物体内通过复杂的代谢过程转化为氨基酸和蛋白质。动物以植物为食，直接摄取植物的蛋白质。动植物的残骸及排泄物经真菌和细菌又分解为 NH_4^+ 而被硝化细菌氧化为 NO_3^-。这2种无机氮都可以再次被植物利用，从而开始新的循环。氮可通过反硝化作用离开海洋和陆地生态系统并回到大气库。估计生物圈中固定的氮的平均滞留时间为625 年。

（四）磷循环

磷的主要储存库和供给源不是大气，而是地质作用形成岩石和长久时间而成的海底沉积物。大气尘埃和悬浮颗粒每年返还 $5 \times 10^{12} g$ 磷（不是磷酸盐）到陆地，而磷酸盐不断返还到海洋中，其中一部分储存在浅层沉积物中，而另一部分消失于深层沉积物中。含磷丰富的沉积岩被不断开采并用作肥料施用于农田，但在这个过程中产生了严重的局部磷污染问题。

陆地生态系统中的磷的相当一部分主要通过水土流失过程被迁移到河流和湖泊，并最终到达海洋沉积到海底。水体中的无机磷可为浮游植物所利用，同样在食物链中传递。磷的循环是不完全的。

（五）硫循环

硫是某些氨基酸的基本成分，但含量很低。生态系统对硫的需求量远小于对氮和磷的需求量，硫一般也不会是动植物生长的限制因子。硫有多种形态，在自然界中主要是元素硫、亚硫酸盐和硫酸盐 3 种。硫酸盐与硝酸盐和磷酸盐一样，也是生物可利用的主要形式，能被自养生物还原并合成到蛋白质中。

硫的全球循环模式及硫在大气库、岩石库和海洋库的存在数量。蛋白质经微生物的分解产生 H_2S，含硫矿物的氧化分解也会产生 H_2S。陆地和湿地生态系统中，H_2S 的增加会使土壤和沉积物中深层厌氧地带的微生物活动。硫化氢一旦进入大气中，就会转化为其他形式，主要是二氧化硫（SO_2）、硫酸盐和含硫悬浮微粒。和 CO_2 浓度升高导致温室效应不同，含硫悬浮微粒可以把太阳光反射回天空，从而导致全球变冷和酸雨。

第 5 节　生态系统的信息传递

依据信息的传递方式，一般可以划分为物理信息、化学信息、行为信息和营养信息 4 种类型。

一、物理信息及其传递

借助于光、声、热、电、磁等物理过程，以及颜色、形态等物理特征而传递的相关信息称为物理信息，这些物理信息大多来自构成生态系统的无机环境，也有一些是由生态系统的生物成分自身所产生的。生态系统中物理信息的传递包括生物对外界各种物理信息的感受、反应，以及向外输出。

太阳光是生态系统中光信息最为主要的初级信源。对于光信息，动物可通过形态、色彩、姿势、表情等方式产生相应的反馈，在种群内部达到互相辨认和报警作用，对外则起到警戒和诱惑作用。有些候鸟在夜间的迁徙，是依靠对某些恒星所发出的光信息的反应来确定前行方向的。植物的生长过程会因为光的强弱、光质和光照时间的长短而不同。某些动物，如萤火虫，自己能够发光而传递信息。

很多动物可以靠声信息确定食物的位置或发现敌害的存在。蝙蝠和鲸的活动环境中光线暗弱，且光线传播距离短，导致它们接收光信息的视觉系统不能很好地发挥作用，因此主要靠声呐定位系统。很多生活在一起的鸟类，其报警鸣叫声都趋于相似，这样每一种鸟都能从其他种鸟的报警鸣叫中受益。但其他方面的叫声，各个物种却各不相同。

声信息对动物比对植物重要，但还是可找出植物感受声信息的证据。例如，含羞草在强烈声音的刺激下，就会表现出小叶合拢，叶柄下垂的运动。有人给植物以声刺激，发现植物的生物电位会发生变化。

生物中存在较多的生物放电现象，特别是鱼类有 300 多种能产生 0.2~2V 的微弱电压，但电鳗产生的电压能高达 600V。动物对电很敏感，特别是鱼类、两栖类，皮肤有很强的导电力，其中组织内部的电感器灵敏度更高。例如，鳗鱼、鲤鱼等能按照洋流形成的电流来选择方向和路线。有些鱼还能察觉海浪电信号的变化，预感风暴的来临，及时潜入海底。

生物对磁有不同的感受能力，常称为生物的第六感觉。在浩瀚的大海里，很多鱼能遨游几千海里（注：1 海里 =1.852 千米），来回迁徙于河海之间。在广阔的天空中候鸟成群结队南北长途往返飞行都能准确到达目的地，特别是信鸽千里传书而不误。在百花争艳的原野上，工蜂无数次将花蜜运回蜂巢。在这些行为中，动物主要是凭着自己身上带的电磁场与地球磁场相互作用确定方向和方位。

植物对磁场也有反应。据研究，在磁异常地区播种小麦、黑麦、玉米、向日葵及一年生牧草，其产量比正常地区低。蒲公英即使在很弱的磁场中，开花也要晚得多，在磁场中长期生长会死亡。

某些生物具有特殊的体色或通过形态变化传递信息，如保护色、警戒色和拟态等。

二、化学信息及其传递

（一）植物与植物之间的化学信息

在植物群落中，一种植物通过某些化学物质的分泌和排泄而影响另一种植物的生长甚至生存的现象是很普遍的。植物种间的信息联系主要依靠次生代谢物质，这些植物次生代谢物质一般分子量较小，结构较简单，大体上可归纳为 14 类，其中最常见的是酚类和萜类化合物。植物释放的这些信息素，有些可抑制周围其他种植物的生长，以便在光、热、水和营养物质的竞争中处于优势，如风信子、丁香、洋槐花香物质，能抑制相邻植物的生长。但也有一些信息素利于他种植物生长，如皂角的分泌物促进七里香的生长。

（二）动物和植物间的化学信息

植物的气味是由化合物构成的。不同的动物对气味有不同的反应，蜜蜂取食和传粉除与植物花的香味、花粉和蜜的营养价值紧密相关，还与许多花蕊中含有昆虫的性信息素成分有关。植物的香精油成分就类似于昆虫的信息素。可见植物吸引昆虫的化学性质，正是昆虫应用的化学信号。事实上，除一些昆虫外，差不多所有的哺乳动物，可能还有鸟类和爬行类，都能鉴别滋味和识别气味。

另外，有些植物产生的化学物质使昆虫采取远离的行动，即忌避，如禾本科植物中的香茅油是蚊子的忌避物质，许多薄荷科植物散发的薄荷醇是家蚕的强力忌避物质。

（三）动物之间的化学信息

动物向动物输出的化学信息素多种多样，主要有以下 5 种：①种群信息素，不同动物种群释放不同的气味；②性信息素，昆虫、蜘蛛、蜱螨、甲壳类、鱼以及哺乳动物中的狗、牛、鹿、小鼠、大鼠和灵长类都能分泌性信息素；③报警信息素，一些昆虫能分泌报警信息素，如蚂蚁、蜜蜂和蚜虫；④聚集信息素，营社会性活动的昆虫都能产生这种信息素；⑤踪迹信息素，很多动物能分泌这种信息素，如蜜蜂、蚂蚁、蜗牛、蛇、狗等，这种信息素在行进中分泌，使种内其他个体循迹前进。

动物向体外分泌的信息素携带着特定的信息，通过气流或水流的运载，被种内的其他个体嗅到或接触到，接受者能立即产生某些行为反应，或活化特殊的受体，产生某种生理改变。动物可利用信息素作为种间、个体间的识别信号，还可用信息素刺激性成熟和调节生殖率。哺乳动物释放信息素的方式，除由体表释放到周围环境为受纳动物接受外，还可将信息素寄存到一些物体或生活的基质中，建立气味标记点，然后释放到空气中被其他个体接纳。例如，猎豹和其他猫科动物有着高度特化的尿标志的结构，它们总是仔细观察前兽留下来的痕迹，并由此传达时间信息，避免与栖居同一地区的对手相互遭遇。

三、行为信息

许多植物的异常表现和动物异常行动传递了某种信息,这种信息可通称为行为信息。例如,蜜蜂发现蜜源时,会用舞蹈动作的表现,以"告诉"其他蜜蜂去采蜜。它们的蜂舞有各种形态和动作,表示蜜源的远近和方向,如蜜源较近时作圆舞姿态,蜜源较远时作摆尾舞等。其他工蜂则以触觉来感知舞蹈的步伐,得到正确飞翔方向的信息。

据研究表明,蜜蜂舞蹈可向同伴指示方向。其舞蹈以太阳为罗盘,采集蜂飞行方向与左侧太阳交角为 40°;当它飞回蜂房跳舞时,直线移动与太阳也成 40°。蜜蜂在舞蹈中又在摆尾移动方向上加了信号。其移动方向朝上,是向同伴通告蜜源与太阳位于同一方向;移动方向朝下则表示与太阳相反的方向;移动方向向左偏 60°,表示蜜源位于太阳方向的左侧 60°。

四、营养信息

营养信息是指各种生物通过营养关系所释放出来的一类信息。在生态系统中,生物之间的食物链就是一个生物的营养信息系统,各种生物通过营养信息关系构成一个互相依存和相互制约的整体。食物链中的各级生物要求一定的比例关系,即生态金字塔规律。根据生态金字塔规律,养活一只食草动物需要几倍于它的植物,养活一只食肉动物需要几倍数量的食草动物。前一营养级的生物数量反映出后一营养级的生物数量。许多生态监测所采用的方法,就是基于营养状况去获取信息的。

第 6 节　生态系统服务

生态系统服务功能是以基本功能为基础而产生的供给服务、调节服务、文化服务和支持服务,具体可体现为生态系统产品的提供、生物多样性价值、调节气候、涵养水分、维持土壤功能、传粉播种、控制有害生物、净化环境、调节感官心理和精神以及美学和文创源泉共 10 个方面。

一、生态系统服务的定义

生态系统服务是指人类从生态系统中获得的所有惠益（吴昌华和崔丹丹，2005），包括生态系统提供的商品和服务（Costanza et al.，1997）。生态产品是指在市场上用货币表现的商品，如生态系统为人类提供的木材、纤维、橡胶、医药资源，以及其他工业原料等。服务是不能在市场上买卖，但具有重要价值的生态系统的性能，如净化环境、保持水土、减轻灾害等。

生态系统服务功能的来源既包括自然生态系统，也包括经人类改造的生态系统。生态系统服务功能包含了生态系统为人类提供的直接的和间接的、有形的和无形的效益。

对于生态系统的服务功能的理解，应注意其与生态系统基本功能之间的区别与联系。生态系统服务功能是建立在生态系统基本功能基础之上的，是人类出现之后产生并进行评估的；而生态系统的基本功能是生态系统结构的外在表现，是人类出现之前就已经存在的。二者不可等同，但联系又十分密切。一般来说，生态系统服务功能是生态系统基本功能的表现，二者有一定的对应关系，但又不是一一对应。在某些情况下，一种生态系统服务功能可能是 2 种或多种生态系统功能共同产生的；而有些情况下，一种基本功能可以提供 2 种或多种生态系统服务功能。

联合国《千年生态系统评估》（MA）根据生态系统服务功能评价与管理的需要，将生态系统服务分为 4 大类：供给服务、调节服务、文化服务和支持服务。

生态系统服务功能的研究是 20 世纪 90 年代末兴起的新领域。以 1997 年戴利（Daily）主编的《生态系统服务：人类社会对自然生态系统的依赖性》为标志，开始了生态系统服务功能研究的热潮。1997 年科斯坦萨（Costanza）等提出了对生态系统服务的估价方法，总共 13 位生态学家估算了全球 16 种主要生态系统的 17 大类生态系统功能的效益总价值，这是全球生态系统综合性研究的新成果，是对生态系统服务全面估价的有益尝试。"生态系统服务"的研究将随着人类对生态系统结构、功能及其生态过程研究的不断深入而不断发展。

二、生态系统服务功能的主要内容

生态系统服务功能的主要内容有以下 10 个方面（盛连喜等，2020）。

（一）生物生产与生态系统产品的提供

生态系统中的生产者为地球上一切异养生物提供营养物质，是全球生物资源的营造者。据统计，已知约有 8 万种植物可食用，但仅有 7000 种植物得到利用，其中包括小麦、玉米和水稻等 20 种最重要的栽培植物。今天，野生的鸟、兽、虫、鱼仍然是人们生存所必需的动物蛋白的重要来源。自然植被为人们提供许多生活必需品和原材料，自然草场是畜牧业的基础，家畜生产肉、奶、蛋、革，而且为运输和耕种作劳役，森林还生产橡胶、纤维、染料等各类天然化合物。

（二）生物多样性的维护

生态系统为各类生物物种提供繁衍生息的场所，为生物进化及生物多样性的产生与形成提供了可能的条件。多样性的物种对气候因子的扰动和化学环境的变化具有不同的抵抗能力，从而可以避免某一环境因子的变动而导致物种的绝灭，并保存了丰富的遗传基因信息。

生态系统也为人类农业作物品种的改良提供了基因库。现有农作物仍然需要野生种质的补充和改善。在已知可被人类食用的约 8 万种植物中仅有 7000 种得到利用，且只有 150 种粮食植物被大规模种植，其中 82 种作物提供了人类 90% 以上的食物。另外，多种多样的生物种类和生态系统类型具有产生新型食物和新型农业生产方式的巨大潜力。那些尚未为人类驯化的物种都由生态系统维持着，为农作物品种改良与新的抗逆品种的形成储备了基因来源。

生物多样性还是现代医药的最初来源。在美国用途最广泛的 150 种医药中有 118 种来源于自然，其中 74% 来源于植物，18% 来源于真菌，5% 来源于细菌，3% 来源于脊椎动物。在全球仍有 80% 的人口依赖于传统医药，而传统医药的 85% 是与野生动植物有关的。

（三）调节气候

生态系统中的绿色植物通过光合作用固定大气中的二氧化碳，调节着地球的温室效应；同时，光合作用向大气提供每年大约 2.7×10^{11} t 的氧气，调节着大气中氧气的变化，保证了生命活动的基本气候条件。

绿色植物对区域性乃至全球气候具有直接的调节作用。

森林是地球生物圈的支柱，其拥有全球 90% 的植物生物量，成为地球上主要的碳储存库。森林植被通过降低风速和植物蒸腾，保持着适宜的空气湿度，从而改善了局部地区的小气候，可使昼夜温度不致骤升骤降，可有效减轻夏季干热和秋冬霜冻。

（四）减缓干旱和洪涝灾害

森林和植被在减缓干旱和洪涝灾害中起着重要作用，成为水利的屏障。在降雨时，植被的枝叶树冠能够截留 65% 的雨水，35% 变为地下水，减少了雨滴对地面的直接冲击。植被的根系深扎于土层之中，这些根系以及死植物枝干支持和充实着土壤肥力，并且吸收和保护了水分。试验证明，1 棵 25 年生天然树木每小时可吸收 150mm 的降水，22 年生人工水源林每小时可吸收 300mm 的降水。林地涵养水源的能力比裸露地高 7~8 倍。

森林和植被中的土壤有许多孔隙和裂缝，土层里也有许多有机物形成的孔洞。这些孔洞和穴隙，既是水的储藏库，也是水往地层深处移动的通路。森林和草原的不同土壤深处孔洞占比为：在地下 5~10cm 处，森林为 27%，草原为 4%；15~20cm 处，森林为 16%，草原为 4%；25~30cm 处，森林为 17%，而草原为零。显然，森林、草原都具有很强的水下渗的能力，而以林地的水下渗能力较强。

（五）维持土壤功能

土壤本身具有的生态服务功能包括：①为植物的生长发育提供场所；②为植物保存和提供养分；③土壤在有机质的分解和环境净化中起着关键作用；④土壤在氮、碳、硫、磷等大量营养元素的循环中起着关键作用。

土壤是农业生产的基本生产资料。陆地上的分解过程主要在土壤中进行。生态系统对土壤的维持与保护主要是由植物承担的。高大植物的林冠拦截雨水，削弱了雨水对土壤的溅蚀、分离作用；地被植被和枯枝落叶拦截径流和蓄积水分，使水分下渗而减少径流冲刷；植物根系具有机械固土作用，根系分泌的有机物质胶结土壤，提高了其抗侵蚀能力。

（六）传粉、传播种子

大多数显花植物需要动物传粉才可繁衍。据报道，在全世界已记载的约 24 万种显花植物中，约有 22 万种需要动物传粉；农作物中大约 70% 的物种需要动物传粉，如果没有动物传粉将会导致农作物大幅度减产，甚至是一些物种的灭绝。

在自然生态系统中，动物和植物间的这种活动是互利互惠的一种形式，有利于物种之间的相互适应，保证物种的协同进化。

（七）生物防治控制有害生物

生态系统中的捕食和被捕食关系控制着生物与其病虫害之间的平衡关系。在自然生态系统中，有害生物往往受到其天敌的控制。据估计，对农作物潜在有害的生物中，约99%的种类可以利用其自然天敌来进行有效控制。

农业生产从播种到收获的整个生长期常常遭受到病虫害。据联合国粮食组织估计，全世界每年因病虫害而损失的粮食为10%~15%，损失的棉花为20%~25%。同时，还有成千上万种杂草直接与农作物争水、光和土壤营养。

（八）净化环境

陆地植物对大气污染，土壤—植物系统对土壤污染分别具有明显的净化作用。绿色植物通过吸收二氧化碳释放氧气等，维持大气环境化学组成的平衡；植物在耐受范围内通过吸收而减少空气中硫化物、氮化物、卤素等有害物质的含量。

此外，植物、藻类和微生物吸附周围空气中或者水中的悬浮颗粒和有机的或无机的化合物，把它们有选择性地吸收、分解、利用或者排出。形体高大枝叶茂盛的树木，具有降低风速的作用，可使大粒灰尘因风速减小而沉降于地面。

（九）休闲、娱乐

人类是地球生态系统的一员。长期的都市单调生活，单纯的室内生活方式往往使人情绪低落，对外反应迟钝，情感流通渠道不畅，会使人的性格发生扭曲甚至畸形。一旦进入室外大山、田野等自然环境之中，便会陡然感受到大自然的宽广胸怀，油然而生平和、宽松、友好的情绪，使人的精神为之大振，压抑减轻，心理和生理病态得到康复和愈合。自然中洁净的空气和水有助于人身心整体健康，性格和理性智慧得以丰富而健康地发展。

不少野生动物以其形色、姿态、声韵或习性的优异给人以精神享受，增加生活情趣。绿色植物千姿百态的风景区是人们娱乐、疗养的好地方。野生生物对旅游贸易具有吸引力，非洲的野生生物旅游业规模在全世界是最大的。旅游者希望看到保存着原始自然状态和自然生境中野生动物壮观的场面。大群的狮子、野牛、斑马和其他野生动物是吸引旅游者的主要原因。

（十）文化艺术创作的源泉

生物多样性产生文化多样性，创造出具有巨大的社会价值，构成人类文明的重要组成部分。多种多样的生态系统养育了人类文化精神生活的多样性。自然是人的精神上高层次追求和发展的重要源泉，深刻地影响着人们的美学倾向、艺术创造、宗教信仰。国内外诸多文学大师的创作都与大自然的美或启迪有关；一些宗教，特别是历史久远的佛教、道教等东方宗教，建寺庙于沧海之滨和高山之巅，重视和强调人与天地、自然的对话。人们在庭院、城里栽草种树，模拟自然，模拟自然已经成为改善人们生活质量的重要途径，自然给人类的精神启迪以及在人的文化生活中的重要性是无价的。

三、生态系统服务功能的价值及其评估

1997 年科斯坦萨等提出了对生态系统服务的估价方法。

（一）生态系统服务功能的价值类型

1. 直接价值

直接价值可按其产品形式分为显著实物型直接价值和非显著实物型直接价值。前者以生物资源提供给人类的直接产品形式出现，后者则体现为生物多样性为人类所提供的服务。

1）显著实物型直接价值

1990 年麦克尼利（McNeely）等根据生物资源产品的市场流通情况，将显著实物型直接价值又细分为：①消耗性使用价值——没有经过市场而被当地居民直接消耗的生物资源产品的价值，如薪材和野味肉品等；②生产性使用价值——经过市场交易的那部分生物资源产品的商品价值，如木材、药材、薪材、野味、鱼、动物毛皮、饲料、食用菌、粮食、蔬菜和果品等，这些产品对国民经济具有重要影响。

2）非显著实物型直接价值

对于非显著实物型直接价值，其虽然无实物形式，但是可以被感觉且直接消费。生态系统维持生物多样性的服务功能在为人类提供直接消费品的同时，还能为人类提供直接感受和享用到的非消耗性利用方面的服务，如生态旅游、动植物园的观赏和各种载体的生物多样性文化享受（如文学作品、影视图片）等；作为

研究对象，提供给科学家进行生物、遗传、生态和地理等多学科研究；作为一种知识，丰富人类对自然和各类不同文化的认识。

2. 间接价值

间接价值通常包括选择价值、遗产价值和存在价值。

生态系统的间接价值和直接价值之间有密切的依赖关系。直接价值经常由间接价值衍生出来，因为收获的植物和动物的生长必须得到其所在环境提供服务的支持。非消耗性和非生产性使用价值的物种，在生态系统中可能起着支持那些消耗性或生产性使用价值物种的作用。

1）选择价值

选择价值是人们为了将来能直接、间接利用某种生态系统服务功能的支付意愿。例如，人们为将来能利用生态系统的涵养水源、净化大气和游憩娱乐等服务功能的支付意愿。可以把选择价值比喻为购买保险公司提供的保险业务，人们为自己确保将来能利用某种资源或效益而愿意支付的一笔保险金。

选择价值一般可分为3种：①为自己将来利用；②为后代将来利用（遗产价值）；③为他人将来利用（替代消费）。有国外学者提出"准选择价值"，它是一种对未来效益的认知价值，是做出保护或开发选择之后的信息价值。例如，对某一森林既可以选择保护，也可以选择现在开发。如果现在选择保护，那么下一阶段的选择可能是保护也可能是开发；如果现在选择开发，那么下一阶段只能继续选择开发（因为发生了不可逆转的变化）。在这2个阶段之间可能出现新的信息，如果森林的保护价值提高或某种生物有新的科学发现，现在选择开发，这种未来效益将遭受损失，评估其损失的效益可理解为对准选择价值的评估。当遗传基因由于缺乏研究而对其经济价值不了解或了解甚少，可利用准选择价值对森林砍伐进行评价。由于准选择价值与选择价值的概念相异，因此2种价值不能叠加；由于准选择价值评价比较复杂，经济学家常常将此项忽略。

2）遗产价值

遗产价值是指当代人为将某种资源保留给后代而自愿支付的费用。有许多当代人可能希望他们的子女或后代将来可由某些资源（如热带森林或珍稀物种）的存在而得到一些利益，如观光等。为此，他们现在愿意支付一定数量的钱物用于对这些资源的保护。

遗产价值还体现在当代人为后代将来能受益于某种资源存在的知识而自愿支

付的保护费用。例如，他们为使后代知道海洋中拥有鲸、喜马拉雅山拥有雪豹、亚马孙河拥有大量热带雨林等自愿捐献钱物。

遗产价值反映了代与代之间的利他主义动机和遗产动机，可表现为代际间的替代消费和代际间的利他主义。有部分学者认为，遗产价值应属于选择价值范畴，因为遗产价值涉及后代人的利用；但也有人认为，遗产动机是确保某种资源的永续存在，仅作为一种资源和知识的遗产保留下来，不涉及将来利用与否，因此应当属于存在价值的范畴；大多数文献将遗产价值单独列出，与选择价值和存在价值并列。

3）存在价值

存在价值也被称为内在价值，是指人们为确保某种资源继续存在（包括其知识存在）而自愿支付的费用。存在价值是资源本身具有的一种经济价值，是与人类利用与否（包括现在利用、将来利用和选择利用）无关的经济价值，也与人类的存在无关。即使人类不存在，资源的存在价值仍然在现实生活中确实存在。例如，有许多人（特别是工业化国家的人）为了确保热带雨林或某些珍稀濒危动物的永续存在而自愿捐献钱物，而自己并不打算将来到这些热带雨林观光或利用这些野生动物。所以，存在价值似乎与环境伦理的准则和环境保护的责任有关。

存在价值的计量方法之一，可以通过私人对全世界自然保护事业的大量自愿捐赠来估算。例如，世界自然基金会（WWFC）每年可收到来自全世界的捐款达1亿美元。

（二）生态系统服务功能价值评估方法

生态系统服务功能价值的评估方法至今尚未统一、规范、完善，目前较为常用的评估方法可分为3类，即直接市场价值法、替代市场价值法、条件价值法。

1. 直接市场价值法

直接市场价值法是指生态系统所提供的产品和服务在市场上交易所产生的货币价值，包括市场价值法和费用支出法。市场价值法以生态系统提供的商品价值为依据进行估算的一种方法。人们对某种环境效益的支出费用来表示该效益的经济价值，如生态旅游中的交通费、门票费和食宿费等。

2. 替代市场价值法

当某一产品或服务的市场不存在，没有市场价值法时，替代市场价值法可以用来提供或推测有关价值方面的信息，它以"影子价值"的形式来表达生态服务功能的经济价值。其方法是通过分析某种与环境效益有密切关系，并且已在市场上进行交易的产品的价值来替代。该方法包括机会成本法、旅行费用法、防护费用法、替代工程法、恢复费用法、人力资本法、享乐价值法等。

3. 条件价值法

条件价值法又称假想市场价值法或权变估值法，属于直接方法，是指应用模拟市场技术，假设某种"公共物品"存在并有市场交换，通过调查、询问、问卷、投标等方式来获得消费者对该"公共物品"的支付意愿，通过综合即可得到环境商品的经济价值。

依据上述各种估算生态系统服务功能价值的方法，按照对生态系统服务功能的分类，对每一项服务功能分别计算出它的价值量，再对所有服务功能的价值量进行求和，即可得到生态系统服务功能的总体价值。

（三）全球和中国生态系统服务功能价值估算结果

1. 全球生态系统的服务价值

1997 年科斯坦萨等 13 位生态学家采用直接或间接地对生态系统服务的意愿支付进行估算，计算得到全球生态系统总的服务价值为 3.3×10^{13} 美元（按 1994 年价格计算），并与当时全球 GDP 进行了比较，发现前者达到了后者的 1.8 倍。他们将全球分为 17 种生态系统，计算出了每种生态系统服务的全球价值，如气体调节价值为 1.3×10^3 美元/（公顷·年）、干扰调节为 1.8×10^3 美元/（公顷·年）、废弃物处理为 2.3×10^3 美元/（公顷·年）、养分循环为 1.7×10^4 美元/（公顷·年）等（注：1 公顷 =10000 平方米）。

比较发现，全球海洋生态系统提供了总价值中大约 63% 的生态服务，其中大多来自海滨生态系统；陆地生态系统提供了总价值中大约 37% 的生态服务，主要为森林生态系统和湿地生态系统。

2. 中国生态系统的服务价值

稍晚于科斯坦萨等的工作，中国科学院植物研究所张新时院士于 2000 年采用他们的计算方法，对中国生态系统服务功能进行了价值估算，计算得到中国生态系统效益的总价值约为 77834.48 亿元人民币/年（以 1994 年人民币为基准）。其中陆地生态系统提供了 56098.46 亿元人民币/年，海洋生态系统提供了 21736.02 亿元人民币/年。与 1994 年我国 GDP（45006 亿元人民币）相比，中国生态系统每年提供的效益价值为当年 GDP 的 1.73 倍，与科斯坦萨等的工作结果较为一致，其中仅我国陆地生态系统效益就为当年 GDP 的 1.25 倍。可见，我国的生态系统每年都以生态产品和生态功能等形式提供着巨大价值，远远超过了同一时期社会生产所创造的价值。

思考题

（1）简析生态系统的组成成分及其生态学作用。

（2）简述生态效率的量度指标及其计算方法。

（3）说明次级生产过程中消费者不能将净初级生产量全部转化为次级生产量的原因。

（4）绘制一个普适的生态系统能流模型，据此说明能量在生态系统中流动的特点。

（5）解释生态系统服务的概念，并简析主要研究内容及评价方法。

主要参考文献

［1］Daily G C. Nature's services：societal dependence on natural ecosystem［M］. Washington，DC：Island Press，1997.

［2］France R L. Rebuilding and comparing pyramids of numbers（Elton）and energy（Lindeman）with selected global delta N−15 data［M］. Hydrobiologia，2014.

［3］奥德姆，巴雷特. 生态学基础：第 5 版［M］.陆健健，王伟，王天慧，等译. 北京：高等教育出版社，2009.

［4］盛连喜，李振新，王娓. 环境生态学导论：第 3 版［M］.北京：高等教育出版社，2020.

［5］Borja A. Grand Challenges in Marine Ecosystems Ecology［J］. Frontiers in Marine Science，2014，1：1−5.

［6］Cappelli I C，Toropov A A，Toropova P A，et al. Ecosystem ecology：Models for acute toxicity of pesticides towards Daphnia magna［J］. Environmental Toxicology and Pharmacology，2020，80：103459.

［7］Costanza R，D'Arge R，Groot R D，et al. The value of the world's ecosystem services and natural capital [J]. Nature, 1997, 387: 253-260.

[8] Libralato S, Pranovi F, Stergiou K I, et al. Trophodynamics in marine ecology: 70 years after Lindeman Introduction [J]. Marine Ecology Progress Series, 2014, 512: 1-7.

[9] Liu S, Costanza R, Farber S, et al. Valuing ecosystem services Theory, practice, and the need for a transdisciplinary synthesis [J]. Ecological Economics Reviews, 2010, 1185: 54-78.

[10] Mandle L, Shields-Estrada A, Chaplin-Kramer R, et al. Increasing decision relevance of ecosystem service science [J]. Nature Sustainability, 2021, 4 (2): 161-169.

[11] Niquil N, Baeta A, Marques J C, et al. Reaction of an estuarine food web to disturbance: Lindeman's perspective [J]. Marine Ecology Pregress Series, 2014, 512: 141-154.

[12] Thomas D J, Zachas J C, Bralower T J, et al. Warming the fuel for the fire: Evidence for the thermal dissociation of methane hydrate during the Paleocene-Eocene thermal maximum [J]. Geology, 2002, 30: 1067-1070.

[13] White R V. Earth's biggest "whodunnit": Unravelling the clues in the case of the end-Permian mass extinction [J]. Philosophical Transactions of the Royal Society of London A, 2002, 360 (1801): 2963-2985.

[14] Winter S, Bauer T, Strauss P, et al. Effects of vegetation management intensity on biodiversity and ecosystem services in vineyards: A meta-analysis [J]. Journal of Applied Ecology, 2018, 55 (5): 2484-2495.

[15] Wu S Y, Li S C. Ecosystem service relationships: Formation and recommended approaches from a systematic review [J]. Ecological Indicators, 2019, 99: 1-11.

[16] Zeller U, Starik N, Gottert T. Biodiversity, land use and ecosystem services-An organismic and comparative approach to different geographical regions [J]. Global Ecology and Conservation, 2017, 10: 114-125.

[17] Ziter C. The biodiversity-ecosystem service relationship in urban areas: a quantitative review [J]. Oikos, 2016, 125 (6): 761-768.

［18］曹祺文，卫晓梅，吴健生. 生态系统服务权衡与协同研究进展［J］. 生态学杂志，2016，35（11）：3102-3111.

［19］单秀娟，线薇薇，武云飞. 长江河口生态系统鱼类浮游生物生态学研究进展［J］. 海洋湖沼通报，2004（4）：87-93.

［20］范玉龙，胡楠，丁圣彦. 生态系统服务网及其生态学意义［J］. 生态学报，2020，40（19）：6729-6737.

［21］冯剑丰，李宇，朱琳. 生态系统功能与生态系统服务的概念辨析［J］. 生态环境学报，2009，18（4）：1599-1603.

［22］戈峰，丁岩钦. 不同类型棉田生态系统中棉蚜种群能量动态及其生态学效率分析［J］. 生态学报，1995（4）：399-406.

［23］葛永林. 尤金·奥德姆的生态系统概念内涵及其欠缺分析［J］. 自然辩证法通讯，2018，40（3）：18-23.

［24］韩飞舟. 农业生态系统和农业生态学的几个问题探讨［J］. 生态学杂志，1989（2）：66-67.

［25］侯学煜，金鉴明. 植物生态学与环境保护［J］. 环境保护，1974（2）：24-27.

［26］金鉴明，周富祥. 生态系统和环境污染［J］. 环境保护，1974（5）：36-39.

［27］兰仲雄，马世骏. 改治结合根除蝗害的系统生态学基础［J］. 生态学报，1981（1）：30-36.

［28］李梦龙，赵丽娅，李艳蔷，等. 刍议如何学习环境生态学［J］. 成功（教育），2011（1）：293.

［29］李文华. 我国生态学研究及其对社会发展的贡献［J］. 生态学报，2011，31（19）：5421-5428.

［30］李亚楠，臧斯颖，侯文华，等. 主要外来鱼类对千岛湖生态系统的潜在影响及对策［J］. 生物学通报，2014，49（9）：3-5.

［31］廖明军，程凯，赵以军，等. 模拟生态系统中噬藻体裂解蓝藻宿主的生态学效应［J］. 生态学报，2006（6）：1745-1749.

［32］陆健健. 能量生态学（六）：种群与生态系统中的能流［J］. 生态学杂志，1988（2）：63-67.

［33］骆世明. 系统论、信息论和控制论与我国农业生态学的发展［J］. 中国生态农业学报（中英文），2021，29（2）：340-344.

［34］欧阳志云，郑华. 生态系统服务的生态学机制研究进展［J］. 生态学报，2009，29（11）：6183-6188.

［35］平晓燕，王铁梅. 植物化感作用的生态学意义及在草地生态系统中的研究进展［J］. 草业学报，2018，27（8）：175-184.

［36］任海，彭少麟，陆宏芳. 退化生态系统恢复与恢复生态学［J］. 生态学报，2004（8）：1760-1768.

［37］任启云. 对农业生态系统几个问题的看法［J］. 农业环境科学学报，1986（3）：41-43.

［38］桑燕鸿，陈新庚，吴仁海，等. 城市生态系统健康综合评价［J］. 应用生态学报，2006（7）：1280-1285.

［39］石洪华，郑伟，陈尚，等. 海洋生态系统服务功能及其价值评估研究［J］. 生态经济，2007（3）：139-142.

［40］随艳军，王萍，刘召敏. 从生态学的角度谈城市［J］. 环境，2006（S2）：97.

［41］王德华，王祖望. 青藏高原小型哺乳动物的生理生态学研究：从个体到生态系统［J］. 兽类学报，2022，42（5）：482-489.

［42］王松良，Caldwell CD. 用生态学思维重构传统农学学科：以农业生态系统管理作为核心应用科目［J］. 中国生态农业学报，2013，21（1）：39-46.

［43］王伟，陆健健. 生态系统服务与生态系统管理研究［J］. 生态经济，2005（9）：31-33.

［44］王献溥. 关于生态系统的概念及其研究的方向［J］. 环境保护，1978（6）：5-8.

［45］王志恒，刘玲莉. 生态系统结构与功能：前沿与展望［J］. 植物生态学报，2021，45（10）：1033-1035.

［46］魏光兴. 生态学的学科特征及其向其他学科的渗透［J］. 甘肃科技纵横，2004（4）：23-24.

［47］文一惠，刘桂环，田至美. 生态系统服务研究综述［J］. 首都师范大学学报（自然科学版），2010，31（3）：64-69.

［48］肖显静，何进．生态系统生态学研究的关键问题及趋势——从"整体论与还原论的争论"看［J］．生态学报，2018，38（1）：31-40.

［49］谢高地，肖玉，鲁春霞．生态系统服务研究：进展、局限和基本范式［J］．植物生态学报，2006（2）：191-199.

［50］徐祖同．试谈城市生态学和城市生态系统［J］．城市规划，1984（1）：35-37.

［51］阎水玉，王祥荣．生态系统服务研究进展［J］．生态学杂志，2002（5）：61-68.

［52］杨玉盛，郭剑芬，王健，等．我国南方植物生态学研究述评［J］．地理学报，2009，64（9）：1048-1057.

［53］于贵瑞，王秋凤，杨萌，等．生态学的科学概念及其演变与当代生态学学科体系之商榷［J］．应用生态学报，2021，32（1）：1-15.

［54］于贵瑞，王永生，杨萌．生态系统质量及其状态演变的生态学理论和评估方法之探索［J］．应用生态学报，2022，33（4）：865-877.

［55］张蒙，殷培红，杨生光，等．生态系统稳定性的生态学理论与评估方法［J］．环境生态学，2023，5（2）：1-4，31.

［56］张全国，张大勇．生物多样性与生态系统功能：进展与争论［J］．生物多样性，2002（1）：49-60.

［57］张天霖，吴仲民．生态系统服务功能与城市化影响的概述［J］．热带林业，2019，47（3）：72-75.

［58］张文霞，管东生．生态系统服务价值评估：问题与出路［J］．生态经济（学术版），2008（1）：28-31，36.

［59］赵斌，张江．整体论与生态系统思想的发展［J］．科学技术哲学研究，2015，32（5）：15-20.

［60］赵宁，于贵瑞．生态学代谢理论在生态系统碳循环研究中的应用［J］．第四纪研究，2014，34（4）：891-897.

第3章　生态系统中的种群和群落

导读： 本章对生态系统中的各生物组分进行认识，从构成一个生态系统的生物成分角度来认识种群的基本特征与动态变化，以及种群集合体（即生物群落）的特征、结构、功能和动态。对生态系统中生物组分的认识和学习是将来进行生态系统资源利用与管理、生态保护与恢复，以及生态文明设计、规划与建设的基本理论支撑。

学习目标： 了解种群和群落的相关概念，理解种群和群落的基本特征和动态，掌握种群和群落统计参数及其分析方法，了解种群增长模型及其生态意义，了解群落的物种多样性、群落演替及其顶极理论，能对生态系统中生物动态进行初步认识和基本分析。

知识网络：

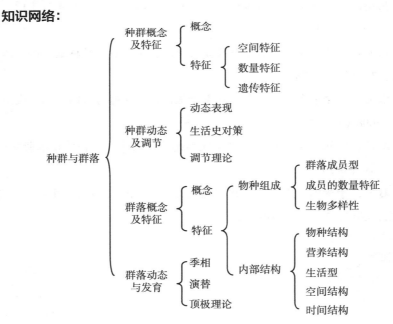

第 1 节　种群概念及特征

种群是生态系统中同一种生物的所有个体在一定时间和空间内的集合，作为生物群落的一部分行使一定的功能。种群是物种在自然界存在的基本单位，也是物种进化的基本单位。种群还是生物群落的基本组成单位，即群落指生态系统中所有种类生物（各种动物、植物和微生物）通过紧密相连作为统一有机整体执行一定功能的种群集合体。

一、种群的概念

所谓种群，是指在一定时空范围内的同种生物个体的集合。例如，一个湖泊中的某一种鲤鱼的全部个体集合而成该种类的种群。自然界中，任何生物个体都难以单独生存下去，其在一定空间内必须以一定的数量集合组成群体。这不仅是种群繁衍所必需的基本前提，也是每一个个体能够更好地适应环境变化的需要。

一个种可以包含于因地理空间差异而形成的多个种群中，长期的地理隔离可以造成生殖隔离，形成不同的亚种。

二、种群的特征

一般来说，自然种群有 3 个基本特征：①空间特征；②数量特征；③遗传特征。

（一）种群的空间分布特征

种群的空间分布包括地理分布格局和内分布格局，前者是指种群分布的地理位置和范围，如攀枝花苏铁种群的生态地理分布、小蓬竹种群的地理分布。后者是指种群内部个体存在的分布格局，包括随机分布、均匀分布和聚集分布。

随机分布出现在环境条件很一致且没有群聚倾向的情况下。均匀分布（又称规则分布）可能出现在个体间竞争激烈或正对抗作用促使产生均匀间隔的情况下，当然在单种栽培的作物和森林中也频繁出现这种分布模式。不同程度的聚集（个体联合为群体）是最普遍的模式。不同分布类型的存在，要求选择适合的取样方法和统计分析方法，这是很重要的。

（二）种群的数量特征

个体有生、死、年龄、生活史，但绝不会有出生率、死亡率或年龄比。后述的这些特征只是在群体水平上才有意义。种群具有密度、年龄比、出生率、死亡率、增长型等群体特征。

1. 密度

种群密度是指单位面积或单位空间内的个体数目。也有用生物量表示种群密度的，即单位面积或空间内所有个体的鲜物质或干物质的重量。具体的数量统计方法随生物种类或栖息地条件而异。一些植物或易于计数的动物，如树木、人类等，可以使用总数量调查法直接计数所调查范围内生物个体的总数量。但是，能够全部被直接计数的生物种类极少，最常使用的方法是随机取样计数，然后估测整个种群的数量，包括样方法和标记重捕法。标记重捕法的计算公式如下。

$$种群大小估测（N）/ 标记个体数（M）$$
$$= 重捕个体数（n）/ 重捕样中标记数（m）$$

此外，还有枚举法、去除取样法和无样地取样法等方法可用于估测种群的密度大小。

2. 种群年龄结构和性比

种群的年龄结构是指不同年龄组的个体数在种群内的比例和配置情况。年龄结构和性比是分析种群动态和进行预测预报的基础。种群的年龄结构通常用年龄锥体图表示，它是以不同宽度的横柱从下往上堆置而成，横柱的高低位置表示不同年龄组，宽度表示各年龄组的个体数或百分数。

按锥体形状，年龄锥体可划分为以下 3 个基本类型。

增长型年龄锥体：呈典型金字塔形，即基部宽、顶部窄。该类型种群有大量幼体，老年个体较少，种群的出生率大于死亡率，结果是保证了种群的迅速增长。

衰退型年龄锥体：基部较窄而顶部相对较宽。该类型种群中幼体比例减少而老龄个体比例增大，种群的死亡率大于出生率，结果使种群越来越小。

稳定型年龄锥体：老、中、幼个体比例介于增长型种群和衰退型种群之间。出生率与死亡率大致相平衡，种群较为稳定。

性比是指不同龄级个体数在性别上的比例关系，通常用种群中雄性个体（♂）数：雌性个体（♀）数的比值表示，包括：第一性比，指受精卵中♂/♀比例，大致是 1 : 1；第二性比，是指个体开始性成熟为止，♂/♀比例；第三性比，即成熟的个体性比；老年个体中的♂/♀比例，则称为第四性比。

大多数生物种群都倾向于雌雄性别比例为 1 : 1，即雌雄个体在种群中各占一半。动物出生时的性比率，一般是雄性多于雌性，但在较老的年龄组，则雌性多于雄性，总的趋势是随着年龄的增长雄性死亡率高于雌性。要说明这个问题，则需要涉及遗传、社会、生理等多方面因素。性比也受到环境的影响，如食物的丰歉、健康保障等。比如赤眼蜂，食物短缺时雌性比例下降。

性比影响种群的配偶关系及繁殖潜力。在野生种群中，性比的变化会引发配偶关系及交配行为的变化，是种群自然调节的方式之一。

3. 出生率和死亡率

出生率是种群增加的固有能力，它不仅指通常所理解的以胎生方式产生新的个体，也可指其他产生新个体的能力，如孵化、出芽或是分裂等方式。出生率包括：①最大出生率（即生理出生率）——在无任何限制的理想条件下，繁殖只受个体生理因素所限制而产生新个体的理论上最大数量；②生态出生率（即实际出生率）——种群在某特定环境条件下的增长。种群的实际出生率不是一个常数，它随种群大小、年龄结构和物理环境条件不同而变化。

出生率通常以比率来表示，是将新生个体数除以考察时间（这称作绝对出生率或总出生率），或以单位时间每个个体所产出的新生个体数来表示（即特定出生率）。例如，一个原生动物个体的种群个体数为 50，在 1 小时内通过分裂增加到 150 个，则其绝对出生率为 100 个 / 小时，而其特定出生率为 2 个 / 小时（表示原来 50 个中的每个个体平均生产速率）。再如，一个有 10000 人口的小镇一年出生 400 人，那么绝对出生率是 400 人 / 年，而特定出生率是人均 0.04 人 / 年（4/100 或 4%）。有时候，如在人口统计学中，特定出生率是根据育龄女性（即母体）的数量而非所有人口数量来表达的。

死亡率描述的是种群中个体死亡速率的情况。与出生率类似，死亡率也包括生理死亡率（即最低死亡率）和生态死亡率（即实际死亡率）。前者是个理论值，是种群在理想的或无限制的条件下的最小死亡率。在最适环境条件下，种群中的个体都是由于自然衰老而死亡，即活到了生理寿命。当然，生理寿命常常远超过平均的生态寿命。后者则是指某特定环境条件下种群中个体的死亡情况，如同生态出生率一样，它也不是一个常数，而是随种群和环境条件不同而变化的。类似地，也存在种群的绝对死亡率和特定死亡率。

4. 生命表与存活曲线

生命表是一种能系统地表示出种群个体数量随生命周期进展发生的因死亡而逐渐减少至完全消失过程的统计方法，由雷蒙德·佩尔（Raymond Pearl）首次引入普通生物学，应用于果蝇的实验室研究数据中（Pearl and Parker，1921）。

生命表是研究种群动态的一种常用工具，它实质上是系统描述同期出生的一个生物种群在各发育阶段存活和死亡过程的统计表。

表 3-1 是藤壶的生命表。1959 年藤壶幼虫出生，到 1968 年全部死亡。

按生命表数据作图更能说明问题。以时间间隔作横坐标，存活数（通常以自然对数的形式）作纵坐标，所作的曲线称为存活曲线。

存活曲线一般有如下 3 种类型。

凸形（Ⅰ型）：该类型的物种在临近生理寿命前，种群的死亡率一直较低。许多大型动物和人类显示为这种类型的存活曲线。

直线型（Ⅱ型）：其存活曲线为接近对角直线性的轻微凹形曲线，各年龄期的死亡率是几乎相等的，如许多鸟类、鼠类、兔和鹿等。

凹形（Ⅲ型）：该类型种群的幼体的死亡率很高。例如，牡蛎、其他一些贝类和橡树等。Ⅲ型的生物虽然早期死亡较多，但一旦个体在合适的条件下存活下来，其生命期望就明显改善。

某些生命史中各期存活区别很大的生物，如常见的蝴蝶等全变态的昆虫，可能出现阶梯状存活曲线。

表 3-1　藤壶的生命表（仿 Krebs，1978）

年龄（x）	存活数（n_x）	存活率（l_x）	死亡数（d_x）	死亡率（q_x）	L_x	T_x	生命期望（e_x）
0	142.0	1.000	80.0	0.563	102.0	224.0	1.58
1	62.0	0.437	28.0	0.452	48.0	122.0	1.97
2	34.0	0.239	14.0	0.41	27.0	74.0	2.18
3	20.0	0.141	4.5	0.225	17.75	47.0	2.35
4	15.5	0.109	4.5	0.290	13.25	9.25	1.89

年龄（x）	存活数 （n_x）	存活率 （l_x）	死亡数 （d_x）	死亡率 （q_x）	L_x	T_x	生命期望 （e_x）
5	11.0	0.077	4.5	0.409	8.75	16.0	1.45
6	6.5	0.046	4.5	0.692	4.25	7.25	1.12
7	2.0	0.014	0	0.000	2.0	3.0	1.50
8	2.0	0.014	2.0	1.000	1.0	1.0	0.50
9	0	0	—	—	0	0	—

注：L_x 为相邻两个龄期的平均存活数即 $L_x=(n_x+n_{x+1})/2$；T_x 为进入 x 龄期的所有个体在当期及未来所存活的年数总和，其值等于生命表中各 L_x 的值自下而上累加之和，如 $T_0=L_0+L_1+\cdots+L_8+L_9$；$e_x$ 为 x 龄期的生命期望（或称平均余年），即种群中某一特定年龄的个体所能存活的平均年数。

存活曲线的形状会受到生物所得到的亲代抚育程度、保护机制、种群密度和环境胁迫程度等因素的影响而发生变形。例如，高密度会使加利福尼亚北美夏旱硬叶常绿灌丛的 2 个黑尾鹿种群的存活曲线较为内凹。对于人类也是如此，高密度不适宜个体的长久生存，当然，医学保健知识的发展、营养的增加和完善的卫生设施已经明显延长了人类的实际寿命。

表 3-1 是根据对同年出生的所有个体进行存活数动态监测的资料编制而成的简单生命表、动态生命表、水平生命表和同生群生命表。另有根据某一特定时间，对种群作一个年龄结构的调查，并根据其结构而编制成的生命表，称为静态生命表、垂直生命表。此外，还有一种叫综合生命表，它包括出生数据，从而能估计种群的增长。

第 2 节 种群动态及调节

一、种群大小的动态变化

种群大小的动态变化，即种群中生物个体数量随时间而发生的变化，包括个体数量的持续增加、不规则波动和周期性振荡等。

（一）种群增长模型

种群增长分为 2 个基本型，即呈指数增长形式的 J 型增长和 S 型增长，如图 3-1 所示。J 型增长模式的种群密度呈指数快速增加，而 S 型增长模式的种群在开始时增长较为缓慢，然后逐渐加快并于某个时期达到最大增长率（曲线最大斜率值处），之后，由于环境阻力的影响使增长率逐渐降低直至达到平衡状态。

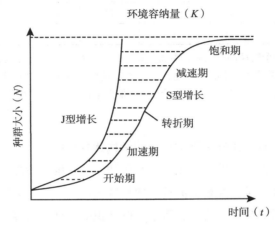

图 3-1　种群增长的 J 型和 S 型模式

种群增长模型可根据是否受限于环境条件，以及种群各世代有无重叠作进一步的划分。

1. 在无限条件下的种群增长模型

本模型建立的前提条件是：种群处于"无限制"的空间、食物等资源条件下，因而其增长率不随种群本身密度的变化而变化，这类增长与密度无关，称为"J"型增长。

与密度无关的增长又可分为 2 类：对于一年生植物和许多 1 年生殖 1 次的昆虫，其增长是不连续、分时段进行的，种群的各个世代彼此不相重叠，这称为离散增长；而对于各个世代彼此重叠（如人类和多数兽类）的种群，其种群增长是连续的。对于离散型种群增长模型，一般用式（3-1）进行描述；而连续型种群增长，则可用式（3-2）进行描述。

离散增长模型方程：

$$N_{t+1} = \lambda N_t \quad \text{或} \quad N_t = N_0 \lambda^t \tag{3-1}$$

式（3–1）中：N 为种群的大小，t 为世代时间，λ 为种群的周限增长率。

例如，一年生物（即世代间隔为 1 年）种群，开始时有 10 个雌体，到第二年成为 200 个，因此，$N_0 = 10$，$N_1 = 200$，则 1 年增长 20 倍，即 $\lambda = N_1 / N_0 = 20$。则在无限环境下，该种群经过年复一年的增长，其种群数量将依次为 10，10×20^1，10×20^2，10×20^3，$\cdots$。将 N_t 对时间 t 作图，即可得到图 3–1 中所示的指数型增长模式。

λ 是种群离散增长模型中有具体意义的参数，其生物学意义为：$\lambda > 1$ 时种群数量上升，$\lambda = 1$ 时种群数量稳定，$\lambda < 1$ 时种群数量下降；若出现 $\lambda = 0$，则种群没有繁殖后代，且在下一代中灭亡。

连续增长模型方程：

$$\mathrm{d}N/\mathrm{d}t = rN \qquad\qquad （3–2）$$

式（3–2）中：$\mathrm{d}N/\mathrm{d}t$ 为生物体数目在某一瞬时的变化率，它是单位时间段（Δt）内生物体数量改变（ΔN）的平均速率 $\Delta N/\Delta t$ 在 $\Delta t \rightarrow 0$ 时的变化率；r 为种群增长瞬时系数。用微积分运算，可以得到如下指数积分形式。

$$N_t = N_0 \mathrm{e}^{rt} \qquad\qquad （3–3）$$

例如，初始种群 $N_0 = 100$，r 为 0.5，则 1 年后的种群数量为 $100\mathrm{e}^{0.5} = 165$，2 年后 $100\mathrm{e}^{1.0} = 272$，3 年后为 $100\mathrm{e}^{1.5} = 448$。

若以种群大小（N）对时间（t）作图，也可得到如图 3–1 中所示种群的增长曲线呈 "J" 型。

2. 在有限环境下的种群增长模型

在实际的自然环境中，生物种群增长很少符合 "J" 型增长，因为环境资源总是有限的，生物种群总是处于环境条件的限制之中，生物种群增长并不是按几何级数无限增长的。"J" 型增长一般仅发生在早期阶段，密度很低、环境资源相对丰富的条件。例如，在培养基中的酵母菌，开始的时候增长较为缓慢，然后加快，不久后，由于环境阻力按比例增加，增长也就逐渐降低，直至达到平衡状态并维持下去。这种增长模式，可以用如下简单的逻辑斯蒂模型表示。

$$\mathrm{d}N/\mathrm{d}t = rN \times \frac{K - N}{K} \qquad\qquad （3–4）$$

其积分式如下。

$$N_t = \frac{K}{1+e^{a-rt}} \tag{3-5}$$

若以种群大小（N）对时间（t）作图，可得到如图3-1中"S"型增长曲线。

逻辑斯蒂增长模型是建立在以下2个假设基础上的。

（1）存在一个环境条件所能允许的种群数量最大值K，这个数值称为环境容纳量。当种群数量达到K时，种群将不再增长，此时增长率 $dN/dt = 0$。

（2）环境条件对种群的阻滞作用随着种群密度的增加而按比例增加：种群中每增加1个新的个体，对增长率就产生$1/K$的抑制作用，或者说每个个体利用了$1/K$的空间，若种群中有N个个体，就利用了N/K的空间，则可供种群继续增长的剩余空间就只有（$1-N/K$）了。

逻辑斯蒂曲线可划分为5个时期（图3-1）：①开始期，也称潜伏期，此时种群由于个体数很少，密度增长缓慢；②加速期，随个体数增加，种群密度增长开始逐渐加快；③转折期，当个体数达到饱和密度一半（即$K/2$）时，密度增长最快；④减速期，从个体数超过$K/2$开始，密度增长受到的抑制效应越来越强，种群增长速率逐渐变慢；⑤饱和期，种群个体数达到K值而饱和。

综上可见，r和K这2个参数在种群研究中被赋予明确的生物学和生态学意义：r表示物种潜在的增长能力，是生殖潜能的一种度量，而K则表示环境容纳量，即物种在特定环境中的平衡密度，用来衡量在特定环境条件下种群密度可能达到的最大值。

因此，逻辑斯蒂方程的重要意义如下。

（1）它是2个相互作用种群增长模型的基础。

（2）它是渔业捕捞、农业、林业等领域用以确定最大持续产量的主要模型。

（3）模型中的2个参数r和K，已成为生物进化对策理论中的重要概念。值得注意的是，K值大小可以随着环境（资源量）的变化而变化。

（二）种群不规则波动和周期性振荡

1. 不规则波动

当种群在长期处于不利的生存条件（人类过度捕猎或栖息地被破坏）下，其数量会因为捕食者或资源越来越匮乏，或两者叠加，而出现持续性的减少，并最终导致种群衰落甚至灭亡。在这种条件下，个体大、出生率低、生长慢、成熟晚的生物最容易遭遇衰亡。例如，由于人类过度捕捞对鲸类种群造成的生存压力导致该鲸类种群数量急剧下降。目前，全球范围的种群衰落和灭亡的速度已大大加快。

2. 周期性波动

当种群数量的变动随着时间呈现出有规律的、循环往复式波动变化时，称其为周期性波动。最为广泛宣讲的例子应该是雪兔与其捕食者猞猁的 9~10（平均9.6）年的振荡（图 3-2），雪兔种群的丰度峰值比猞猁要早一些，说明猞猁种群数量变动的周期与雪兔的周期高度相关，但并不严格。

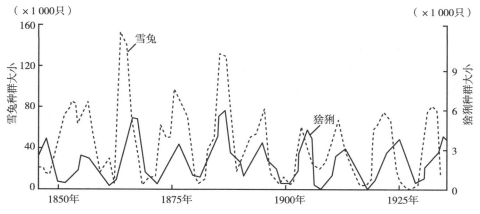

图 3-2　北美洲的雪兔与猞猁种群数量 9~10 年的周期性波动（MacLulich，1937）

3. 种群暴发

种群数量（密度）比平常状态显著骤增的现象被称为种群暴发。不规则或周期性波动的生物都可能出现这种现象。当偶尔出现食物充足、没有拥挤效应、没有天敌等条件时，自然种群在短期内往往表现出指数型增长，创造一种"爆炸"模式。在这种条件下，即便每个有机体仍然保持与之前相同的繁殖速度，但整个种群还是会以惊人的速度快速扩张。例如，水体富营养化导致浮游生物大量、快速繁殖而引起的水华，病虫害和鼠害的暴发，以及细菌在新培养基中的生长等，都可能以指数型增长方式使种群暴发。

4. 种群数量的季节消长

所谓季节消长，是指种群数量在一年四季中的变化规律。种群数量的季节消长可能是规则的，也有可能发生不规则波动甚至种群暴发。中、高纬度地区生活的许多动物，夏季和冬季之间的数量变化相当大。这种现象主要是受生物生活史和环境因素的季节性变化调节。

一般来说，具有季节性生殖特点的动物种类，其种群的最大数量是在一年中最后一次繁殖之末。低纬度热带地区的一些动物种类也有季节性波动，这可能与降雨或食物供给有关。在北亚热带和温带地区，苍蝇和蚊子等春季开始增多，随冬季来临天气变冷而销声匿迹。因此，许多由蚊蝇传播的疾病也具有季节性。

5. 种群数量的年变化

种群数量在不同年份的变化，有的具有规律性，称为周期性，有的则无规律性。有关种群动态的研究工作证明，大多数种类的年变化表现为不规律的波动，有周期性数量变动的种类是有限的。

在环境相对稳定的条件下，种子植物及大型脊椎动物具有较稳定的数量变动。常见的乔木，如杨树、柳树每年开花结果 1 次，其种子数量相对稳定。加拿大盘羊 36 年的种群数量变动，其最高量与最低量的比率为 4.5 倍；而美洲赤鹿在 20 余年冬季数量统计中，其最高量与最低量之比只有 1.8 倍。

尽管动物中具有周期波动的种群数量变动为数甚少，但也有些典型例子。例如，多年积累的统计数据表明，旅鼠种群数量波动幅度甚大，其最高量与最低量比率达 612 倍（Pitelka，1973）。

6. 生态入侵

生态入侵是英国生态学家查尔斯·埃尔顿（Charles Elton）于 1958 年提出的生态学概念。它是指由于人类有意或者无意地把某种生物带入适宜其栖息和繁衍的地区，导致其种群不断扩大，分布区域逐步稳定地扩展，并造成引入地原有生物多样性的丧失或削弱的现象。

生态入侵主要有以下 4 种途径。

（1）自然传播：植物种子或病毒通过风、水流、禽鸟飞行等相关方式传播。

（2）贸易渠道传播：物种通过附着或夹带在国际贸易的货物、包装、运输工具上，借货物在世界范围内的广泛发散性地流转而广为传播。

（3）旅客携带物传播：旅客从境外带回的水果、食品、种子、花卉、苗木等，因带有病虫、杂草等造成外来物种在境内的定植与传播。

（4）人为引种传播：引种不是一个新兴事物，人类在很久以前的农业生产上就有意地将一些谷物和动物从世界的一个地区引入到另一个地区，如食物中的玉米、小麦、甘薯、番茄，以及猪、牛、羊等，可以说外来物种的引入与生活息息相关。早期的农业生产，人类以有意引种为主。然而，更常见的是有害的无意引种。

生态入侵严重破坏当地的生态安全，其导致的恶果主要为如下体现。

（1）严重破坏引入地原有生物的多样性，并加速其物种的灭绝。

外来物种入侵是威胁生物多样性的头号敌人，入侵种被引入异地后，由于其新生环境缺乏能制约其繁殖的自然天敌及其他制约因素，其后果便是迅速蔓延，大量扩张，形成优势种群，并与当地物种竞争有限的食物资源和空间资源，直接导致当地物种的退化，甚至灭绝。

（2）严重破坏引入地原有生态平衡。

比如引自澳大利亚而入侵中国海南岛和雷州半岛许多林场的外来物种薇甘菊，由于这种植物能大量吸收土壤水分从而造成土壤极其干燥，对水土保持十分不利。此外，薇甘菊还能分泌化学物质抑制其他植物的生长，曾一度严重影响整个林场的生产与发展。又如，欧洲的穴兔于 1859 年由英国引入澳大利亚西南部，由于环境适宜且没有天敌，它们以每年 112.6km 的速度向北扩展，16 年时间推进了1770km。它们对牧场造成了巨大的危害，直到后来引入黏液瘤病毒才将危害制止。

（3）外来物种入侵会因其可能携带的病原微生物而对其他生物的生存甚至对人类健康构成直接威胁。

比如起源于东亚的"荷兰榆树病"曾入侵欧洲，并于 1910 年和 1970 年 2 次引起大多数欧洲国家的榆树死亡。又如多年前传入中国的豚草，其花粉导致的"枯草热"会对人体健康造成极大的危害。每到花粉飘散的 7~9 月，体质过敏者便会发生哮喘、打喷嚏、流鼻涕等症状，甚至由于导致其他并发症的产生而死亡。

（4）外来物种入侵还会给受害各国造成巨大的经济损失。

要根治已入侵成功的外来物种是相当困难的，实际上仅仅用于控制其蔓延的治理费用就相当高昂。在英国，为了控制 12 种最具危险性的外来入侵物种，在1989—1992 年，光除草剂就花费了 3.44 亿美元；美国每年为控制"凤眼莲"的繁殖蔓延就要花掉 300 万美元；同样，中国每年因打捞水葫芦的费用就多达 5 亿 ~10亿元人民币，由于水葫芦造成的直接经济损失也接近 100 亿元人民币。

二、种群调节理论

种群调节指种群自身及其所处环境对种群数量的影响，使种群数量表现为有一定动态变化的相对稳定状态。在自然界中，绝大部分种群处于一个相对稳定状态。种群数量变动是由矛盾的 2 组过程（出生与死亡、迁入与迁出）相互作用所决定的。因此，所有影响出生率、死亡率、迁移的物理和生物因子都对种群的数量起着调节作用。种群调节是理论生态学研究中的关键问题，它是解决群落与生态系统生态学中许多问题的核心。多年来，生态学家提出了许多有关种群调节的理论。

（一）外源性调节理论

1. 非密度制约的气候学派

该学派的代表学者有安德列沃斯（Andrewartha）、伯奇（Birch）和戴维森（Davidson）。所谓非密度制约，是指环境因子对生物种群产生的影响和作用与该种群的密度大小无关。相对地，密度制约则指环境因子对生物种群产生的影响和作用是该种群密度的函数。该学派主张种群可由气候调节，主张这一观点的学者多以昆虫种群为研究对象。

2. 密度制约的生物学派

该学派主张密度制约因子（经常是生物因素）调节生物种群。认为种群具有自我管理能力，当种群密度很高时，调节因子的作用必须加强；当密度低时，调节因子的作用就减弱，即调节因子的作用必须受种群的密度管理。假设某一个昆虫种群每代增加 100 倍，因此必须有 99% 的死亡才能使种群得到平衡。如果非生物因素（如气候）消灭了 98%，余下的 1% 有赖于寄生者来进行消灭。在这种情况下，寄生者是种群密度的调节因素。

支持密度制约观点的主要有捕食和食物因子作用。被食者和宿主种群是完全受捕食者和寄生者调节的。捕食者对被食者种群的影响的一个著名实例是在科罗拉多大峡谷北缘、阿里松特地区卡巴高原上的黑尾鹿的种群动态（Allee et al.，1949）。在 1905 年黑尾鹿的种群约为 4000 头，而且似乎是由于美洲狮和狼的捕食而长期维持在该水平上，所以平原上冬季饲料从来不是一个限制因素，该地区的负荷量也从未到达顶峰。从 1907 年起，成百头的美洲狮和狼被杀，黑尾鹿数量开始增长。在该地区内过量的鹿群的冬季取食，在 2 个冬季内几乎把牧草耗尽。60% 的鹿挨饿，鹿群维持在 10000 头左右。而在牧草被耗尽以前，其生境负荷量被认为是 30000 头鹿。这说明，捕食者对被食者种群是有强烈影响的。

3. 折中学派

到 20 世纪 50 年代，气候决定论被很多人认为过分简单化，而坚持生物因子起决定作用的观点又缺乏强有力的证据，于是出现了综合理论学派或称折中学派，代表性人物有加拿大昆虫学家米尔恩（Milne）和美国农业昆虫学家赫法克（Huffaker）。很显然，这种学派既承认密度制约因子对种群密度的决定作用，也承认非密度制约因子对种群密度的决定作用，但 2 类因子的作用程度因环境类型不同而异。当环境对物种有利时，密度制约因子起主要调节作用，通常发生在物种的中心分布区域或稳定的永久性生境中。而当环境对物种不利时，非密度制约因子起主要调节作用，一般发生在物种分布的边缘区域或不稳定的暂时生境中，如安德列沃斯和伯奇所研究的昆虫即属于此类。

（二）内源性的自动调节理论

1. 行为调节学说

该学派的一些生态学家在对动物的社群行为研究后认为，社群行为是一种调节种群密度的机制。

社群等级、领域性等社群行为可能是一种传递有关种群数量的行为，尤其是关于资源与数量关系的信息。通过这种社群行为，可以限制生境中的动物数量，使食物供应和场所在种群内得到合理分配，把剩余个体从适宜生境排挤出去，使种群密度维持稳定。植物的社群行为常表现在种内个体对植物资源的竞争上，建群种的个体往往成为该群体的支配者，居上层林冠，控制着其他个体对光资源的获取量，而那些地位低的弱者，位于林冠下层，其生长发育受到抑制，使种群的生殖率下降，从而调节了种群密度。森林植物的自疏现象也是一个很好的证明。

2. 内分泌调节学说

该学说由克里斯蒂安（Christian）和戴维斯（Davis）分别于 1950 年、1959 年和 1964 年提出，又称为生理调节学说。

他们认为，当种群数量上升时，种内个体受到的压力（与种内其他个体为食物、配偶、空间的竞争）将明显增加，个体间处于紧张状态，加强了对中枢神经系统的刺激，主要影响脑下垂体和肾上腺的功能，一方面使生长素减少，生长代谢受阻，个体死亡率增加，机体防御能力减弱；另一方面性激素分泌减少，生殖受到抑制，出生率降低，胚胎死亡率增高，幼体发育不佳等。种群增长由于这些生理上的反馈机制而下降甚至停止。

此学说主要用于解释哺乳动物的种群调节机制。

3. 遗传调节学说

遗传调节学说是由英国遗传学家福特（Ford）于 1931 年提出的。

他认为当种群密度增加时，自然选择压力将松弛下来，结果使种群内的变异增加，许多遗传型较弱的个体也能存活下来。当条件回到正常时，这些低质量的个体由于自然选择压力的增加而被淘汰，于是种群数量下降，同时也就降低了种群内部的变异性。

在研究生物种群调节时，要严格区分调节种群和非调节种群。各种生物的生活周期不同，所以各类生物的种群调节具有相应的特异性。再者，各类生物生活史特征对种群调节的特点也有很大影响，即使是同一个类群（如啮齿类），由于其生态特征和生活史的不同，其种群动态也可能有很大的区别。

从自然选择的意义上讲，种群的数量变动实际上是适应多因素综合作用而发展成的自我调节能力的整体体现。因此，分析某种生物的种群调节方式，要具体生物具体分析，同时注意环境因素的影响，从而归纳出该种生物种群的种群调节方式。

第 3 节　生活史对策

生活史指的是生物从其孕育到出生直至死亡所经历的全部过程。生物在生存斗争中获得的生存对策，称为生态对策或生活史对策，诸如生殖对策、取食对策和迁移对策等。生态对策是自然选择和进化的结果。本节主要阐述生殖对策的 r-选择和 K-选择。

英国鸟类学家拉克（Lack）于 1954 年在研究鸟类时发现，每一种鸟的产卵数有以保证其幼鸟存活数最大为目标的生态学倾向。成体大小相似的物种，若产小卵，则生育力（即产卵数）就高，但由此导致的高能量消费必将降低其在保护和关怀幼鸟方面的投入。反之，若产大卵，则生育力就低，但将有更多的能量投入到对幼鸟的关怀和保护上。因此，动物在进化过程中面临着 2 个方向相反的对策选择：一种是多生贱养，即亲本具有高生育力但缺乏甚至没有亲体关怀的行为；另一种是少生优育，即低的生育力但能良好地抚育幼体。

基于种群增长方程中的 r 和 K［式（3–1）~ 式（3–5）］，可以将上述 2 种模式分别称为 r–选择和 K–选择，具有这 2 种模式的物种分别被称为 r–对策者和 K–对策者。麦克阿瑟（MacArthur）于 1962 年提出 r–K 选择的自然选择理论，推动生活史策略研究从定性描述走向定量分析的新阶段。

r–对策者多适应于严酷而易变的不利环境（如干旱地区和寒带）中，能够快速利用从未使用过的新生境或突然的资源积累（如干旱环境中短暂出现的降水、水体富营养化等），是有效的先锋种；但存活要靠机会，所以它们是"机会主义者"，很容易出现"突然的暴发和猛烈的破产"。r–对策者具有使种群增长最大化的生物学特性：快速发育、早熟、成年个体小、寿命短且单次生殖多而小的后代。对干扰有较强的恢复力，一旦环境条件适宜，就能以高增长率 r 迅速恢复种群。大部分昆虫和一年生植物可以看作 r–对策者，其种群增长模型如 J 型模式。

与 r–对策者相反，K–对策者适应于相对稳定的环境，生长缓慢，对环境具有较强的抵抗力，但对干扰的恢复力较差。当生存环境发生灾变时，K–对策者种群很难迅速恢复，若再有竞争者的存在而抑制，就可能趋向灭绝。K–对策者在一定意义上是"保守主义者"，它们具有的生物学特征是：成年个体大、发育慢、生殖迟、产仔（卵）少而大，但进行多次生殖、寿命长、存活率高，以高竞争能力使其得以生存。大部分脊椎动物和乔木可以看作 K–对策者，其种群增长模型如 S 型模式。

从能量的分配来看，K–对策者将大部分能量用于提高存活质量，可以叫作以质取胜，而 r–对策者则是将大部分能量用于繁殖出大量后代，可称为以量取胜。

r–对策者和 K–对策者是 r–K 对策连续统的 2 个极端。除了一些例外，大部分生物都能适合于 r–K 对策连续统的某一位置。r–选择和 K–选择理论可指导有害动物防治、濒危野生动物保护和生态系统管理等方面的实践。

在同一分类单元中，生物的生活史对策并不都相同，如哺乳动物中的啮齿类大部分是 r–对策者，而虎、熊猫、大象等则是 K–对策者。即便同一物种，也有可能既是 r–对策者，又是 K–对策者（Solbrig，1971）。例如，常见的蒲公英有几个品种或变种，这些品种或变种在控制能量分配的基因型组合上具有差异。主要生长在受干扰地区的品种，具有典型的 r–对策者特征，即产生数量较多但较小的种子，在生长季中成熟较早；而生长在受干扰较少地区的品种则表现出明显的 K–对策者特点，即把较多的能量分配给叶和茎，产生较少的种子且成熟较晚。当把 2 个品种同时种植在较好的土壤中时，后一个品种遮蔽了前一个多产的品种。因此，品种 1 为 r-对策者，品种 2 为 K-对策者。

滨螺在 2 种不同环境中采用不同的生活史，但不是简单的 r-模式或 K-模式，而是混合了 r-和 K- 2 种模式即 r-K 模式和 K-r 模式。2 种不同的环境是：①不能动的岩石狭窄缝隙环境；②能滚动的大石块表面。比较而言，裂缝是高度掩蔽的环境，能保护滨螺免遭波浪和捕食者的危害，但空间有限而使竞争加剧。能动的大石块相当危险，不仅会碾碎滨螺的小个体，还容易让滨螺暴露在其捕食者面前。由此，导致了 2 种混合式的生活史对策：缝隙种群壳薄、成体较小（r-选择），但生产少量的大型后代（K-选择）。与此相反，大石块种群具有厚壳、成体较大（K-选择），但生产许多小型后代（r-选择）。值得注意的是，滨螺种群的这种生活史不是 r-K 策略连续统；后者是指适应环境变化的双重选择，即在不利环境中具有 r- 选择特征，反之又有 K-选择特征，如一些植物在低海拔偏 r-选择，在高海拔偏 K-选择。同时，滨螺种群也不与上述蒲公英种群的生活史相类似。

第 4 节　群落概念及特征

一、群落的概念

近代植物地理学创始人亚历山大·洪堡（Alexan der Humboldt）于 1807 年在其著作《植物地理学知识》中揭示，自然界植物的分布不是杂乱无章的，而是遵循一定的规律集合成群落，每个群落都有其特定的外貌，它是群落对生境因素的综合反应。德国生物学家莫比乌斯（Mobius）于 1877 年在研究海底牡蛎种群时，注意到牡蛎只出现在一定的盐度、温度、光照等条件下，而且总与一定组成的其他动物物种（鱼类、甲壳类、棘皮动物）生长在一起，形成比较稳定的有机整体，他将这一有机整体称为"生物群落"。

瓦明（Warming）于 1890 年在其经典著作《植物生态学》中，对生物群落进行了定义，即一定的物种所组成的天然群聚就是群落。此时期俄国的植物群落学研究也形成了一门以植物群落为研究对象的科学——地植物学（即植物群落学）。苏卡乔夫于 1908 年将植物群落定义为不同植物物种的有机组合，在这样的情况下，植物与植物之间以及植物与环境之间相互影响、相互作用。

谢尔福德（Shelford）于 1911 年将生物群落定义为具有一致的种类组成且外貌一致的生物聚集体。

奥德姆（Odum）于 1971 年在《生态学基础》一书中，对生物群落的定义予以补充，认为除种类组成与外貌一致外，生物群落还具有一定的营养结构和代谢格局，它是一个结构单元，是生态系统中具有生命的部分。并指出群落的概念是生态学中最重要的概念之一，它强调了各种不同的生物能在有规律的方式下共处，而不是任意散布在地球上。

综合来讲，生物群落是指在一定时间段内在一定地域各种生物种群的集合。这个集合体组成了一个具有相对独立成分、结构和机能的"生物社会"，具有一定的外貌及结构特征（包括形态结构、生态结构和营养结构）和特定的功能。

二、群落的基本特征

（一）群落具有一定的种类组成

任何一个生物群落都是由一定种类的动物、植物和微生物种群组成。不同的种类组成构成不同的群落类型，如热带雨林、暖温带落叶阔叶林、寒带针叶林等，各自的种类组成是不相同的。因此，种类组成是区别不同类型群落的首要特征。群落是种群的集合体，物种的多少及每一物种的个体的数量决定了群落的生物多样性。物种多样性是群落物种组成定量分析的主要方法。

（二）构成群落的各物种间是相互联系的

一个群落的构成并非不同种群的简单集合。哪些种群能够组合在一起构成群落，主要取决于 2 个条件：第一，必须共同适应它们所处的无机环境；第二，它们内部的相互关系在不断适应的过程中取得协调和相对平衡。群落中的各种生物并非简单地共存、完全不顾彼此存在而过着其独立的生活，它们是相互作用的，群落是按某种生物关系的完全联合和彼此相互作用的种的集合，使群落成为功能的统一体。各物种间在对生存空间的争夺、阳光的获取、营养物质的利用、排泄物或分泌物对彼此的影响等多个方面表现出相互作用关系。

（三）群落具有自己的内部环境

生物群落对其居住环境产生重大影响，并形成群落环境。例如，森林中的环境与周围裸地就有很大的不同，包括光照、温度、湿度与土壤等都经过了生物群落的改造。即使生物非常稀疏的荒漠群落，对土壤等环境条件也有明显改变。随着群落的发育，其内部环境也在发生变化，顶极阶段的群落内部环境是十分稳定的。

（四）具有一定的结构

每一个生物群落都具有自己的结构，如生活型组成、种的分布格局、成层性、季相、捕食者和被食者的关系等生态结构，以及时间上的季相变化等。其结构表现在空间上的成层性（包括地上部分和地下部分的空间垂直结构），物种之间的营养结构，群落类型不同，其结构也不同。热带雨林群落的结构最复杂，而北极冻原群落的结构最简单。

（五）具有一定的动态特征

群落不是静止的存在，物种不断地消失和被取代，都有着孕育、生长、成熟到衰败乃至灭亡的过程。因此，生物群落也在随时发生着变化。由于环境因素的影响，群落时刻发生着动态的变化，其运动形式包括季节动态、年际动态、演替与演化。

（六）具有一定的分布范围

组成群落的每个物种其所适应的环境因子不同，所以特定的群落分布在特定地段或特定生境上，不同群落的生境和分布范围不同。从各种角度看，如全球尺度或者区域的尺度，不同生物群落都是按照一定的规律分布。

（七）群落的边界特征

在自然条件下，有些群落具有明显的边界，可以清楚地加以区分，如环境梯度变化较陡和环境梯度突然中断的情形。例如，地势较陡的山地的垂直带，陆地环境和水生环境的边界带（如池塘、湖泊、岛屿等）。但两栖类（如蛙）常常在水生群落与陆地群落之间移动，使原来清晰的边界变得复杂。此外，火烧、虫害或人为干扰都可造成群落的边界。有的不具有明显边界，而处于连续变化中，见于环境梯度连续缓慢变化的情形、大范围的变化，如草甸草原和典型草原的过渡带，典型草原和荒漠草原的过渡带等；小范围的变化，如沿一缓坡而渐次出现的群落替代等。在多数情况下，不同群落之间都存在过渡带，称为群落交错区，并导致明显的边缘效应。

（八）群落中各物种不具有同等的群落学重要性

在一个生物群落中，有些物种对群落的结构、功能和稳定具有重大的贡献，而有些物种却处于次要的和附属的地位。因此，根据它们在群落中的地位和作用，物种之间可划分为优势种、建群种、亚优势种、伴生种、偶见种或罕见种等。

三、群落的种类组成及数量特征

（一）群落的成员型

1. 优势种和建群种

对群落的结构和群落环境的形成有明显控制作用的植物种称为优势种。若将优势种从群落中清除掉，群落会发生彻底的变化，所在的生态系统的结构和功能被完全改变。但是，若除掉一个非优势种，则所能产生的变化很小。

优势种的确定，可按物种的数量、生物量、生产力、密度、高度、覆盖度和其他指标来确定。一般来说，那些生长快、能抵抗不良环境条件、能为其他生物提供主要食物来源、栖息所和隐蔽所，特别是能从多方面改变环境条件的种，可能就是优势种植物。

群落优势种数目的多少与环境条件有关。在环境条件不良的地区，群落物种总数少，所以优势种的数目少。例如，寒冷北方的森林群落，只有 1~2 种树就组成树林的 90% 以上；而在热带雨林群落，则有多个种类属于优势种。

群落的不同层次可以有各自的优势种，如森林群落中乔木层、灌木层、草本层和地被层分别存在各自的优势种，其中优势层的优势种常称为建群种。例如，分布在南亚热带的马尾松林，其乔木层可能以马尾松占优势，灌木层可能以桃金娘占优势，草本层可能以芒萁占优势，此外还有层间植物。在这个例子中，马尾松是该群落的建群种。

2. 亚优势种

亚优势种是指个体数量与作用都次于优势种，但在决定群落性质和控制群落环境方面仍起着一定作用的植物种。在复层群落中，它通常居于下层，如大针茅草原中的小半灌木冷蒿，长白山天然针阔混交林中的云杉、榆树等就是亚优势种。

3. 伴生种

伴生种为群落的常见种类，它与优势种相伴存在，但不起主要作用，如马尾松林中的乌饭树、米饭花等。

4. 偶见种或罕见种

偶见种是那些在群落中出现频率很低的种类，多半是由于种群本身数量稀少的缘故。偶见种可能偶然地由人们带入或随着某种条件的改变而侵入群中，也可能是衰退中的残遗种。有些偶见种的出现具有生态指示意义，有的还可作为地方性特征种来看待。

（二）群落中物种成员的数量特征量度

说明一个群落中种类组成的数量特征，一般采用种的个体数量指标（如多度、密度、盖度、频度、高度、重量、体积等）和综合数量指标（如优势度、重要值、综合优势比等）。

1. 物种成员的个体数量指标

1）多度

多度是表示一个种在群落中的个体数目多寡程度，多用于植物的野外调查。多度的统计法通常有 2 种：一种是个体的直接计算法，即记名计算法；另一种是目测估计法。一般在植物个体数量多而体形小的群落（如灌木、草本群落），或者在概略性的踏察中，常用目测估计法；而对树木种类，或者在详细的群落研究中，就常用记名计算法。

记名计算法是在一定面积的样地中，直接点数各种群所包括的个体数目，然后算出某种植物与同一生活型的全部植物个体数目的比例。目测估计法是按预先确定的多度等级来估计单位面积上个体的多少。

我们多采用德鲁德（Drude）的七级制多度标注，即①极多（Sociales，简写为 Soc.）；②很多（Cop^3）；③多（Cop^2）；④尚多（Cop^1）；⑤少（Sparsal，简写为 Sp.）；⑥稀少（Solitariac，简写为 Sol.）；⑦个别（Unicum，简写为 Un.）。"极多"意即植物地上部分郁闭，"少"指数量不多而分散，"稀少"即数量很少而稀疏，"个别"则指样方内所测某种植物仅 1 株或 2 株。

2）密度

密度指单位面积上的植物株数，用如下公式表示。

$$d = N / S \qquad\qquad (3-6)$$

式（3-6）中：d 为密度；N 为一样地内某种植物的个体数目；S 为样地面积。

密度的倒数即为每株植物所占的单位面积。

在群落内分别求算各个种的密度，其实际意义不大。重要的是计算全部个体（不分种）的密度和平均面积。在此基础上，又可推算出个体间的距离。

$$L = \sqrt{S / N} - D \qquad\qquad (3-7)$$

式（3-7）中：L 为平均株距；D 为树木的平均胸径。

3）盖度

盖度可分为投影盖度和基部盖度。盖度的大小不取决于植株的数目，而是取决于植株的生物学特性，如体形、叶面积等。投影盖度指植物地上器官垂直投影所覆盖土地的面积与样地面积之比，可用百分数来表示。在植物群落中，可以测定一种植物的投影盖度（种盖度或分盖度），也可以分层来测定（层盖度或种组盖度）。在森林群落中，上层林冠的盖度往往起到很大的作用。不同的林冠郁闭程度对林下的环境条件产生不同的影响（特别是光照和湿度），并直接影响下层植物的种类、数量和生活强度。例如，当林冠盖度为 90% 时，林冠郁闭度为 0.9（林冠盖度为 100% 时，郁闭度为 1.0），林下光照条件差，湿度条件较好，造成一个阴湿的植物环境，植物种类稀少，耐荫性较强或属阴生植物，它们生长强度较弱，往往不见阳生植物。通常，分盖度或层盖度之和大于总盖度（群落盖度），因为植物枝叶相互重叠。

基部盖度是指植物基部实际所占的面积与样地面积之比。这一方法多用在草本群落中，主要是计算草丛基部（离地面 2.54cm，即 1 英寸高）断面的盖度，以此来分析群落和不同种的盖度。在林业中，有时为了研究树干的疏密度和表明木材的蓄积量，也测量树木的树干盖度（又称立木度），其方法是测定某树种胸径（离地面约 1.3m 高处）断面积总和与全部树木总断面积之比，以 10 分数来表示。

4）频度

频度即某个物种在调查范围内出现的频率。常按包含该种个体的样方数占全部样方数的百分比来计算。

频度 =（某物种出现的样方数 / 全部样方数）× 100%

例如，在某一个群落内，共设有 10 个样方，其中 6 个样方内有植物甲出现，4 个样方内有植物乙出现，则甲、乙 2 种植物在该群落中的频度分别为 60% 和 40%。

群落中某一物种的频度占所有物种频度之和的百分数为该物种的相对频度。

5）高度

高度是用于测量植物体体长的一个指标。测量时取其自然高度或绝对高度。某种植物的高度与最高种的高度之比为高度比。

6）重量

重量是用来衡量种群生物量或现存量多少的指标，可分为鲜重和干重。在草原植被研究中，这一指标特别重要。单位面积或容积内某一物种的重量占全部物种总重量的百分比称为相对重量。

7）体积

体积是生物所占空间大小的度量，在森林植被研究中，这一指标特别重要。在森林经营中，通过体积的计算可以获得木材生产量（即材积）。

2. 物种成员个体数量指标的综合量度

1）优势度

优势度用于表示一个种在群落中的地位与作用，但其具体定义和计算方法大家意见不统一。布朗—布兰奎特（J. Braun-Blanquet）主张以盖度、所占空间大小或重量来表示优势度，并指出在不同群落中应采用不同指标，苏联学者苏卡乔夫（B. H. Cykaqeb）于 1938 年提出，多度、体积或所占据的空间、利用和影响环境的特性、物候动态均应作为某个种优势度指标。另一些学者认为，盖度和密度为优势度的度量指标。也有学者认为，优势度即"盖度和多度的总和"或"重量、盖度和多度的乘积"等。

2）重要值

这个概念由柯蒂斯（J. T. Curtis）和麦金托什（R. P. McIntosh）于 1951 年提出。在森林群落中，特别是种类繁多优势种不甚明显的情况下，需要用数值来表示群落中不同种类的重要性，重要值是一个比较客观的方法。

确定一个种在群落中的数量特征，不外乎数量、高度、体积、盖度和频度，而重要值的方法就是从数量、胸径和频度来进行统计，根据相对密度（Den%）、相对频度（F%）和相对显著度（Dom%）的综合，这 3 项指数之总和等于一个常数（Den% + F% + Dom% = 300），这样可以把 3 个不同性质的特征综合成一个数值。而每一个植物种在群落中的重要性可从这个数值的大小显示出来，这样在相当程度上可避免只用单一指标来表示植物种在群落中的重要性的偏差。

3）综合优势比

综合优势比（SDR）是由日本学者召田真等于 1957 年提出的一种综合数量指标。包括两因素、三因素、四因素和五因素等 4 类。常用的为两因素的综合优势比（SDR_2），即在密度比、盖度比、频度比、高度比和重量比这 5 项指标中取任意 2 项求其平均值再乘以 100%，如 $SDR_2 = （密度比 + 盖度比）/2 \times 100\%$。

由于动物有运动能力，多数动物群落研究中以数量或生物量为优势度的指标，水生群落中的浮游生物多以生物量为指标。但一般来说，对于小型动物以数量为指标容易高估其作用，而以生物量为指标易于低估其作用；相反，对于大型动物，数量低估了其作用，而生物量则易高估其作用，如果能同时以数量和生物量为指标，并计算出变化率和能流，其估计则会比较可靠。

四、群落中的物种多样性

（一）物种多样性的定义

物种多样性是对生物多样性的一个表征方面。生物多样性可定义为"生物的多样化和变异性以及生境的生态复杂性"。它包括植物、动物和微生物物种的丰富程度、变化过程以及由其组成的复杂多样的群落、生态系统和景观。生物多样性一般有 3 个水平，即遗传多样性——地球上各个物种所包含的遗传信息之总和；物种多样性——指地球上生物种类的多样化；生态系统多样性——生物圈中生物群落、生境与生态过程的多样化。

费希尔（R. A. Fisher）等人于 1943 年第一次使用物种多样性一词时，他所指的是群落中物种的数目和每一物种的个体数目。后来生态学家有时也用别的特性来说明物种的多样性，如生物量、现引量、重要值、盖度等。自从麦克阿瑟（MacArthur）于 1957 年的论文发表后，近几十年来讨论物种多样性的文章很多。归纳起来，通常物种多样性具有下面 2 个方面含义。

1. 种的数目或丰富度

指一个群落或生境中所存在的物种数目的多寡。普尔（Poole）于 1974 年认为，只有这个指标才是唯一真正客观的多样性指标。在统计种的数目时，需要说明多大的面积，以便于比较。在多层次的森林群落中必须说明层次和径级，否则是无法比较的。

2. 种的均匀度

指一个群落或生境中全部物种个体数目的分配状况，它反映的是各物种个体数目分配的均匀程度。例如，甲群落中有 100 个个体，其中 90 个属于种 A，另外 10 个属于种 B；乙群落中也有 100 个个体，但种 A、种 B 各占一半。显然，甲群落的均匀度比乙群落低得多。

（二）物种多样性的测度

测定物种多样性的公式很多，以下为其中具有典型代表性的几种。

1. 丰富度指数

生态学上用过的丰富度指数很多。

格里森于 1922 年提出的格里森（Gleason）指数为：

$$d_{Gl} = (S-1)/\ln A \tag{3-8}$$

式（3-8）中：A 为单位面积；S 为群落中物种数目。

物种丰富度是最简单、最古老的物种多样性测定方法，它表明一定面积的生境内生物种类的数目。

西班牙生态学家马加利夫（R. Margalef）于 1951 年和 1958 年提出的马加利夫（Margalef）多样性指数为：

$$d_M = (S-1)/\ln N \tag{3-9}$$

式（3-9）中：S 为群落中物种数目；N 为样方中观察到的个体总数（随样本大小而增减）。

2. 辛普森多样性指数

该指数由英国统计学家辛普森（E. H. Simpson）于 1949 年提出。辛普森指数（D）表示为：

$$D = 1 - \sum_{i=1}^{S} P_i^2 = 1 - \sum_{i=1}^{S} (N_i/N)^2 \tag{3-10}$$

式（3-10）中：S 为物种数目；N_i 为第 i 种的个体数；N 为群落中全部物种的个体数。

辛普森多样性指数的最低值为 0，最高值为（1-1/S）。前一种情况出现在全部个体均属于同一个物种的情况，后者出现在每个个体分别属于不同种的情况。

例子：假设有 A、B、C 3 个群落，各由 2 个种组成，A 群落中 2 个种的个体数分别为 100 和 0，B 群落中 2 个种的个体数均为 50，C 群落中 2 个种的个体数分别为 99 和 1。按辛普森多样性指数计算，则 A、B、C 3 个群落的多样性指数分别为 0、0.5、0.02。造成这 3 个群落多样性差异的主要原因是种的不均匀性，从丰富度来看，3 个群落是一样的（均为 100 个个体），但均匀度不同。

3. 香农—威纳指数

该指数原来是表示信息的紊乱和不确定程度的，被借用来描述物种个体出现的紊乱和不确定性，即物种多样性。香农—威纳指数可表达为：

$$H = -\sum_{i=1}^{S} P_i \log_2 P_i \qquad （3-11）$$

式（3-11）中：H 为物种的多样性指数；S 为物种数目；P_i 为属于种 i 的个体在全部个体中的比例（$P_i = N_i/N$）。

H 越大，未确定性也越大，因而物种多样性也就越高。

在香农—威纳指数中包含了 2 个因素：物种的数目，即物种丰富度；种群中个体分配上的平均性或均匀性。物种的数目多，可增加多样性；同样，物种之间个体分配的均匀性增加也会使多样性提高。

第 5 节　群落外貌与结构

一、生活型和生活型谱

生活型是生物对外界环境适应的外部表现形式。同一生活型的物种，不但形态相似，而且其适应特点也是相似的。生活型是不同种生物由于趋同适应而表现出来的相似或相同的外貌特征。生活型与生态型不同，生态型是一个物种对某种特殊环境的适应结果。目前广泛采用的是丹麦生态学家饶基耶尔（C. Raunkiaer）生活型系统，他选择休眠芽在不良季节的着生位置作为划分生活型的标准。因为这一标准既反映了植物对环境（主要是气候）的适应特点，又简单明确，所以该系统被广泛应用。根据这一标准，饶基耶尔把陆生植物划分为 5 类生活型（图 3-3）。

（1）高位芽植物：休眠芽位于距地面 25cm 以上的枝条上。根据高度可进一步分为 4 个亚类，即大高位芽植物（高度 >30m）、中高位芽植物（8~30m）、小高位芽植物（2~8m）和矮高位芽植物（25cm~2m）。如乔木、灌木和一些生长在热带潮湿气候条件下的草本植物等。

（2）地上芽植物：更新芽位于地表或接近于地表处，不超过地面 25cm，它们受到地表的残落物的保护，在冬季地表积雪地区也受积雪的保护，多为半灌木或草本植物。

（3）地面芽植物：更新芽位于近地面土层内，冬季地上部分全部枯死，只是被土壤和残落物保护的底下部分仍然活着，并在地表处有芽，多为多年生草本植物。

（4）地下芽植物：又称隐芽植物，其更新芽位于较深土层中或水中，多为鳞茎类、块茎类和根茎类多年生草本植物或水生植物。

（5）一年生植物：以种子的形式度过不良季节。

某个地区或群落中各类生活型的数量比例关系形成生活型谱。比如，饶基耶尔从全球植物中任意选择 1000 种种子植物，分别计算其上述 5 类生活型的百分比，其结果为高位芽植物占 46%，地上芽植物占 9%，地面芽植物占 26%，隐芽植物占 6%，一年生植物占 13%。

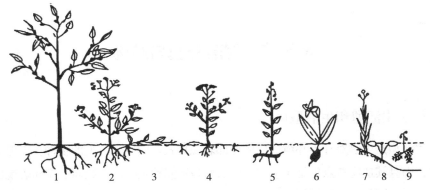

图 3-3　饶基耶尔生活型图解（孙儒泳等，1993）

1. 高位芽植物　2~3. 地上芽植物　4. 地面芽植物　5~9. 地下芽植物
6. 中黑色部分为多年生，非黑色部分当年枯死

　　上述饶基耶尔生活型被认为是植物在其进化过程中对气候条件适应的结果。因此，它们可作为某地区生物气候的标志。表 3-2 是我国几种群落类型的生活型组成。

表 3-2　我国几种群落类型的生活型组成

群落类型	高位芽植物 / %	地上芽植物 / %	地面芽植物 / %	隐芽植物 / %	一年生植物 / %
西双版纳热带雨林	94.7	5.3	0	0	0
鼎湖山南亚热带常绿阔叶林	84.5	5.4	4.1	4.1	0
浙江中亚热带常绿阔叶林	76.7	1.0	13.1	7.8	2
秦岭北坡温带落叶阔叶林	52.0	5.0	38.0	3.7	1.3
长白山寒温带暗针叶林	25.4	4.4	39.6	26.4	3.2
东北温带草原	3.6	2.0	41.1	19.0	33.4

注：本表转引自盛连喜等，2020。

　　每一类植物群落都是由几种生活型的植物组成，但其中有一种生活型占优势。生活型与环境关系密切：高位芽植物占优势是温暖、潮湿气候地区群落的特征，如热带雨林群落；地面芽植物占优势的群落，反映了该地区具有较长的严寒季节，如温带针叶林、落叶林群落；地上芽植物占优势，反映了该地区环境比较湿冷，如长白山寒温带暗针叶林；一年生植物占优势则是干旱气候的荒漠和草原地区群落的特征，如东北温带草原。

　　动物也有不同的生活型，如兽类中有飞行的、滑翔的、游泳的、奔跑的、穴居的，它们各有各的形态、生理和行为特征，适应于各种生活方式。

二、群落的垂直结构

（一）成层现象

　　群落的垂直结构即群落分层现象，这与光的利用有关。森林群落的林冠层吸收了大部分光辐射。随着林内光照强度渐减，依次发展为林冠层、下木层、灌木层、草本层和地被层等层次。一般来讲，温带夏绿阔叶林的地上成层现象最为明显，寒温带针叶林的成层结构简单，而热带森林的成层结构最为复杂。

水体群落的分层主要取决于光照、水温和溶解氧等。水生动物一般可分为漂浮生物、浮游生物、游泳生物、底栖生物、附底生物和底内生物等类型。

成层结构是自然选择的结果，它显著提高了植物利用环境资源的能力。如在发育成熟的森林中，上层乔木可以充分利用阳光，而林冠下为那些能有效地利用弱光的下木所占据。

生物群落中动物的分层现象也很普遍。在植物群落的每个层次中，都栖息着一些可以作为各层特征的动物，以这一层次的植物为食料或以这一层次作为栖息地。

（二）层片

层片一词是瑞典植物学家加姆斯（H. Gams）于 1918 年首创。它将层片划分为 3 级：第一级层片是由同种个体组成的组合；第二级层片是同一生活型的不同植物的组合；第三级层片是不同生活型的不同种类植物的组合。很明显，加姆斯的第一级层片指的是种群，第二级层片指的是植物群落的某个层次（如森林中的林冠层），第三级层片指植物群落的整体。

三、群落的水平结构

群落水平结构是指群落在空间的水平分化或内部小聚群的镶嵌现象，也称为群落的二维结构。植物群落中某个物种或不同物种的水平配置常形成斑块状镶嵌，也可能均匀分布。导致水平结构的复杂性有如下 3 个方面的原因。

（1）亲代的扩散分布习性。种子能够随风、生物等媒介传播扩散的植物，分布广泛，而种子较重或进行无性繁殖的植物，往往在母株周围呈群聚状。动物传布植物受到昆虫、两栖类动物产卵的选择性的影响，幼体经常集中在一些适宜于生长的环境。

（2）环境异质性。由于成土母质、土壤质地和结构、水分条件的异质性导致动植物形成各自的水平分布格局。

（3）种间相互作用的结果。植食动物明显地依赖于它所取食植物的分布。此外，还存在竞争、互利共生、偏利共生等不同物种之间相互作用的结果。

四、群落的时间结构

群落的时间结构是群落的动态特征之一。很多环境因素明显受时间节律（如昼夜节律、季节节律）的影响，群落结构表现出随时间而有明显变化的特征，称为群落的时间格局。

时间格局包括：一是由自然环境因素的时间节律引起群落各物种在时间上相应的周期变化；二是群落在长期历史发展过程中，由一种群落类型转变为另一种群落类型的顺序过程。可分为 2 种：①昼夜相白天活动的动物（如蝴蝶、鸟类），夜晚活动的动物（如蛾类、兽类）；②季节相动物种的替代，植物的生长期，春、夏、秋、冬，热带雨林的雨季、旱季等。

五、群落交错区和边缘效应

在 2 个不同群落交界的区域，称为群落交错区。群落交错区实际是一个过渡地带，如在森林和草原之间的过渡带或陆地和水域之间的过渡带等。

由于群落交错区的环境条件比较复杂，其植物种类也往往更加丰富多样，从而也能更多地为动物提供营巢、隐蔽和摄食的条件。在群落交错区中既有相邻群落的生物种类，又有交错区特有的生物种类。这种在群落交错区中生物种类增加和某些种类密度加大的现象，叫作边缘效应。例如，自然界中在森林和草原的交界处所形成的林缘条件，不但能容纳那些只适应森林或只适应草原的物种，还能容纳那些既需要森林又需要草原或只能在过渡带生活的物种。

在一个发育较好的群落交错区，其生物有机体可以包括相邻 2 个群落的共有物种，以及群落交错区特有的物种。这种仅发生于交错区或原产于交错区的最丰富的物种，称为边缘种。在自然界中，边缘效应是比较普遍的，如农作物的边缘产量高于中心部位的产量。

第 6 节　群落发育与演替

一、群落的形成与发育

一个群落的形成可以从无任何繁殖体存在的裸地开始，也可以是已有群落但经历上述灾害而发生退化后重新开始。无论是哪一种类型，都存在初始地块形成—物种扩散（繁殖体存在）—定居—竞争序列。某群落的发育是指该群落与生物有机体一样，有它的发生、发展和衰亡的过程。

（一）裸地的形成

裸地的形成可能是因为自然的因素，如火烧、洪水、地震和人为活动等。外力作用对地形的塑造形式最为主要的是风化、侵蚀和沉积，形成裸地。水力侵蚀有片蚀、沟蚀、陷穴和谷蚀等，流水沉积形成冲积平原，沙洲、三角洲是最常见的。波浪和潮汐生成岛屿、台地、沙洲和礁等。风力侵蚀是片蚀和移动沙丘，沉积物主要是黄土和沙丘。我国西北大面积的黄土高原都是风成堆积物，重力侵蚀使陡岩、山顶、海岸、河岸上的砂石失去重心，坠落造成裸地，雪崩、山崩也是重力所致。火山爆总会产生大片裸地。

裸地的存在是群落形成的最初条件和场所之一。没有植物生长的地段即为裸地。通常，裸地分为原生裸地和次生裸地2大类。从未有过植物覆盖的地面即为原生裸地，如裸露的基岩及其风化破碎后形成的砾石堆，没有任何植物繁殖体的荒漠等。原本存在过植被，但被彻底清除了的地段，如冰川移动等造成的裸地，也叫原生裸地。次生裸地指的是原有植被已不存在，但原有植被下的土壤条件基本保留，其中留有曾经在此生长的种子或其他繁殖体，如森林砍伐、火烧等造成的裸地。

（二）物种扩散（或残留）

物种的扩散也被称为迁移或侵入，其形式有主动扩散和被动扩散2种类型。植物的繁殖体包括孢子、种子、鳞茎、根状茎，以及能够繁殖的植物体的任何部分（如某些种类的叶）。对于次生裸地，残留着已有的植物繁殖体，包括种子、地下茎根等残体。

有些植物的繁殖体能进行主动扩散。例如，有的植物种子开裂后，种子呈种子雨向四周弹出，有的依靠根茎外向蔓延。但植物主要以被动形式扩散，植物的孢子、种子等繁殖体，一般小而轻，或者具有翅、冠、毛等构造，能够依靠风力进行传播。除植物外，很多微型生物，如病毒、微生物和原生动物很容易由风传送。一些较小的脊椎动物（如蛙）也能被大风传带。风力是被动传播的主要营力，在太平洋面上空3000m处曾收集到蜘蛛、蜻蜓、昆虫及多种植物孢子和种子。除了风力，被动扩散的动力还有水、人或动物的活动。有些植物的繁殖体具有钩、刺、芒、黏液，依附在动物体上传播。有的则种皮坚硬或是浆果，靠动物吞食后到处扩散。

对动物而言，以主动扩散为主。为寻求新的生存空间和食物来源，动物总是以各不相同的方式不断地向新的区域扩散。鱼类的洄游或飞行动物，都是典型的主动扩散的例子。那些呈季节性迁徙的候鸟，年年进行长距离迁飞的昆虫，如黏虫，经常变动栖境，会成为多种群落的临时成员。洄游的鱼类也是如此，如鳗鲡，繁殖产卵时是海洋群落的成员，卵孵化发育为幼鳗后则游入江河，变成淡水生物群落的成员。

（三）定居

定居是物种扩散成功与否的衡量标准。植物定居是指植物繁殖体达到一个新地点后，开始发芽、生长并繁殖的过程。靠种子扩散的植物，到达新区域后，首先种子必须能发芽，并能生长发育到生殖阶段，继而繁殖新的种子。能完成这些过程才是定居成功。生物扩散到一个新区域后，成功定居的可能性随扩散距离的增大而下降，随其对新区域的适应性增加。最迅速定居成功的是扩散力很强、对环境条件忍受幅度大的物种。低等植物（如地衣、苔藓）和杂草具备这些特性，有开拓新区域的能力，是生物群落的先锋物种。在原生裸地最初形成的只能是地衣群落，而在次生裸地，一般最早形成苔藓群落或杂草群落。伴随先锋植物进入新区的是昆虫、螨类等开拓性动物。在演替过程中，新群落形成的规律与此类似。最早进入老群落并定居成功的，是那些适应性强的物种，而生态位相对较窄的物种，往往在群落形成的后期出现。

（四）竞争

随着裸地上首批先锋植物定居的成功，以及后来定居种类和个体数量的增加，裸地上植物个体之间以及种与种之间，便开始了对光、水、营养和空气等空间和营养物的争夺，即产生竞争。最初定居者的命运部分由抵达同一新区域的其他竞争种的能力决定。最先进入新区域的物种除环境考验外，来自相近营养阶层成员的竞争往往较小。随着已定居种种群数量的增长，新种的不断迁入，为空间、营养或食物资源的竞争会不断剧变，同时遭受高一级营养阶层成员的捕食危机也会随之增加。竞争中，获得优势的种常是生态幅较宽、繁殖能力较强的物种。竞争成功者在群落中发展，失败者则遭受抑制，甚至灭种。成功者之间分摊资源，占有各自独特的生态位，使资源的利用更加有效。

二、群落的发育

一个群落的发育大致可分为 3 个阶段，即发育初期、发育盛期和发育末期。当群落变化迅速时，群落的形成和发育之间很难划出截然的界限。

（一）发育初期

群落初期总的特征表现为动荡，即首先是构成群落的物种组成结构不稳定，每种动植物的个体数量变化很大，尤其是植物建群种在发育中的动态变化，影响其他植物以及动物的生存与发育；其次，群落物理结构不稳定，植物相层次分化不明显，每一层的植物种类在不断变化；此外，群落特有的植物尚在形成的变动中，特点还不突出。

（二）发育盛期

在这一时期，群落的物种组成结构随时间逐渐趋于稳定，群落结构基本定型，表现出明显的自身特点，层次有了良好的分化，而且每一层都有一定的植物种类。群落具有明显的结构，呈现一定的季相变化。群落内已经形成典型的植物环境。群落中各种群之间以及种群与环境之间的相互关系得到了完善和统一。

（三）发育末期

随着时间的推移，群落内部的环境不断得到改造。最初，这种改造对群落内各种植物的生存是十分有利的。但是，随着改造的加剧，群落内的环境反而不再适应先前已有的某些植物种类的生存。比如，我国东北的红松原始林。在红松群落发育到鼎盛时期时，群落的结构明显，层次分明，各种植物能够共存。可是当红松林群落的枯枝落叶太厚时，就引起了林下沼泽化的形成，使红松幼苗不能发芽，土壤中缺乏空气，致使红松大片死亡。此时，红松所创造的群落环境反而已不再适合它自己本身的生存。这时群落结构开始松散，其他外来的植物种只要能适应这里的半沼泽化环境，就可以定居成功。群落中各植物种之间又开始处于新的关系形成之中，植物种类又开始出现混杂现象，原来群落的结构和植物环境的特点也逐渐发生变化。

时间上相邻的 2 个群落的形成和发育之间，是没有截然界限的，一个群落发育的末期，也就孕育着下一个群落发育的初期，一直要等到下一个群落进入发育盛期，被代替的前一个群落的特点才会全部消失。因此，一个植物群落的形成可以从裸地上开始，也可以从已有的另一个植物群落中开始。但是，任何一个群落在其形成过程中，无论是从裸地上开始还是从另一个群落上开始，都至少要经过植物的传播、植物的定居和植物之间的竞争这3个方面的条件和作用。

三、群落演替的概念

所谓群落演替，是指在一定地段上，群落由一种类型转变为另一种类型的演变过程，即一种生物群落被另一种生物群落所取代的过程。演替这一术语最早是被用来描述北美东部废弃田地的植物转变，于1806年由阿德勒姆（J. Adlum）提出。

群落演替研究多以植物群落为对象，植被演替是植物群落动态变化的核心内容。植物群落的变化，首先是组成群落的各种植物都有其生长、发育、传播和死亡的过程。植物之间相互关系则直接或间接地影响这个过程。同时，外界环境条件也在不断地变化，这种变化也时时影响着群落变化的方向和进程。生物群落虽有一定的稳定性，但它随着时间的进程处于不断变化中，它是一个运动着的动态体系。

例如，污水处理厂的生化处理装置，包括曝气池、转盘滤池，是一种人工生态系统，其有着鲜明的演替变化过程。起始时，无生物生长于构成该装置的卵石或其他物体或人工材料表面，然后经过人工接种或自然生长，逐渐生长一层黏性菌膜，继后陆续长出藻类、真菌、原生动物、轮虫、线虫、环节动物、节肢动物等。至此，这种装置达到顶极群落阶段，其中的原生动物、线虫等成为顶极群落中最有活度的代表。如果处理水的水质稳定，顶板群落也相对稳定。那么，我们就可以根据监测顶极群落的状况来预报或预测处理系统的状况和处理效果。

再如，在一个原始群落存在的地段，由于火灾、水灾、砍伐等不同原因而使群落遭到破坏，在火烧过的地上，最先出现的是具有地下茎的禾草群落，继而被杂草群落所代替，依次又被灌草丛所代替，直到最后形成森林群落，这样一个群落被另一个群落所取代的过程，就称为群落的演替。

四、群落演替类型的划分

按不同依据可将群落演替分为不同的类型。

（1）按发生演替的基质性质，可划分为水生演替和旱生演替。前者开始于水生环境，一般都发展到陆地群落，如淡水湖或池塘中水生群落向中生群落的转变。后者是从干旱缺水的基质上开始的演替，如裸露的岩石表面上生物群落的形成过程。

（2）按演替的起始条件，可划分为原生演替和次生演替。由于次生演替不是从一无所有开始的，原来群落中的一些生物和有机质仍被保留下来，附近的有机体也很容易侵入。因此，次生演替比原生演替更为迅速。

（3）按控制演替的主导因素，可划分为内因性演替和外因性演替。内因性演替的动因来源于群落内部生物学过程，群落中生物的生命活动改变其环境，然后改变了的环境又反作用于群落本身，如此相互作用，使演替不断向前发展。外因性演替则由外部环境因素的作用而引起。气候的变化、地形的变化，以及人类的生产活动和其他环境改变等原因所引起的演替就属于外因性演替。由于一切外因最终都是通过内因来起作用的，因此可以说，内因性演替是群落演替的最基本和最普遍的形式。

（4）按群落的代谢特征，可划分为自养型演替和异养型演替。在演替过程中，若群落的初级生产量（P）超过群落的总呼吸量（R），即 $P/R >1$，表明群落中的能量和有机物在逐渐增加，则该种演替类型为自养型。例如，陆地上从裸地→地衣→苔藓→草本植物→灌木→乔木的演替过程中，光合作用所固定的生物量越来越多。与之相反，异养型演替表现为在演替过程中群落的呼吸量高于生产量，即 $P/R<1$，说明群落中能量或有机物主要用以呼吸和代谢消耗而没有发生积累。

（5）按演替延续的时间，可划分为世纪演替、长期演替和快速演替。它们对应的演替延续时间计算尺度分别为地质年代、几十至几百年、几年至十几年。

五、典型的群落演替系列

植物群落的演替过程从植物的成功定居开始，经历不同时间长度后最终达到相对稳定的群落。通常把这个过程中所包含的每一个特征鲜明的演替阶段（或演替时期）所组成的序列叫作演替系列。可以观察到，裸地上一旦有一个先锋群落形成，就会发生一个群落接着一个群落相继不断出现的过程，直至顶极群落（演替最终的成熟群落），这一系列的演替过程就构成了一个演替系列。

从岩石表面开始的旱生演替和从湖底开始的水生演替，代表了2类极端类型：一个极干，另一个多水。通常，对原生演替系列的描述就是采用岩石表面和湖底这样的生境上开始的群落演替。

（一）旱生演替系列

1. 地衣群落阶段

在岩石表面的原生裸地上，光照强、温差大，开始了岩石的风化过程。最先出现的是地衣，其中以壳状地衣首先定居。壳状地衣紧贴在岩石表面，从其假根上分泌的有机酸腐蚀岩石表面，加之风化作用及壳状地衣的一些残体，就逐渐形成了极薄的土壤层。在壳状地衣的长期作用下，首先是土壤条件有了改善，在壳状地衣群落中出现了叶状地衣。叶状地衣可以含蓄较多的水分，积聚更多的残体，因而使土壤增加得更快。在叶状地衣将岩石表面遮没的部分，枝状地衣出现。枝状地衣植物体较高（可达几厘米）、多枝体、生长能力更强，以后就全部代替了叶状地衣。

地衣群落阶段是岩石表面植物群落原生演替系列的先锋植物，这一阶段在整个演替系列中需要的时间最长。在地衣群落发展的后期，其形成和改造的环境越来越好，但也越来越不适应其自身，而为较地衣相对更高等的苔藓植物提供了有利条件。

2. 苔藓群落阶段

在地衣植物聚集的少量土壤上，苔藓生长并形成群落，在干旱时它们停止生长，进入休眠，等到温暖和多雨时又大量生长。它们具有丛生性，能成片密集生长，比地衣有着更强的聚集土壤的能力，因而使生境条件进一步得到改善。

地衣、苔藓 2 个阶段与环境之间的关系主要表现在土壤的形成和积累方面，面对岩石表面小气候的影响还很不显著。

3. 草本群落阶段

群落的演替继续向前发展。当土壤厚度积累到一定程度，并具有保水保肥能力时，草本植物中首先是蕨类及一些被子植物中的一年生或两年生植物，大多是低小和耐旱的种类。它们在苔藓植物群落中，开始是个别的植株出现，以后大量增加而取代了苔藓植物。土壤继续增加，小气候也开始形成，多年生草本植物出现。开始，草本植物全为低草（高约 30cm），随着条件的逐渐改善，中草（约60cm）和高草（1m 以上）相继出现，形成群落。

在草本群落阶段中，原有岩石表面的条件有了较大的改变，首先在草丛的郁闭下，土壤增厚，有了避阴，减少了蒸发，调节了温度和湿度的变化，土壤中真菌、细菌和小动物的活动也增强了，生境也不再严酷了。

4. 灌木群落阶段

在草本植物群落发展至一定时期，一些喜光的阳性灌木出现常与高草混生形成"高草灌木群落"，以后灌木大量增加，成为优势的灌木群落。

5. 乔木群落阶段

灌木群落继续发展，逐渐为乔木的生存提供了良好的环境，阳性的乔木树种逐渐增多，慢慢形成了森林。至此，林下形成荫蔽环境，使耐荫的树种得以定居并增加个体数量，而阳性树种因在林内不能更新而逐渐从群落中消失，在林下生长耐荫的灌木和草本植物的复合森林群落就形成了。

在整个原生演替的旱生系列中，旱生环境因群落的作用而变成了中生生境。在这个演替系列中，地衣和苔藓植物群落阶段延续的时间最长，草本植物群落阶段演替的速度相对较快，而后，木本植物群落演替的速度又逐渐减慢，这是由于木本植物生长周期较长所致。

（二）水生演替系列

1. 自由漂浮植物阶段

水生植物呈漂浮生长状态，其死亡残体沉降聚集于湖底；同时，湖岸经雨水冲刷而带入矿物质微粒也在湖底发生沉积，由此逐渐抬高了湖底。属于这类漂浮植物的有浮萍、满江红和其他藻类植物等。

2. 沉水植物阶段

在水深 5~7m 处，湖底裸地上出现先锋植物轮藻属植物，其生物量较大，加快了湖底有机质的积累，随之使湖底的抬升加快。当水深退至 2~4m 时，生长繁殖能力更强的高等水生植物（如金鱼藻、眼子菜、黑藻、茨藻等）开始大量出现，这些植物对湖底的垫高作用更强。

3. 浮叶根生植物阶段

沉水植物使湖底日益变浅，浮叶根生植物开始出现，如莲、睡莲等。这些植物一方面由于其自身生物量较大，残体对进一步抬升湖底有很大的作用。另一方面由于这些植物叶片漂浮并密集在水面上时，使水下光照条件很差，不利于水下沉水植物的生长，迫使沉水植物向较深的湖底转移，这样又起到了湖底的抬升作用。

4. 直立水生植物阶段

浮叶根生植物使湖底大大变浅，为直立水生植物的出现创造了良好的条件。

最终直立水生植物（如芦苇、香蒲、泽泻等）取代了浮叶根生植物。这些植物的根茎极为茂密，常纠缠交织在一起，使湖底迅速抬高，而且有的地方甚至可以形成一些浮岛。原来被水淹没的土地开始露出水面与大气接触，生境开始具有陆生植物的特点。

5. 湿生草本植物阶段

从湖中抬升出来的地面，不仅含有丰富的有机质，还含有近于饱和的土壤水分。喜湿生的沼泽植物，如莎草科和禾本科中的一些湿生性种类，开始定居在这种生境上。若此地带气候干旱，则这个阶段不会持续太长，很快旱生草类将随着生境中水分的大量丧失而取代湿生草类。若该地区适于森林的发展，则该群落将会继续向森林方向进行演替。

6. 木本植物阶段

在湿生草本植物群落中，最先出现的木本植物是灌木。而后随着树木的侵入，便逐渐形成了森林，其湿生生境最终改变成中生生境。

由此看来，水生演替系列就是湖泊填平的过程。这个过程是从湖泊的周围向湖泊中央顺序发生的。因此，比较容易观察到，在从湖岸到湖心的不同距离处，分布着演替系列中不同阶段的群落环带。每一带都为次一带的"进攻"准备了土壤条件。

六、群落演替顶极理论

演替顶极是这样的一个群落，即它们的种类在综合彼此之间发展起来的环境中很好地互相适合，它们能够在群落内繁殖而且能排除新的种类，特别是可能成为优势种的种类在群落内的定居。也就是说，演替顶极是群落演替的最终阶段。

魏泰克（Whittaker）于 1974 年认为，一个顶极群落应具有 7 个方面特征：①群落中的种群处于稳定状态；②达到演替趋向的最大值，即群落总呼吸量与总第一性生产量的比值接近 1；③与生境的协同性高，相似的顶极群落分布在相似的生境中；④不同干扰形式和不同干扰时间所导致的不同演替系列都向类似的顶极群落会聚；⑤在同一区域内具有最大中生性；⑥占有发育最成熟的土壤；⑦在一个气候区内最占优势。

演替顶极基本理论包括以克莱门茨（Clements）为代表单元顶极学说、坦斯利

（Tansley）为代表的多元顶极学说以及以魏泰克为代表的演替顶极格局学说。群落演替的最终阶段是顶极演替，顶极演替是最稳定的演替。

（一）单元顶极学说

美国生态学家克莱门茨提出了该演替顶极学说。他认为，在任何一个地区，演替系列的终点是一个单一的、决定于该地区的气候条件的顶极群落，主要表现在顶极群落的优势种，能很好地适应该地区的气候条件，这样的群落称为气候顶极群落。只要气候保持不急剧的变化，也没有人类活动和动物显著影响或其他侵移方式的发生，这种气候顶极群落将一直存在，不可能存在任何新的优势植物，这就是所谓的单元顶极理论。根据对这种理论的解释，一个气候区域之内只有一个潜在的气候顶极群落。这一区域之内的任何一种生境，如给以充分时间，最终都能发展到这种群落。

关于群落演替的方向，克莱门茨认为，植物个体数量增多、群落结构复杂化、群落生产力不断增强的过程，为进展演替或称作正向演替，而由于自然的或者人为的原因而使群落发生与原来演替方向相反的演替的现象，称为逆行演替，其特征是群落结构趋于简化、群落生产力降低、植物种类减少，并出现了一些能够适应不良环境的种类。

克莱门茨等人提出的单元顶极学说曾对群落生态学的发展起了重要的推动作用，但当人们进行广泛的野外调查工作时，却发现任何一个地区的顶极群落都不止一种，不过它们还是明显处于相对平衡的状态下，就是说，顶极群落除了取决于各地区的气候条件，还取决于那里的地形、土壤和生物等因素。

（二）多元顶极学说

多元顶极学说的早期提倡者是英国的生态学家坦斯利于 1939 年提出。他认为，某一气候区域的物理环境不是同一的，因此在一个气候区域内的不同生境中就会有各种不同类型的顶极群落，不一定都汇集于一个共同的气候顶极终点，除气候顶极外，还可能有土壤顶极、地形顶极、火烧顶极、动物顶极，甚至还存在一些复合型顶极，如地形—土壤顶极和火烧—动物顶极等。一般在地带性生境上是气候顶极，在别的生境上可能是其他类型的顶极。一个植物群落只要在某一种或几种环境因子的作用下，且在较长时间内保持稳定状态，并与环境之间达到了较好的协调，都可认为是顶极群落。也就是说，在每一个气候区内的一个顶极群落是气候顶极群落，但在相同地区并不排除其他顶极群落同时存在。

根据这一概念，任何一个群落若能被任何一个单因素或复合因素稳定到相当长时间，则都可认为是顶极群落。它之所以维持不变，是因为它和稳定生境之间达成了全部协调的程度。

单元顶极学说和多元顶极学说都承认，顶极群落是经过单向变化而达到稳定状态的群落，它在时间上的变化和空间上的分布都是和生境相适应的。两者观点的不同之处在于：①单元顶极学说认为只有气候是演替的决定因素，其他因素是次要的，但可以阻止群落向气候顶极发展，多元顶极学说则认为，除气候以外的其他因素，也可以决定顶极群落的形成；②单元顶极学说认为，在一个气候区域内，所有群落都有趋同性的发展，最终形成气候顶极，而多元顶极学说不认为所有群落最后都会趋于一个顶极，除气候外的其他因素，也可以决定顶极群落类型的形成。

（三）顶极格局学说

顶极格局学说由魏泰克在 1953 年提出。该学说认为，在任何一个区域内，环境因子都是连续不断地变化的。随着环境梯度的变化，各种类型的顶极群落，如气候顶极、土壤顶极、地形顶极、火烧顶极等，不是截然呈离散状态，而是连续变化的，因而形成连续的顶极类型，构成一个顶极群落连续变化的格局。在这个格局中，分布最广泛且通常位于格局中心的顶极群落，称作优势顶极，它是最能反映该地区气候特征的顶极群落，相当于单元顶极论的气候顶极。因此，顶极格局学说实际是多元顶极学说的变型。

思考题

（1）举例说明什么叫种群和群落，它们各自具有哪些特征。
（2）列举种群的初级参数，对比分析种群年龄锥体和种群增长模型。
（3）简要论述种群调节理论和群落演替顶极理论。
（4）简要分析种群生活史策略。
（5）简述物种多样性及其量度方法。
（6）比较生物生活型和生态型的差异性。
（7）论述典型的旱生型和水生型原生演替序列。

主要参考文献

［1］Hakeem A S，Rasool F，Bashir S，et al. Impact of Light Traps on the Larval Population of Gram Pod Borer，Helicoverpa armigera（Lepidoptera：Noctuidae）on Chickpea［J］. Asian Journal of Agricultural Extension，Economics & Sociology，2020，7（4）：1717−1721.

［2］Jacek U，Paweł K，Paweł P. Genetic diversity and population structure of the endangered Rubus chamaemorus populations in Poland［J］. Global Ecology and Conservation，2023，47，e02633.

［3］Justus H，Carles C，Milena S，et al. Genetic population structure defines wild boar as an urban exploiter species in Barcelona，Spain［J］. Science of the Total Environment，2022，833：155126.

［4］Lucas H，Andres J M，Vincent V，et al. Fitness cost associated with cell phenotypic switching drives population diversification dynamics and controllability［J］. Nature Communications，2023，14（1）：1−13.

［5］Machado B C，Alline B，Freitas D P，et al. Damming shapes genetic patterns and may affect the persistence of freshwater fish populations［J］. Freshwater Biology，2022，67（4）：603−618.

［6］Marquez J F，Herfindal I，Saether B E，et al. Effects of local density dependence and temperature on the spatial synchrony of marine fish populations.［J］. The Journal of animal ecology，2023，92：1−14.

［7］Matti G，Rachel S，Roman S，et al. Trophic Interactions and the Drivers of Microbial Community Assembly［J］. Current Biology，2020，30（19）：1176−1188.

［8］Sulav P，Pragya K，Dependra B，et al. Insect Herbivore Populations and Plant Damage Increase at Higher Elevations［J］. Insects，2021，12：1129.

［9］Tilahun H，Teklehaimanot H，Fekadu G，et al. Analyses of genetic diversity and population structure in cultivated and wild korarima［Aframomum corrorima（Braun）P. C. M. Jansen］populations from Ethiopia using inter simple sequence repeats markers［J］. Journal of Applied Research on Medicinal and Aromatic Plants，2022，30：100386.

［10］Traulsen A，Sieber M E. Evolutionary ecology theory−microbial population structure [J]. Current Opinion in Microbiology, 2021, 63: 216−220.

[11] Ganoe L S, Lovallo M J, Brown J D, et al. Ecology of an Isolated Muskrat Population During Regional Population Declines [J]. Northeastern Naturalist, 2021, 28 (1): 49−64.

[12] Kelt D A, Heske E J, Lambin X, et al. Advances in population ecology and species interactions in mammals [J]. Journal of Mammalogy, 2019, 100 (3): 965−1007.

[13] Habel J C, Eberle J, Charo J, et al. Population ecology and behaviour of two A frotropical forest butterflies [J]. Journal of Insect Conservation, 2023, 27 (2): 271−281.

[14] Callaghan D A. Population status and ecology of Micromitrium tenerum Austin in England [J]. Journal of Bryology, 2021, 43 (3): 234−241.

[15] Linzmaier S M, Musseau C, Matern S, et al. Trophic ecology of invasive marbled and spiny−cheek crayfish populations [J]. Biological Invasion, 2020, 22(11): 3339−3356.

[16] Paplauskas S, Brand J, Auld SKJR. Ecology directs host−parasite coevolutionary trajectories across Daphnia-microparasite populations [J]. Nature Ecology and Evolution, 2021, 5 (4): 480−486.

[17] Robinson E, Zahid H J, Codding B F, et al. Spatiotemporal dynamics of prehistoric human population growth: Radiocarbon' dates as data' and population ecology models [J]. Journal of Archaeological Science, 2019, 101: 63−71.

[18] 常毓巍, 何淑玲, 马令法, 等. 甘肃省夏河地区影响冬虫夏草种群分布的土壤理化因子调查 [J]. 水土保持通报, 2015, 35 (6): 21−25.

[19] 杜军利, 武德功, 吕宁, 等. 不同温度条件下两种色型豌豆蚜的种群参数 [J]. 草业学报, 2015, 24 (11): 91−99.

[20] 郭连金, 李梅, 林盛. 香果树种群开花物候、生殖构件特征及其影响因子分析 [J]. 林业科学研究, 2015, 28 (6): 788−796.

[21] 姜浔, 覃立微, 黄莹, 等. 柳州市城区红火蚁种群动态 [J]. 广西林业科学, 2015, 44 (4): 431−434.

[22] 李梅, 潘世昌, 杨再学. 息烽县黑线姬鼠种群繁殖特征变化研究 [J].

中国植保导刊, 2015, 35 (11): 49-51.

［23］李伟杰, 朱珣之, 罗会婷, 等. 南京市加拿大一枝黄花入侵地群落的物种组成与多样性特征研究［J］. 广西植物, 2023, 43 (8): 1488-1500.

［24］李晓春, 齐淑艳, 姚静, 等. 入侵植物粗毛牛膝菊种群遗传多样性及遗传分化［J］. 生态学杂志, 2015, 34 (12): 3306-3312.

［25］李玉婷, 陈茂华. 苹果蠹蛾种群遗传多样性研究进展［J］. 生物安全学报, 2015, 24 (4): 287-293.

［26］李泽好, 刘阳阳, 宋国华. 一类松籽歉年红松种群动态模型的研究及模拟［J］. 生物数学学报, 2015, 30 (4): 647-652.

［27］梁变凤, 何志强, 崔虎亮. 城市森林公园不同植物群落特征对环境效应的影响［J］. 科学技术与工程, 2023, 23 (26): 11174-11181.

［28］刘海燕, 杨乃坤, 邹天才, 等. 贵州珍稀濒危植物皱叶瘤果茶的种群生态特征研究［J］. 植物分类与资源学报, 2015, 37 (6): 837-848.

［29］刘省勇, 崔国文, 牛壮, 等. 放牧对小叶章种群特征及土壤主要养分含量的影响［J］. 中国草地学报, 2015, 37 (6): 79-84.

［30］潘高, 张合平, 潘登. 南方红壤丘陵区3种森林群落内主要草本植物种群生态位特征［J］. 草业科学, 2015, 32 (12): 2094-2106.

［31］阮素华, 潘蕙珊, 马永远, 等. 云南高原湖泊洱海水生植物群落研究［J］. 林业勘查设计, 2023, 52 (5): 59-63.

［32］宋金枝, 王占新, 张砚凯, 等. 路边青种群构件结构及生长规律分析［J］. 吉林中医药, 2015, 35 (12): 1252-1254.

［33］孙海义, 吴景才, 周绍春, 等. 东北虎猎物——有蹄类资源调查与评价［J］. 林业科技, 2015, 40 (6): 44-47.

［34］王凯, 李坤明, 洋雯, 等. 水体化学要素对分叉小猛水蚤 (*Tisbe furcata*) 和小拟哲水蚤 (*Paracalanus parvus*) 室内养殖种群密度的影响［J］. 生态科学, 2015, 34 (6): 105-110.

［35］王文强, 解海翠, 张天涛, 等. 我国东北地区亚洲玉米螟种群发生动态与寄主植物来源［J］. 植物保护学报, 2015, 42 (6): 965-969.

［36］王瑛, 段永鹏, 焦帆, 等. 小米米象群落发展趋势及智能体仿真［J］. 科学技术与工程, 2023, 23 (25): 10746-10755.

［37］吴娅萍，侯昭强，陈中华，等. 云南蓝果树的种群资源及分布现状［J］. 西部林业科学，2015，44（6）：26-30.

［38］谢嗣荣，吴帅，蔡金峰，等. 内蒙古不同种群沙棘种子性状变异及其稳定性分析［J］. 林业科技开发，2015，29（6）：55-58.

［39］许梦华，王敏鑫，邵元海，等. 无锡地区茶树假眼小绿叶蝉种群动态初探及防治药剂筛选［J］. 茶叶，2015，41（4）：201-203.

［40］杨斌，巨天珍，曹春，等. 甘肃小陇山国家级自然保护区红豆杉种群动态分析［J］. 甘肃农业大学学报，2015，50（6）：88-93.

［41］杨哲，董辉，胡志凤，等. 东北地区亚洲玉米螟不同寄主植物种群线粒体基因遗传多样性［J］. 植物保护学报，2015，42（6）：970-977.

［42］袁海滨，齐兴林，孙长东，等. 温度对水稻田双斑长跗萤叶甲种群发生动态的影响［J］. 吉林农业大学学报，2015，37（6）：654-657.

［43］袁青锋，崔家丽，张静，等. 不同斑叶蝉种群对葡萄生理生化特性的影响［J］. 北方园艺，2015（23）：122-124.

［44］张素贞，何超，王艳丽，等. 重庆地区蜜蜂微孢子虫的鉴定及分子遗传多样性分析［J］. 西南农业学报，2015，28（5）：2323-2330.

［45］张永秀，司剑华，郑娜. 仿生胶对柴达木枸杞瘿螨种群动态及空间分布型的影响［J］. 江苏农业科学，2015，43（11）：167-170.

［46］赵志刚，王学军，霍新北，等. 2011—2013年蝇类种群分布和季节消长及多样性研究［J］. 中华卫生杀虫药械，2015，21（6）：595-598.

［47］赵子明，陈小江，杜迎春，等. 五个湖泊中华刺鳅种群遗传多样性分析［J］. 水产科学，2015，34（12）：789-794.

［48］钟丹丹，林勇，宾石玉，等. 两个罗氏沼虾种群的遗传多样性研究［J］. 广东农业科学，2015，42（24）：140-145.

［49］周煜博，寇传勇，李南植，等. 2014—2015年图们口岸鼠类种群分布统计分析［J］. 中国国境卫生检疫杂志，2015，38（S1）：72.

［50］朱晓锋，宋博，徐兵强，等. 间作作物对核桃黑斑蚜及主要天敌种群的影响［J］. 环境昆虫学报，2015，37（6）：1170-1175.

第4章　生态系统中生物与环境的关系

  导读： 本章对生态系统中生物与环境间的关系进行认识，包括生物与其非生物环境和生物环境之间的关系规律和原理。非生物环境因子包括光照、水分、温度、土壤、大气等，生物环境指特定生物个体或群体以外的其他个体或群体。生物与环境之间的关系包括环境因子对生物的影响和生物对环境的适应及改造。对生态系统中生物与环境关系进行认识和学习是将来应用和管理生态系统、保护生态环境可持续发展以及进行生态恢复和生态文明实践的基本支撑。

  学习目标： 了解生态学中环境、生态因子等相关基本概念，理解光、温、水、土、气等非生物因子的生态作用，理解竞争、捕食、寄生、共生等生物与生物之间的关系和规律原理，掌握环境因子发生作用的一般规律和特征。能准确、清晰地认识和分析环境因子类型以及生物与环境之间的关系，并用于指导生态保护与恢复实践。

知识网络：

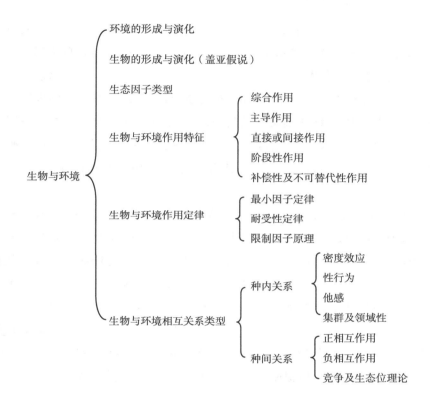

第 1 节　地球环境的形成与生物的演化

　　现代地球环境是由大气圈、水圈、土壤圈、岩石圈和生物圈相互作用组成的，又被称为全球环境或地理环境。地球环境与人类及生物的关系密切，在地球环境的形成和演化过程中，生物圈的形成把地球各个圈层密切联系在一起，并形成了总的人类生存的生态网，在生态圈内进行着物质循环、能量转换和信息传递。

一、地球环境的形成与演化

现代地球表面环境是地球形成后在经历了漫长的演化历程而逐渐形成的。地球开始形成于 45 亿年前，最初还只是巨大古老恒星在寿命终止时的大爆炸之后漂浮在太空里的尘埃集合体。地球的演化历史包含 5 个"代"——太古代、元古代、古生代、中生代和新生代。新生代是地球历史上最新的一个阶段，距今最近只有 7000 万年左右，但彼时地球形貌大致与今天相似，即被子植物大发展，各种食草、食肉的哺乳动物空前繁盛。自然界生物的大发展，加之劳动的作用，最终产生了人类，古猿逐渐演化成现代人。一般认为，人类开始于第四纪时期，距今约 240 万年的历史。

地球早期大气成分为还原性的水蒸气、CO_2、CO、H_2、NH_3、N_2、SO_2 等物质，没有 O_2 也没有臭氧层，大气层也很薄。地球内部的结构水不断随气体的喷发而出，于低洼处形成了原始海洋。大气的形成是地球演化中的一项重要内容。现代研究表明，80%~85% 的大气集中形成于地球早期。由于没有氧气和臭氧层，各种宇宙射线以及太阳辐射中的紫外线直射地面。这些能量对当时的还原性大气中各成分间的化学反应起着十分重要的作用，使之合成了多种结构简单的小分子有机物，即数种氨基酸、嘌呤、嘧啶、核苷。科学家米勒（Miller S L）在 1953 年模拟原始大气成分，采用放电、紫外线、各种射线和热能，成功地合成多种氨基酸。

二、生物的形成与演化

地球早期的大气成分在宇宙射线的作用下于原始海洋中汇聚并合成为结构简单的小分子有机物，成为产生生命的基础材料，再经过漫长的历程，逐渐形成了生命的前体。奥巴林指出，前细胞结构是在原始海洋中经过比较简单的非生物途径起源的，由有机物组织起来的一种生成物，是导致生命体系诞生的出发点。

现已发现的最古老生物化石是原始的藻菌类，其年代大约在 35 亿年前，也就是说，原始生命诞生于距今约 35 亿年前。它们营无氧条件下的异养生活，以原始海洋中的有机物为养料，依靠发酵的方式获取能量。约在 27 亿年前，这些原始生物体经过不断发展变化，进化出了叶绿素，开始了光合作用，由异养生物演化为自养生活的原始藻类，如燧石藻、蓝绿藻等。自此，地球大气中有了经这些藻类光合作用所释放的氧气，大气成分开始发生改变，这是地球环境与生物演化史上一次重大的发展。在 10 亿~15 亿年前，地球上开始出现单细胞真核植物，以后逐渐形成多细胞生物，并开始出现有性生殖方式。约在 6 亿年前，海洋中出现了大量的无脊椎动物，如三叶虫等。随着大气中氧气浓度不断提高，太阳紫外线将 O_2 分解成不稳定的原子氧（O_1），原子氧相互结合形成 O_3，即臭氧的产生，并在大气层外围形成臭氧层，这对宇宙射线和太阳紫外线有着屏障和过滤作用，对保护生命体有十分重要的作用。

随着大气中 O_2 量和臭氧层的保护能力增加，生物可以从最初只能在水面以下数米处生存而提升到水体表面生活，并进而由水生开始向陆生发展。约在 4.2 亿年前，原始的陆地植物（如裸蕨）开始出现。

陆地环境相较于单一的水中环境变化较大。生物登陆之后，在复杂多变的环境条件中加快了演化速度。生物发生了频繁的变异和分化，使生物的数量和种类快速增加，进而形成了生物体种内和种间相互依存、相互制约、相互竞争的复杂关系，并同时改造着环境，从而导致多种多样的生态系统的出现，这一切又进一步地促进了生物的发展和进化。

三、地球环境与生物演化的相互联系

生物从水生到陆生，从简单到复杂的演化，形成了越来越丰富的生物种类，这对于地球环境的影响也越来越显著。绿色植物和部分微生物（光合细菌）通过利用太阳能进行光合作用，把大量的二氧化碳和水合成有机物，同时释放氧气，并在其生长过程中吸收氮（铵根离子），同时用其在体内合成蛋白质。微生物的出现和存在，分解着动植物遗体残骸，将蛋白质转化成无机物。这样使原以二氧化碳、一氧化碳为主的还原性大气，转化成为以氧气、氮气为主的氧化性大气。

大尺度的地球环境变化（如因太阳辐射变化引起的大范围的气候变化，因地壳运动产生的火山喷发、造山和造陆运动、大陆的漂移运动等）所产生的影响都是在很大范围之内，甚至在全球范围内进行的，往往会从根本上改变地球的环境条件，这对于生物的生存、发展都产生着巨大和深远的影响和作用。环境的剧烈变化使许多生物死亡，甚至种的灭绝，但幸存的物种又会因为变异等而适应新环境，从而得以继续生存和发展。

从新生代开始，随着喜马拉雅山脉和阿尔卑斯山脉等现在山系的演化，以及全球范围的气候变化，形成了现代地球基本的环境格局。各类型气候带的形成，四季交替出现，全球环境向多样化方向发展，并奠定由高等植物、哺乳动物、鸟类和昆虫为优势生物的生物圈基础。第四纪出现的气候寒冷期引起陆地冰川的扩大和海平面的下降，大陆架显露出来，使更多的生物得以联系起来。

从地球环境演化和生物进化历程来看，生命是地球环境在发展到一定水平时才出现的产物，而生命在形成和繁盛之后，又对地球环境的发展演化产生了极其重要的作用。因此，生物的演化与地球环境是相互影响、相互作用、共同发展进化的。

四、地球自我调节理论：盖亚假说

盖亚假说由英国大气科学家詹姆斯·洛夫洛克（James E. Lovelock）于1969年在关于生命起源的国际会议上第一次提出，并于1979年发表了《盖亚：对地球上生命的新认识》而引起关注，受到西方科学界的重视，并对人们的地球观产生着越来越大的影响。

盖亚假说认为，地球生命体和非生命体形成了一个可互相作用的复杂系统，生物体与其环境共同进化。该假说还认为，地球是由生物、海洋、大气和土壤组成的一个复合系统，生物圈不仅改变了地球环境，而且也直接控制着这个复合系统，以维持地球的活动或使之更有活力，同时，这个复合系统是自我调节的，生物圈不仅产生了具有一定成分、酸碱度、氧化还原作用的大气，以及与其他星球极不相同的温度，而且还保持着生物自我调节生理特征稳定性的一些条件。

盖亚假说至少包含5个层次的含义：一是认为地球上的各种生物有效地调节着大气的温度和化学构成；二是地球上的各种生物体影响着生物环境，而环境又反过来影响达尔文提出的生物进化过程，两者共同进化；三是各种生物与自然界之间主要由负反馈环连接，从而保持地球生态的稳定状态；四是认为大气能保持在稳定状态不仅取决于生物圈，而且在一定意义上为了生物圈；五是认为各种生物调节其物质环境，以便创造各类生物优化的生存条件。前2层被称为弱盖亚假说，后3层为强盖亚假说。

盖亚假说的核心思想是认为地球是一个生命有机体，具有自我调节的能力，为了这个有机体的健康，假如她的内在出现了一些对她有害的因素，"盖亚"本身具有一种反制回馈的机能，能够将那些有害的因素去除掉。

盖亚假说的主要疑点是只考虑了生物—环境的关系，未考虑人类活动因素。

近代工业革命以来，人类活动显著改变着地球陆地、海洋、大气、岩石等圈层，并影响生物组成、结构与分布。

目前，盖亚假说仍处于争论之中，但即使反对观点也无法否定生物对环境的调节和改善作用，正如巴罗（Barlow）于 1991 年所说，尽管许多生物学家不支持盖亚假说，但对它的讨论将产生丰硕的成果。盖亚假说对于从新的角度理解生物圈的形成发展和稳定运行，以及自我调节等具有参考价值。

第 2 节　生物与无机环境的相互关系

一、环境的概念

环境是相对于某一中心体而言的，是指围绕着某一中心体并对其产生某些影响的所有外界事物。生态学所指环境即以生物有机体为中心体，其周围一切可直接或间接影响有机体生活和发展的各种因素，包括物理环境、化学环境和生物环境。现代生态学所指环境，既包括未经破坏的自然环境，也包括受人类作用后发生了不同程度变化的半自然环境，以及对生物主体产生直接或间接影响的社会环境（如聚落环境、生产环境、交通环境和文化环境等）。

环境学所研究的环境是以人类为中心，其含义可以概括为作用于人的一切外界事物和力量的总和。由于学科的不同，具体环境的含义也不同。

环境尺度有大小之别，大可到整个宇宙，小可至基本粒子。地球环境，也称为地理环境，包括大气圈、水圈、岩石圈和生物圈，有时同一事物既是主体又是环境。例如，对太阳系中的地球而言，整个太阳系就是地球生存和运动的环境；对栖息于地球表面的动物和植物而言，整个地球表面就是它们生存和发展的环境；对某个具体生物群落而言，则是指所在地段上影响该群落发生发展的全部无机因素（如光、热、水、土壤、大气和地形等）和有机因素（如动物、植物、微生物和人类）的总和。总之，环境这个概念既是具体的，又是相对的，离开了主体的环境既无内容也无意义。

二、环境类型的划分

环境是一个非常复杂的体系，至今尚未形成统一的分类系统。通常按环境的主体、性质、构成要素、范围大小、人类对环境的利用和环境的功能等进行分类。

（一）按照环境的主体进行的分类

目前对环境类型依据其主体进行的划分主要有 2 种体系：一是以人为主体，其他的生命物质和非生命物质都被视为环境要素，称为人类环境。二是以生物为主体的经典生态学常采用的分类方法，将不包括人类的生物体以外的所有自然条件称为环境。环境生态学所讲的环境对这 2 个体系兼而有之，在研究干扰的生态学动态过程时，多采用生态学的分类思维，而在分析干扰的整体效应时，则重视环境科学的分类思维，注重复合生态系统的特征和社会环境的作用。

（二）按环境的性质进行的分类

依据环境的性质，可划分出多种类型的环境。例如，可以将环境划分成无机环境和有机环境，这里的有机环境指有机生命体之外的有机成分。也可以将环境划分成自然环境、半自然环境和社会环境，半自然环境指已经被人类干扰或破坏的自然环境。社会环境则指由人类有计划、有目的地利用和改造自然环境而创造出来的生存环境，与人类的工作和生活关系最密切。还可以将环境划分为地理环境和地质环境。地理环境指与人类密切相关的水、土、气、生物环境因素等，具有一定结构的多级自然系统。水、土、气、生物圈是子系统，在整个系统中的地位和作用各不相同，有复杂的对立统一关系。地质环境指自地表而下的坚硬地壳层，为我们提供了大量的生产资料——矿产资源（不可再生资源）。

（三）按环境空间尺度大小进行的划分

按照空间尺度从大到小，可将环境分为宇宙环境（或称星际环境）、地球环境、区域环境、微环境和内环境等。

（1）宇宙环境：指地球大气层以外的广袤宇宙空间。该尺度的环境对地球环境产生深刻而广泛影响，其中太阳对地球的影响最为直接，它是地球的主要光源和热源，是地球生物有机体的能量来源，推动着生物圈的正常运转；月球和太阳对地球的引力作用产生潮汐现象，并引起风暴等自然灾害。

（2）地球环境：又称为全球环境，即地球本身的构成要素及其特点，包括大气圈、水圈、岩石圈、土壤圈和生物圈及其构成的总体。其中，每个圈层可进一步细分，如大气圈进一步分为对流层、平流层、中间层、暖层和散逸层。

（3）区域环境：是指地球上（或地球环境中）占有某一特定地域空间的自然环境，它是由地球表面的不同地区、生物圈各圈层相互组合而形成的。不同地区由于其组合不同，从而形成特点各不相同的区域环境，分布着不同的生物群落。

（4）微环境：是指区域环境尺度之下更为细致的环境类型，即由于某一个（或某几个）圈层的细微变化而产生的环境差异所形成的小环境，如生物群落的镶嵌性就是微环境作用的结果。从生物学角度看，微环境可指微小的微生物个体所处的环境；微环境直接决定微生物个体的活动状态，而宏观环境的变化往往导致微环境的急剧变化，从而影响微生物群体的活动状态，并在某种程度上表现出"表里不一"的现象。

（5）内环境：是指生物体内组织或细胞间的环境。对生物体的生长发育具有直接的影响，如叶片内部，直接与叶肉细胞接触的气腔、气室和通气系统，都是形成内环境的场所，而且不能被外环境所代替。

三、生态因子的分类

在所有环境因子中，对生物生长、发育、繁殖行为和分布有直接或间接影响的环境要素称为生态因子，如光照、温度、湿度、食物、氧气、土壤、风、雪、雷、电等。生态因子中生物生存不可缺少的环境条件又称为生存条件。生物与生物以及生物与非生物因素组成的各种生态系统为生态环境。一个生物体或生物群体所组成的群落栖居的地方称为生境。

根据生态因子的性质，通常将生态因子分为 5 类。

（1）气候因子：包括光、温度、空气、水分、雷电等。

（2）土壤因子：包括土壤有机质和矿物质、土壤动植物和微生物、土壤质地、结构和理化性质等。

（3）地形因子：包括地貌（地球表面的海洋和陆地、山川、湖泊、平原、高原、山岳、丘陵等）、海拔高度、坡度、坡向、坡位等。

（4）生物因子：包括同种生物或异种生物之间的各种关系，如种群内部的社会结构、领域、社会等级等行为，以及竞争、捕食、寄生、共生等。

（5）人为因子：指人类对生物和环境的各种作用，包括人类对自然资源的利用、改造、引种驯化和破坏作用，以及环境污染的危害作用等。

上述 5 类因子也可以概括为非生物因子（气候、土壤）、生物因子和人为因子 3 大类。地形因子对生物的影响不是直接的，因为地势起伏、海拔高度、坡向、坡度的不同，使气候、水文和土壤条件发生改变，并通过这种改变间接影响生物的生长、发育和分布，因此地形被称为间接因子，以区别于气候、土壤等直接因子。人为因子对生物和环境的作用往往超过其他所有因子，因为人类的活动通常是有意识、有目的的，并且随着生产力的发展，人类活动对生物和环境的影响越来越大。

任何因子，不管它对种群来说是限制因子还是促进因子（负的或正的），都可以将其分为 2 类：①非密度制约，即其影响和作用与种群的大小无关，如气温、地形等；②密度制约，其对种群的影响是种群密度的函数，即对生物的影响大小随种群密度而改变，如食物、资源等。密度制约响应通常是直接的，因为它随着密度逐渐接近于上限（环境承载力）而加强，然而也有相反的情况（即随密度上升而作用强度下降）。直接的密度制约因素像机器的调节器一样，因此直接密度制约因子可以被称为密度控制因子，是阻止种群数量过剩的主要机制之一。气候因素常常但并非始终按非密度制约的方式起作用，而生物因素（如竞争、寄生、病菌）经常但也并非始终按密度制约的方式起作用。

除了上述的分类方法外，苏联学者蒙恰斯基于 1958 年根据生态因子的稳定性程度，把生态因子分为 2 类：①稳定因子，包括地心引力、地磁、太阳辐射常数等终年恒定的因子，其作用主要是决定生物的分布；②变动因子，包括周期变动因子和非周期变动因子。

生态因子的划分是人为的，只是为了方便研究。实际上，在环境中，各种生态因子的作用并不是单纯的，而是相互联系，共同对生物起作用。因此，在进行生态因子分析时，不能只片面注意某一生态因子，而忽略了其他因子。

四、无机环境因子与生物相互关系

（一）光因子与生物

太阳辐射是地球所有生物赖以生存和繁衍的能量源泉，太阳能是地球生态系统物质循环和能量流动的起点。光本身的强度、质量及其周期性变化均对生物有限制性作用，并对其他的生态因子有重要影响，因此光因子表现出非常复杂的生态效应。同时，生物的空间分布，尤其是植被（特别是垂直分布），在一定程度上改变了光质、光强和光照周期的重新分布。

1. 光质的生态作用与生物的适应及影响

光质是指光谱组分，即波段。太阳光的全光谱按能量增加（波长减短）方向，可依次划分出无线电波、红外线、可见光、紫外线、X 射线、γ 射线的连续光谱。可见光波段占太阳辐射能的 40%~50%，其余大部分是红外线、紫外线等短波辐射。经大气吸收、反射减弱后，到达地面的太阳辐射能中，红外线占 50%~60%，紫外线占 1%~2%，可见光占 38%~49%。

可见光的光谱质量对动植物的生长、发育、繁殖、分布和行为有不同程度的影响。

植物的光合作用主要是受到可见光的诱导和限制。可见光中的红光、橙光和蓝紫光可以被植物叶绿素和类胡萝卜素吸收，因此被称为生理有效辐射或光合有效辐射。而绿光则由于很少被吸收，被称为生理无效辐射。在水体中，入射时红光和蓝光被滤去，而绿光又很少为叶绿素吸收，因此随水的深度增加，可利用的有效光波减少，绿色植物也相应减少，直至消失。实验表明，红光有利于糖的合成，蓝光有利于蛋白质的合成，蓝紫光与青光对植物的生长及幼芽的形成有很大的作用，能抑制植物的伸长生长而使植物形成矮粗的形态，也是支配细胞分化最重要的光线，同时还影响植物的向光性。生活在高山上的植物茎、叶富含花青素，这是因为短波光较多的缘故，也是避免紫外线伤害的一种保护性适应。另外，高山上的植物茎干粗短、叶面缩小、茸毛发达也是短波光较多所致。有文献报道，利用彩色薄膜对蔬菜等作物进行试验，发现紫色薄膜对茄子有增产作用；蓝色薄膜可提高草莓产量，但对洋葱生长不利；红光栽培甜瓜可以加速植株发育，果实成熟可提前 20 天，果肉的糖分和维生素含量也有所增加。

光对动物生殖、体色变化、迁徙、羽毛更换、生长发育等也有影响。将一种蛱蝶分别养在光照和黑暗的环境下，生长在光照环境中的蛱蝶体色变淡，而生长在黑暗环境中的蛱蝶身体呈暗色，其幼虫和蛹在光照与黑暗的环境中，体色也有与成虫类似的变化。

不可见光对生物有多方面的影响。紫外线对细胞有杀伤作用，因此适量的紫外线照射具有杀菌功能，而且紫外线还促进维生素 D 的合成，但是过量的紫外线照射会破坏生物大分子尤其是遗传物质的化学键，引起突变或肿瘤，对人和动植物有一定的伤害。远红外线则能促进植物茎的延长生长，有利于种子的萌发，并可以提高植物体的温度。

在垂直分层结构较为明显的森林生态系统和层次丰富的水体中，植被也反过来影响着不同波段光在垂直空间上的重新分布，从而影响林内或水中植被和动物种群的分层分布。

2. 光强的生态作用与生物的适应及影响

光强是光照强度的简称，也被叫作辐照度，指单位面积上的光通量。光照强度首先会影响植物的光合作用速率，在一定的光照强度范围内，光合作用随光照强度的增加而增加，但超过一定的光照强度后，光合作用便保持一定的水平而不再增加，这个光照强度的临界点称为光饱和点。在光饱和点以下，当光照强度降低时，光合作用也随之降低，当植物通过光合作用制造的有机物质与呼吸作用消耗的物质相平衡时的光照强度称为光补偿点。能够促进植物生长的最佳光强范围应该在光补偿点和光饱和点之间。对于不同的植物其光补偿点和光饱和点是不同的，如蒲公英、蓟、杨、柳、桦、松等生长在强光照地区的植物，光饱和点和光补偿点都较高，称其为阳生植物或喜光植物；而山酢浆草、连钱草、观音座莲、铁杉、红松、冷杉、云杉、红豆杉等，多生长在潮湿背阴或密林的林冠下，通常光饱和点和光补偿点都低，称为阴生植物或耐阴植物。

光照强度还会影响植物的组织和器官的分化，适宜的光强会促进植物各器官和组织保持发育上的正常比例。在较深的水体中，由于光强随深度的增加而降低，即使是在十分清澈的海水或湖水中，光补偿点的深度也最多达到水面以下的几百米处，因此在该深度以下虽然仍有光线，但植物却无法生存。

对于动物的生长发育、繁殖和行为等，光照强度条件也有重要影响。例如，蛙卵、鲤鱼卵在有光情况下孵化快，发育也快；而贻贝和生活在海洋深处的浮游生物在黑暗情况下长得较快。蚜虫在连续有光或连续无光的条件下，产生的多为无翅个体；但在光暗交替的情况下，则产生较多的有翅个体。蝗虫在迁徙途中如遇乌云蔽日则停止飞行，土壤中的蚯蚓和河流中的涡虫有趋弱光避强光的特性。而一直生活在强光环境中的动物，如果光线突然变弱，动物的生长、发育、行为等活动将受到抑制。

在垂直分层结构较为明显的森林生态系统和层次丰富的水体中，植被也同样会反过来影响光照强度在垂直空间上的重新分布，进而影响林内或水中植被和动物种群的分层分布。

3. 光周期的生态作用与生物的适应及影响

地球的公转和自转造成太阳高度角的周期性变化，使地球表面的光照时间呈现一定的昼夜节律性，并且各地区的光照长短随季节发生周期性的改变。正是这种原初周期性因子，使动植物的生命活动在漫长的进化过程中形成了特有的光周期特性。通常，生物生命活动在一昼夜 24h 内需要光照长度超过 12h 的叫长日照，日照不足 10h 的称为短日照。由于分布在地球各地的动物、植物长期生活在具有一定昼夜变化格局的环境中，自然选择和进化使其对日照长度变化形成了各自特有的反应方式，即为光周期现象，它是生物界中普遍存在的生态现象。对于植物，短日照植物多起源于南方，长日照植物多起源于北方。植物发育对日照长短要求的不同，主要与原产地的自然日照长短密切相关。

光周期现象是生物对昼夜光暗循环格局的反应。植物周期性指某些植物要求经历一定的光周期才能形成花芽的现象。大多数一年生植物的开花决定于每日日照时间的长短。除开花外，多年生植物的块根和块茎的形成、叶的脱落、芽的休眠等也受到光周期的控制。

长日照植物通常是在日照时间超过一定时数才开花，否则只进行营养生长，不能形成花芽。较常见的长日照植物有牛蒡、凤仙花和除虫菊等。作物中有冬小麦、大麦、油菜、菠菜、甜菜、甘蓝和萝卜等。人为延长光照时间可促使这些植物提前开花，园艺管理中常利用光周期现象人为控制开花时间，以便满足观赏需要。在生态修复中，光周期现象也是植物群落构建时极为关注的问题。

短日照植物通常是在日照时间短于一定时数才能由营养生长转入生殖发育，这类植物多数是在早春或深秋开花。作物中常见的种类有水稻、玉米、大豆、烟草、麻、棉花等。还有一类植物只要其他条件合适，在任何日照条件下都能开花，如黄瓜、番茄、番薯、菜豆（也叫四季豆）和蒲公英等，这类植物称为日中性植物。

日中性植物的成花对日照长度不敏感，只要其他条件满足，在任何长度的日照下均能开花。例如，月季、黄瓜、茄子、番茄、辣椒、菜豆、君子兰、向日葵、蒲公英等。

光周期对动物的影响主要表现在其代谢活动、生殖和迁徙行为等方面。例如，候鸟开始迁徙和鸟类每年开始生殖的时间都受到光照长度变化的控制，而且在鸟类生殖期间可以通过人为改变光照来控制其产卵量，根据这一原理，人类采取在夜晚给予人工光照的办法来提高母鸡产蛋量。在哺乳动物中，由于换毛和繁殖受到光周期的明显影响，也有长日照兽类和短日照兽类之分。

光周期还是影响昆虫滞育的主要因素。引起昆虫种群中 50% 的个体滞育的光照时数，称为临界光周期。不同种或同种不同地理种群的昆虫，其临界光周期不同，如三化螟在南京市的种群临界光周期为 13.5h，广州市的种群临界光周期为 12h。

与对光质和光强的影响相类似，具有明显垂直分层结构的森林生态系统和层次丰富的水体，其中的植被同样会反过来影响并产生新的光周期现象，从而使林内和深层水体形成与林外和开阔水面不同的光照周期。

（二）温度因子与生物

地球表面的热量来自太阳辐射，这些热量储存在不同的环境介质中，形成气温、水温、土温等。温度与光因子一样有周期性的变化，同时还受到纬度、气流、湿度、土壤结构、地形地貌等环境因子的影响。因此，在全球各地的温度节律性变化各不相同。

1. 生物生长发育与环境温度的关系

生物的生命活动受到温度的极大影响，每种生物都有其生命活动的最适温度范围。超出这个范围的温度，无论是过高还是过低，都会导致生物代谢异常，甚至生命活动停止。从而形成生物生长发育的最低温度、最适温度和最高温度，即三基点温度。例如，水稻种子发芽的三基点温度分别是 8℃、25~35℃ 和 45℃。不同生物的适温范围不一样，一般高纬度地区的生物其低温阈值偏低，而低纬度地区的生物其高温阈值偏高。一些陆生植物能存活于 –5~55℃，但只在 5~40℃ 才能正常生长和繁殖。多数植物在 0~30℃ 的温度范围内，生长随温度增加而加快。动物也有其生长发育的最适温度。例如，所有家禽的三基点温度分别是 7℃、15℃ 和 29℃。

除了最适温度是最有利于生物生长外，积温也是一个重要作用形式。在农作物生长发育过程中，尤其对积温给予了特别关注，它是作物生长发育阶段内逐日平均气温的总和，分活动积温、有效积温、负积温、地积温、日积温等。积温用以衡量作物生长发育过程所需的热量条件，也表征了地区热量条件，其中活动积温和有效积温使用最广。活动积温（一般简称积温）为大于某一临界温度值的日平均气温的总和，如日平均气温 5℃ 的活动积温和日平均气温 10℃ 的活动积温等。有效积温是指扣除生物学零度，对作物生长发育有效的那部分温度的总和，如某温带树种，生长发育的起始气温是 5℃，当平均气温达 5℃ 时，到开始开花共需 30 天，这段时期内的日平均气温为 15℃，则该树种开始开花的有效积温是 300℃，活动积温是 450℃。有效积温还需要同时扣除对作物有热害和冷害的部分，使热量条件与作物生长发育更趋一致。

积温常作为气候区划和农业区划的热量指标，以衡量该地区的热量条件能满足何种作物生长发育的需要（表 4-1）。

表 4-1　依据积温划分中国各温度带及其作物熟制

温度带	范围	>10℃积温	作物熟制
热带	云南省、广东省、台湾省的南部和海南省	>8000℃	水稻一年三熟
亚热带	秦岭、淮河以南，青藏高原以东	4500~8000℃	一年两至三熟：稻麦两熟或双季稻，双季稻加冬作油菜或冬小麦
暖温带	黄河中下游大部分地区和新疆维吾尔自治区南部	3400~4500℃	两年三熟或一年两熟：冬小麦复种荞麦等，冬小麦复种玉米、谷子、甘薯等
中温带	东北和内蒙古自治区大部分、新疆维吾尔自治区北部	1600~3400℃	一年一熟：春小麦、大豆、玉米、谷子、高粱等
寒温带	黑龙江省北部、内蒙古自治区东北部	<1600℃	一年一熟：早熟春小麦、大麦、马铃薯等

2. 生物地理分布与环境温度的关系

从赤道向两极，随着纬度的增加，温度逐渐下降，形成不同的气候带。热带植物很难在寒冷的高纬度地区成功栽培，而高纬度地区的水果也不能在热带种植。另外，温度还存在空间上的垂直变化，从地表向上，温度随海拔增高而降低，变化率约为 −0.65℃/100m。所以即使是在同一纬度，如果海拔高度不同，植被的分布也不同。例如，长江流域和福建省，马尾松分布在海拔 1000m 以下，1200m 以上被黄山松所代替。动物的分布也受到温度的直接限制作用，同时还受到由于温度所导致的植被分布差异而产生的间接影响。例如，在北半球，受低温限制，动物分布有其北界；由于高温限制，动物分布仅达南界。因此，温度是决定生物分布区的重要因子之一。年平均气温、最冷月和最热月的平均气温是与生物分布有密切关系的指标。

水中的温度变化幅度比陆地环境小，但是也存在成带现象或分层现象。夏季，水体上层较高，在静水中形成一个稳定的暖水层，较深处则有一个较冷的静水层，两者之间是一个温度变化剧烈的变温层。水生动物的分布也有 2 个明显的垂直带，即底栖生物和浮游生物，一些动物在海底中的成带现象和树木在高山上的成带现象一样。

一般温度较高的地区，生物种类也多，反之，寒冷地区的生物种类较少。例如，俄罗斯的国土面积世界第一，但由于大部分处于高纬度的低温区，高等植物种类只有 1.6 万多种，而处于热带的巴西面积虽然较俄罗斯小，却有 4 万多种高等植物。

3. 变温与生物适应

1）节律性变温与生物适应性

地球表面的温度除了具有上述在空间尺度上随纬度、海拔高度、生态系统的垂直高度和各种小生境而变化的特点，在时间尺度上，与光因子一样存在周期性变化，有一年的四季变化和一天的昼夜变化，称为节律性变温。温度的周期性变化对生物的生长发育、迁移、集群活动等有重要影响，昼夜变温对许多生物的生长、发育有促进作用。

动植物对温度的日变化和季节变化反应敏感，并为了适应这种变化，在体内形成了特殊的生理机制——生物钟，形成了温周期和物候现象。

植物的温周期包括日周期和年周期。番茄实验表明，在日温 23~26℃，夜温 8~15℃的情况下植物生长最好，产果最多；在昼夜恒温 26℃时生长和结果均受到抑制。萝卜、马铃薯等植物的地下储藏器官在夏季生长缓慢，在秋季则迅速增大。年温周期对植物开花的影响比较明显，许多温带植物在种子萌发期间，必须经受一定的温度条件将来才能萌发或开花，称春化作用，如牡丹的种子，需要在秋季播种，第二年春天才会发芽，若春季播种当年只生根不萌出地上芽；冬小麦必须在 0~2℃环境中经历 5~8 天才能开花。

前人对动物的温周期研究相对较少，但也发现了温周期的存在，温度周期性变化对动物的休眠和滞育有重要作用。有实验表明，在全暗条件下，温周期决定了昆虫滞育的发生。对于某些昆虫，周期性变温诱导的滞育个体比恒温诱导的滞育个体表现出更高的滞育强度。

另一个与温度周期性有关的现象是物候，物候主要指动植物的生长、发育、活动规律对季节和气候的反应。可以观察到，植物从冬芽萌动、抽叶、开花、结实到凋零落叶，动物生活史中出现的蛰眠、复苏、始鸣、交配、繁育、换毛、迁徙等，均与温度的季节性变化和气候有密切关系。我国是世界上关于物候知识起源最早的国家。2000 多年前，我国劳动人民就总结出了"二十四节气"和"七十二候"。

物候知识来源于动植物与温度变化之间的观察，因此可以利用物候知识来指导农业生产的研究，这在世界各国已发展成为一门科学，称为物候学。物候观测的数据综合了气候条件（如气温、湿度等）及生物作出的反应。可以把影响生物物候形成的环境因子分为 3 大类：纬度（水热条件的南北差异）、经度（水热条件的海陆差异）和海拔（水热条件的高度差异）。例如，越往北桃花开得就越迟，候鸟来得也越晚。这表现了随纬度变化，物候来临的迟早是不同的。在经度方面，即东西的差异，欧亚大陆气候随距离海洋的远近而表现出强弱不同的大陆性。凡是大陆性强的地方，冬季严寒而夏季酷暑；大陆性弱的地方，则冬季既不太冷，夏季也不太热。在具有变化巨大的地形条件下，如我国西南、西北，同一区域的地形高低相差很大，物候随着地形转移，经度的影响变为次要。海拔的差异，显著影响植物的抽青、开花等物候现象，其在春夏 2 季越往高处越迟，到了秋季，如乔木的落叶等现象则越往高处越早。

2）极端低温与生物适应性

温度低于一定数值时生物会因此而受害，这个数值称为临界温度。低温对生物的伤害可分为冷害和冻害 2 种。冷害是指喜温生物在 0℃ 以上的温度条件下受害或死亡。热带鱼（如虹鳉）在水温 10℃ 时就会死亡，此时呼吸中枢受到冷抑制而导致缺氧。对于植物金鸡纳，温度从 25℃ 降到 5℃ 将会使酶系统紊乱，过氧化氢积累而引起植物中毒。冷害是喜温生物向北方引种和扩展分布区的主要障碍，冻害是指冰点以下的低温使生物体内（细胞内和细胞间隙）形成冰晶而造成的损害。冰晶的形成使原生质膜破裂，蛋白质失活与变性。低温下植物遭受冻害可能是因为细胞膜破裂（当温度为 –3℃ 或 –4℃ 时）或生理干燥和水化层的破坏（当温度为 –8℃ 或 –10℃ 时）。动物对低温的耐受极限（即临界温度）因种而异，少数动物能够耐受一定程度的身体冻结，从而避免低温伤害。例如，摇蚊在 –25℃ 的低温下可以经受多次冻结而能保存生命。

因此，长期生活在低温环境中的生物通过自然选择和进化，在形态、生理和行为方面表现出很多明显的适应。形态方面，生活在高纬度地区的恒温动物，其身体往往比生活在低纬度地区的同类个体大，这称为贝格曼规律。这是因为个体大的动物，其单位体重散热量相对较少。在北极和高山地区的植物，芽和叶片表面常常覆有一层油脂类物质而得到保护。芽具鳞片，植物体表面生有蜡粉和密毛，植物矮小成匍匐状、垫状或莲座状等，这些形态特征都有利于保持较高的体表温度，从而减轻严寒的影响。

另外，恒温动物身体的突出部分，如四肢、尾巴和外耳等，在低温环境中有变小变短的趋势，这也是减少散热的一种形态适应，这一适应常被称为阿伦规律。例如，北极狐的外耳明显短于温带的赤狐，赤狐的外耳又明显短于热带的大耳狐（图4-1）。

北极狐　　赤狐　　大耳狐

图 4-1　不同温度带几种狐的耳廓（引自 P. Dreux，1974）

恒温动物的另一形态适应是在寒冷地区和寒冷季节增加毛或羽毛的数量和质量或增加皮下脂肪的厚度，从而提高身体的隔热性能。在繁殖方式上，一年生草本植物多以种子越冬，而多年生草本植物以鳞茎、球茎、根茎、块茎越冬，木本植物则以落叶相适应。

在生理方面，生活在低温环境中的植物常减少细胞中的水分和增加细胞中的糖类、脂肪和色素等物质来降低植物的冰点，增加抗寒能力。例如，鹿蹄草通过在叶细胞中大量储存五碳糖、黏液等物质来降低冰点，这可使其结冰温度降到 -31℃。动物靠增加体内产热量来增强御寒能力和保持恒定的体温。具有较好形态适应特征的某些寒带动物，有隔热性能良好的毛皮，往往能使其在少增加（雷鸟、红狐）甚至不增加（北极狐）代谢产热就能保持恒定的体温。

在大多数生境（最热或最冷）中，恒温动物和变温动物各自采取不同的生存策略，从而能够共存。前者采取的是"高支出—高收益"，而后者则是"低支出—

低收益"。在同种生物内，来自不同地域的种群对温度的响应也常常存在差异。

在行为方面，动物可通过减少活动量、休眠、迁移来适应，如许多动物进行高度迁移，冬天从山上迁到谷地，以避开大雪、低温及食物不足的不利环境。蝙蝠、刺猬、极地松鼠等都有冬眠习惯。当然，变温动物的冬眠行为不仅仅是对低温的适应，还是对冬季外界其他不良环境条件（如食物缺少）的一种适应策略。

3）极端高温与生物适应性

温度超过生物最适温区的上限后就会对生物产生有害影响，温度越高对生物的伤害作用越大。高温可减弱植物的光合作用，增强其呼吸作用，使植物的这 2 个重要过程失调。例如，马铃薯在温度达到 4℃时不能表现出光合作用，而呼吸作用在温度低于 50℃情况下随温度一直上升。高温还可破坏植物的水分平衡，加速生长发育，促使蛋白质凝固，导致有害代谢产物在体内的积累。水稻开花期间如遇高温，会使受精过程受到严重伤害，因为高温可伤害雄性器官，使花粉不能在柱头上发育，日平均温度 30℃持续 5 天就会使空粒率增加 20% 以上。38℃的恒温条件将使水稻的实粒率下降为零，颗粒无收。

高温对动物的有害影响表现为对酶活性的破坏，使蛋白质凝固变性，造成缺氧、排泄功能失调和神经系统麻痹等。动物对高温的忍受能力依种类而异，哺乳动物一般都不能忍受 42℃以上的高温；鸟类体温较哺乳动物高，但也不能忍受 48℃以上的高温；多数昆虫、蜘蛛和爬行动物能忍受 45℃以下的高温，如家蝇的适宜温度范围为 6~28℃，到大约 45℃时活动中止，46.5℃左右时死亡。生活在温泉中的斑鳉能忍受 52℃或更高的水温，但目前除海涂火山口群落动物外，还没有发现一种动物能在 50℃以上的环境中完成其整个生活史。

生物对高温环境的适应也表现在形态、生理和行为 3 个方面。形态方面，有些植物体表密布绒毛和鳞片，可阻碍一部分阳光；有些植物体呈白色、银白色，叶片革质，能反射部分阳光；有些植物叶片垂直排列使叶缘向光或在高温条件下叶片折叠，以减少光的吸收面积；还有些植物的树干和根茎生有很厚的木栓层，具有绝热和保护作用。生理方面，植物对高温的适应主要是降低细胞含水量，增加糖或盐的浓度，从而有利于减缓代谢速率和增加原生质的抗凝结力；有些植物是靠增强蒸腾作用来避免过热伤害；还有一些植物具有反射红外线的能力，夏季反射的红外线比冬季多，这也是避免植物体受到高温伤害的一种适应。

动物适应高温的形态变化有：夏季脱毛、皮下脂肪变薄，以加速散热；炎热

105

环境中的动物比寒冷中的动物，身体突出的部分更长，而皮毛较薄。行为方面，太热的环境中，动物会迁移到水里或阴凉处。沙漠中的啮齿动物对高温环境的行为适应对策包括夏眠、穴居或昼伏夜出。有些黄鼠不仅在冬季进行冬眠，在炎热干旱的夏季也进行夏眠。昼伏夜出是许多动物躲避高温的有效行为适应，一些在地下巢穴栖息的动物，采取的是"夜出＋穴居"的适应对策。生理方面，动物适应高温环境的一种重要方式是适当增加恒温性，使体温有较大的变幅，即高温炎热时身体能短暂吸收和储存大量热使体温升高，在环境条件改善或到阴凉环境时再把体内的热量释放出去，体温便随之下降。现代工业生产中排放的废热产生的污染称为热污染，它对水生动物具有很大影响。一些水生动物是通过改变酶的活性、产生热激蛋白和提高呼吸色素的浓度等来应对热污染危害的。

4. 生物对环境温度的改造

生物在地球表面的产生与分布，改变了地表环境中温度的高低及其空间分布。有植物分布的地表，其地面温度和近地面空气温度都较裸地有不同程度的变化。一旦地表上的植被发生变化，气候状况也会相应发生变化。不同的植被反射率不同，一般有植被时的反射率比裸地小得多，吸收的太阳辐射较多，再加上植物冠层的蒸腾能力强，因而改变了下垫面的潜热和显热的分配。森林植被破坏引起局地气候的显著变化，使空气干燥，温度年较差增大，冷季降温，热季升温。

（三）水因子与生物

地球上生命起源于水体环境，水分因子还能通过影响其他环境因子而对生物产生作用。

1. 地球上水的赋存

地球表面的总水量约为 $1.36 \times 10^9 km^3$（136亿亿吨）。其中，海水约为 $1.32 \times 10^9 km^3$（132亿亿吨），海水不能被陆地上的生命作为直接水源来利用。地球上水量的分布情况大致是：海洋占97.2%，极地冰川占2.15%，地下水占0.632%，湖泊与河流占0.017%，大气中水蒸气占0.001%。陆地上的淡水来自大气降水。太阳辐射驱动海水蒸发，淡水蒸发上升进入大气形成云，凝结后降落至陆地表面或海洋表面。陆地上江河、湖泊、湿地是陆地生命的淡水源。地球上的淡水总量约为 $3.8 \times 10^7 km^3$（3.8亿亿吨），占到地球总水量的2.8%，它们以固态、液态和气态的形式分布在人类并非都可以直接取用的陆地的冰川、地下水、地表水和水蒸气中。其中，两极冰盖、高山冰川和永冻地带的冰雪占地球淡水总量的 76.77%，但几乎无法直接利用；地下水占地球淡水总量的 22.6%，为 8600 万亿吨，但一半的地下水资源处于 800 米以下的深度，难以开采，而且过量开采地下水会带来诸多问题；河流和湖泊占地球淡水总量的 0.6%，为 230 万亿吨，是陆地上的植物、动物和人类获得淡水资源的主要来源；大气中水蒸气量占地球淡水总量的 0.03%，为 13 万亿吨，以降雨的形式为陆地补充淡水。

2. 水的生态作用

首先，水是生物体的主要组成成分。一般地，植物体中水的含量达 60%~ 80%，动物体含水量更高，如水母含水量为 95%，软体动物含水量为 80%~92%，鱼类含水量为 80%~85%，鸟类和兽类含水量为 70%~75%。水是溶剂，许多化学元素都是在水溶液的状态下被生物吸收和转运。水是植物光合作用的原料和生物新陈代谢的直接参与者。水是生命现象的基础，没有水也就没有原生质的生命活动。水比热容大，可以调节、缓和环境中温度的剧烈变化。水能维持细胞和组织的紧张度，使生物保持一定的状态，维持其正常的生活。

其次，水影响着生物的生长发育。水分对植物生长发育的作用也有"三基点"（最高、最适和最低）。低于最低点，植物萎蔫；如果长时间处于萎蔫点，植物生长停止；高于最高点，根系将缺氧、窒息、烂根。只有处于合适范围内，才能维持植物的水分平衡和作用效果。种子萌发需要水分软化种皮、增强透性、加强呼吸。水能使种子内凝胶状态的原生质转变为溶胶状态，使生理活性增强而促使种子萌发。水分还影响植物各种生理活动，如呼吸和同化作用等。淀粉、木质素和半纤维素，以及纤维素和果胶质的含量及比例变化体现着水分对植物产品质量的影响。水分对植物繁殖的影响主要体现在传粉上，如金鱼藻、眼子菜等植物的花粉是靠水搬运和授粉的。水流和洋流能携带植物的花粉或孢子、果实（如椰子、萍蓬草、苍耳）、幼株（红树和藻类部分营养体及浮萍科、槐叶萍科完整的植株）而起到传播的作用。

水分不足（由于空气湿度降低或食物中水分减少）可引起某些动物滞育或休眠。许多在地衣和苔藓上栖居的无脊椎动物，如线虫、蜗牛等，在旱季中就多次进入麻痹状态。许多动物的周期性繁殖与降水季节相一致，如葵花凤头鹦鹉遇到干旱年份就停止繁殖。羚羊幼体的出生时间，多在降水和植被茂盛的时期。

另外，水分的多寡和空间分布也影响生物的数量与分布。由于纬度、经度

（海陆位置）、海拔的不同，地球上的降水并不均匀。比如，我国从东南至西北，降水分为3个等雨量区，植被类型也因此相应地呈现为湿润森林区、干旱草原区和荒漠区。此外，小地形也影响着水分的分布，从而使植物和动物的分布发生差异。例如，同一山体的迎风坡和背风坡，会因降水量的差异而各自生长着不同的植物、分布着不同区系的动物。水与动物、植物的种类数量和个体数量存在着密切的关系。在降水量最大的赤道热带雨林中，每100年可出现52种植物，而降水量较少的大兴安岭红松林群落中，每100年则仅有10种植物，在荒漠地区，单位面积物种数更少。

3. 生物对水因子的适应与影响

1）植物对水因子的适应

根据植物对水的需求量和依赖程度，可把植物类型划分为水生植物和陆生植物。

（1）水生植物。

水生植物根据生境中水的深浅不同，又可划分为沉水植物、浮水植物和挺水植物3类。

沉水植物：整株植物沉没在水下，根退化或消失，表皮细胞可直接吸收水中气体、营养物和水分，叶绿体大而多，适应弱光环境，无性繁殖比有性繁殖发达，常见种类有狸藻、金鱼藻等。

浮水植物：叶片漂浮水面，气孔多分布在叶的表面，无性繁殖速度快，生产力高，常见种类有凤眼莲、浮萍、睡莲等。

挺水植物：植物体大部分挺出水面，如芦苇、香蒲属等。

与水生环境相适应，水生植物具有发达的通气组织，以保证各器官组织对氧气的需求。例如，空气从荷花叶片气孔进入，然后通过叶柄、茎进入地下茎和根部的气室，形成一个完整的通气组织，实现植物体各部分对氧气的需求。其次是机械组织不发达或退化，以增强植物的弹性和抗扭曲能力，适应于水体流动。另外，许多水生植物在水下的叶片多分裂成带状、线状，而且很薄，以增加吸收阳光、无机盐和CO_2的面积。比如，伊乐藻属植物的叶片只有一层细胞。有的水生植物生有异型叶，如毛茛在同一植株上生有2种不同形状的叶片，水面上的呈片状，水下的则呈丝带状。

（2）陆生植物。

陆生植物指生长在陆地上的植物，包括湿生、中生和旱生 3 种类型。

湿生植物：生长在潮湿环境中，需要较长时间的充足水分，是抗干旱能力最弱的陆生植物。根据其环境特点，还可以再分为阴性湿生植物和阳性湿生植物 2 个亚类。

中生植物：生长在水湿条件适中生境。具有完整的保持水分平衡的结构和功能，其根系和输导组织均比湿生植物发达。

旱生植物：生长在干旱环境中，能耐受较长时间的干旱环境。旱生植物从形态、生理，某些还能从行为上来适应干旱环境，维持水分平衡和正常的生长发育。在形态上，旱生植物通常有发达的根系，如沙漠地区的骆驼刺地面部分只有几厘米，但地下部分可以深达 15m，以便吸收更多的水分。有些旱生植物具有发达的储水组织，如美洲沙漠中的仙人掌，高达 15~20m，可储水 2t 左右。有的叶面积很小，发生特化，如仙人掌科许多植物，叶特化成刺状。许多单子叶植物具有扇状的运动细胞，体现出某种程度的行为特征：在缺水的情况下，它可以收缩使叶面卷曲以减少水分的散失。还有些植物，表现出一种生理上的适应，即其原生质的渗透压特别高，能够使根系从干旱的土壤中吸收水分，同时不至于发生反渗透现象而失水。

2）动物对水因子的适应

（1）水生动物的渗透压调节。

对淡水动物而言，由于其血液和体液的渗透浓度比体外水环境中的渗透浓度高得多，所以水会不断地渗入动物体内，这些过剩的水必须不断地排出体外，同时又通过食物或者鲤鱼上皮组织主动从环境中吸收钠等溶质，保持体内的水分平衡。此外，淡水动物能使排出体外的盐分减少到最低限度。

各种动物调整自身渗透压的精确程度是不相同的。生活在海洋的低渗动物，如鲱鱼、鲑鱼等，由于体内的渗透浓度比海水低得多，因此体内的水将大量向体外渗透。低渗动物可以从食物、代谢过程或通过饮水来摄取大量的水分。与此同时，动物还发育有发达的排泄器官，以便把饮水中的大量溶质排泄出去。

对于那些在生活史中要先后经历咸水和淡水的动物而言，其调节渗透压的过程和机制又有所不同。例如，美洲鳗鲡在生活过程中要从淡水迁入海水，其外部环境的渗透浓度要发生极大的变化，但其血液渗透浓度却仍能保持稳定。当美洲鳗鲡接触海水时，由于吞食海水从海水中摄取钠而使血液的渗透浓度增加，便出现一些细胞脱水现象，肾上腺皮质增加皮质甾醇的分泌量，使能分泌氯化物的细胞从鳃内迁移到鳃的表面，并在这些细胞膜上形成大量的钠钾泵。这种钠泵排盐机制几天之内便可形成，把从海水中摄取的钠排出体外，从而实现美洲鳗鲡血液浓度的低渗调节。

（2）陆生动物对环境湿度的适应。

陆生动物与水的关系主要是从环境中吸收足够的水，保持体内的水分平衡，以保证在陆地环境中的生存。陆生动物吸收水分主要有3种方法。一是直接饮水，大部分动物靠这种方式获取水分；二是皮肤吸水，两栖类动物（如青蛙、蟾蜍等）可在潮湿的环境中用皮肤直接吸收水分；三是从代谢中获得水分，昆虫可从食物分解后的代谢水中获得水分，哺乳类中的一些动物（如生活在沙漠中的小袋鼠），也是由食物分解中取得水分。而在失水方面，陆生动物同样有3种途径：体表蒸发失水、呼吸失水和排泄失水。陆生动物的水分平衡适应方式，包括形态适应、生理适应和生态适应。

在形态结构的适应上，无论是低等无脊椎动物还是高等脊椎动物，它们各自以不同的形态结构来适应环境湿度以保持生物体的水平衡。比如，鸟类、哺乳类中减少呼吸失水的途径是将由肺内呼出的水蒸气，在扩大的鼻道内通过冷凝而回收。鼻道温度低于肺表面温度，来自肺的湿热气遇冷后就会凝结在鼻窦内表面并被回收，最大限度地减少呼吸失水。又如，昆虫具有几丁质的体壁，以防止水分的过量蒸发；生活在高山干旱环境中的烟管蜗牛，可以产生膜以封闭壳口来适应低湿条件；两栖类动物通过体表分泌黏液以保持湿润；爬行动物厚的角质层、鸟类的羽毛和尾脂腺、哺乳动物的皮脂腺和毛，都能防止体内水分过多蒸发，保持体内水的平衡。

沙漠中的许多动物，可以通过行为调节来适应干旱环境。例如，昆虫、爬行类、啮齿类等动物，为避开干燥的空气，白天躲在洞内，夜里出来活动，更格卢鼠还能将栖息的洞口封住。干旱地区生活的许多鸟类和兽类，在水分缺少、食物不足时，往往会迁移到别处，以避开不良的环境条件，如非洲大草原上旱季时大型食草动物就开始迁徙。干旱还会引起暴发性迁徙，如蝗虫有趋水喜洼特性，常由干旱地带成群迁飞至低洼易涝的湿生环境。

许多动物在干旱的情况下具有生理上适应的特点，如荒漠鸟兽具有良好重吸收水分的肾脏，爬行动物和鸟类以尿酸的形式向外排泄含氮废物，甚至有的以结晶状态排出。被称为"沙漠之舟"的骆驼可以 17 天不饮水，身体脱水量达体重的27% 而照常行走，其适应的主要原因不仅是有储水的胃，更是由于驼峰中积累的丰富脂肪在代谢的过程中可产生大量水，其血液中具有特殊的脂肪和蛋白质，不易脱水；另外，还发现骆驼的血细胞具有变型功能，能提高抗旱能力。

3）生物对水因子的影响

以森林植被为例，其对生态系统的水量输入、输出、水分循环，以及水质都有显著影响。树木的叶、枝、干等树体表面能截留一部分降雨，即林冠截留。林冠截留量比灌木和草本植物的截留量大，因为林冠的持水表面较大，而且林冠具有较大的空气动力学阻力，从而使截留水分不断蒸发。一般认为，温带针叶林林冠截留量占降雨量的 20%~40%。我国不同森林植被类型林冠截留量占降雨量的比例为 11.4%~34.3%。森林枯枝落叶层也具有较大的水分截持能力。据我国的研究结果表明，枯枝落叶吸持水量可达自重的 2~4 倍。

据观测，4 个气候带 54 种森林的综合涵蓄降水能力的值为 40.93~165.84mm，复层紧密天然林涵蓄能力较强，而单层稀疏人工林涵蓄能力较弱，平均约为100mm，即 $1hm^2$ 森林可以涵蓄降水约 $1000m^3$。

森林植被对水分的影响，除上述截留外，还包括森林的增雨作用。大面积森林覆盖能改变区域的下垫面状况，从而改变近地层的小气候特征，因此会增加该区域的降雨量。据我国东北长白山区、甘肃省兴隆山区、山西省太岳山区等地的观测结果，森林能使降雨量平均增加 2%~5%。俄罗斯对泰加林的观察发现，森林一般年降雨量可以增加 1%~25%。法国南锡附近的观测证明，森林地区年降水量平均比无林地多 16%。森林中多层次结构和茂密的枝叶，对雾等凝结水有较强的捕获能力，可使更多的雾水降落到地面。在美国离太平洋海岸 3km 的一个山脊雾带内，雾滴对林冠下的降水量比空旷地多 1/4。在德国有观测表明，森林边缘从云雾中截留的云滴、雾滴的水量可达年降水量的 50%，在林内也达 20%，我国江苏省沿海防护林比没有防护林的地区增加露水 60%。

在森林植被对生态系统水分输出的影响方面，森林流域通过对降水的调蓄作用来影响生态系统水分的输出，包括 3 个层次和 2 个方面。第一层次为地上部分，即地上部分蓄水和下层植被蓄水。森林破坏后，这一部分的调节立即减弱以至丧失。第二层次为由地表到地下水面的渗透过程，由于森林植被改善了土壤性能，增加了土壤蓄水容量。森林植被消失后，该层次的调节作用会逐渐失去。第三层次是当一部分降水下渗成为地下水后，汇集到流域出口断面，即地下水库的调蓄作用。森林植被有利于地下水的补充和蓄积，这些对水分的蓄积和调节作用可归纳为2个方面：一方面，在森林植被茂盛的流域，降水更多甚至基本上进入到土壤或地下水库，补充了土壤水和地下水，然后缓缓地从流域中流出，减少洪水流量，并延迟洪峰到来的时间；另一方面，森林植被遭破坏后，随着地上部分的调蓄作用的丧失和土壤渗透性能的下降，使洪水流量增加、洪峰提前、枯水期流域径流减少。

森林能保护水质，改善流域水环境。世界各国都以森林流域作为人类清洁用水的水源地。一方面，森林通过保持土壤侵蚀，阻止或减少了河川径流中的泥沙含量；另一方面，通过森林生态系统养分循环中的各个过程，过滤、吸收或吸附各种营养元素和污染物，减少细菌数量，保护和改善水质。研究表明，农田与溪流之间的森林有助于净化径流水质，排除污染成分。森林生态系统能滞留从农田输入的磷肥量的38.5%~80%，氮化合物的22%~78%。

（四）大气因子与生物

地球表面包围着一层厚厚的空气，叫作大气圈。由于地心引力作用，几乎全部的气体集中在离地面100km的高度范围内，其中75%的大气又集中离地面平均厚度约11km的对流层范围内。对流层的温度上冷下热，产生活跃的空气对流，形成风、云、雨、雪、雷、电等多种天气现象。根据大气分布特征，在对流层之上还可分为平流层、中间层、暖层等。

大气是地球上生物赖以生存的重要条件，它可以阻止紫外线对地面生物的伤害，缓和气温的昼夜变化。大气圈中的大气分布不均，越往高处越稀薄。大气由多种气体、水汽和一些微尘杂质混合组成。其中，低层大气主要的气体成分为氮（78.084%）、氧（20.48%）、氢（0.934%）、二氧化碳（0.036%）、少量臭氧、稀有气体等。

1.大气中的氮与生物

大气中氮的含量最多，但对生物来讲，并不能被大部分生物直接利用。只有少数有根瘤的植物可利用根瘤来固定大气中的游离氮，称为生物固氮。据估计，每年自生固氮菌的固氮量为20~100kg/hm²，豆科植物共生固氮量为50~280kg/hm²，园林植物中的罗汉松等能固氮。空中闪电时，高温高压能将大气中的氮转化为氨，随雨水进入土壤，但数量很少，每年只有 5kg/hm²，不足植物需氮量的 1/10。

氮是生物体及生命活动不可缺少的成分，它不仅是蛋白质的主要成分，也是叶绿素、核酸、酶、激素等许多代谢有机物的组成成分，生命的物质基础。植物主要靠根系从土壤中吸收氮，土壤中氮素主要来自土壤有机物质的转化和分解，其次是生物固氮。

生物固氮可补充一定数量的无机氮化合物，供植物吸收。土壤中氮素往往不足，氮素缺乏时，植物生长不良甚至叶黄枯死，所以在生产上人们还常常需要通过人为施氮肥来补充土壤中的氮。在一定范围内增加土壤氮素，能明显促进植物生长。

2. 大气中的氧与生物

大气中的氧主要来源于绿色植物和光能细菌的光合作用，少量的氧来源于大气层中的光解作用，即在紫外线照射下，大气中的水分子分解成氧气和氢气。

氧气是生物呼吸作用所必需的，植物光合作用释放出氧气，呼吸作用也要消耗氧气，但植物白天光合作用放出的氧气要比呼吸作用所消耗的氧气多 20 倍。大气中的氧气足够供植物呼吸。当大气中氧气浓度降低时，有些植物光合作用会增强，如当豆科植物的叶子周围的氧气降低 5% 时，光合速率可增加 50%。

氧气对陆地动物影响很大，在海拔高度低于 1000m 的大气层中，氧气含量完全能满足动物呼吸需要，但随着海拔的升高，空气越来越稀薄，因缺氧而导致动物种类减少。在高山缺氧条件下能生活的动物，都有特殊的适应能力，如血液中所含的红细胞的数目和血红蛋白数量较多。

土壤中植物根系缺氧会导致死亡，如城市土壤由于过于板结，通气不良，园林植物的生长状态不如自然土壤。土壤中氧气不足对需氧微生物也起到限制作用，有机物分解速率下降，从而影响植物生长。氧气也是种子萌发的必要条件，氧气不足将致使种子内部呼吸作用缓慢，休眠期延长，当种子深埋在土下时，往往会因缺氧使其萌发受阻。

水中的溶解氧往往是水生动物的限制因子。充足的溶解氧是保证鱼类生长繁殖的必要条件，但也有极少数的鱼类，如鲫鱼、泥鳅等可利用空气中的氧气，而大部分鱼类只能用鳃呼吸水中的溶解氧以维持生命。当水体遭受有机物污染时，水中溶解氧就会下降，当溶解氧下降至 1mg/L 时，大部分鱼类会窒息而死。

3. 大气中的二氧化碳与生物

二氧化碳是绿色植物进行光合作用的原料，并对维持地球表面温度的相对稳定有着极为重要的意义。地球环境中的二氧化碳来源于生物的呼吸作用，死亡有机物的分解，以及人类对煤、石油和天然气等矿石燃料的燃烧。地球上的生物和环境之间不断进行着二氧化碳交换。

工业革命以前，大气中二氧化碳的平均含量为0.028%（280ppm）。目前空气中二氧化碳的含量平均约为0.036%（360ppm），并且有不断上升的趋势。2019年5月，地球大气中二氧化碳浓度再创新高，达到415ppm（即0.0415%），为1400万年以来的最大值，这引起了社会各界的广泛关注。

大气中二氧化碳浓度也不宜过低，当其低于150ppm时，植物光合作用就会停止，全世界的植物都会死亡。没有了植物，动物和人类也会随之消亡。根据科学家预测，这大约发生在10亿年以后。一些微生物可以在百万分之几（即几ppm）的二氧化碳浓度下继续进行光合作用。因此，地球最后的生命将以微生物的形式活到40亿年以后，直至太阳变成红巨星将地球吞没。

植物光合作用对二氧化碳的需要和对光的需要一样，也有一个补偿点和饱和点。在一定条件下，植物净光合率等于零时的二氧化碳浓度为二氧化碳补偿点；而随着二氧化碳浓度的增加而加快，植物的净光合率不再增加时的二氧化碳浓度即为二氧化碳饱和点。不同植物二氧化碳的补偿点和饱和点不同，在实验条件下，二氧化碳浓度增大5~8倍时，光合强度达到最高峰。欧洲山毛榉、云杉、赤松等由于二氧化碳浓度过大，迫使气孔关闭，光合强度开始下降，但银杏光合强度仍较高。与饱和点相比，大气中的二氧化碳浓度很低，因此大气中二氧化碳浓度是限制植物生产力的因素之一，在生产上可通过二氧化碳施肥来提高植物的生产力，如用干冰、工业废气、废液和液化石油燃烧等来增加二氧化碳浓度。

由于空气中二氧化碳含量和变化都较小，一般对动物直接影响不大，但通过上述植物的变化会间接影响动物的食物量和质量，进而影响动物的生长发育。

（五）土壤因子与生物

前述光、温度、水分和空气等是生物生长发育的环境因子。在土壤中同时存在这些因子，因此土壤是一个复合环境因子，即由土壤水分、土壤养分、土壤空气及温度等单项环境因子组合形成。土壤和以土壤为基质的动植物种群紧密联系在一起，构成一个有机的整体，具备一个完整的生态系统的特征，因此又称为土壤生态系统。

1. 土壤因子的生态作用

土壤是陆地生态系统的重要组成部分，是陆生生物生活的基质，为动物提供居住和活动场所，对植物的生长起到固定作用。土壤中生活着种类丰富的各类生物，包括细菌、真菌、放线菌等微生物，藻类及其他各类植物，以及原生动物、轮虫、线虫、环虫、软体动物和节肢动物等动物。土壤结构有利于水分和热量的保蓄，因而湿度较大、冬季温度较高，成为众多动物避热、冷、风、蒸发、阳光和干燥，以及躲避天敌的场所。植物根系深入土壤中，借助于土体的特殊结构，对植物地上部分起着固定支撑作用而又不伤害根茎表皮。土壤中硕大的石块或岩石可以进一步加强对植株地上部分的稳定，如石质山地中的树木，其根系可包绕岩石扎到岩隙 20m 甚至更深处，抗风能力强。与之相比，深层土壤中生长的林木在发生土壤积水时，其比生长在浅层石质土中的林木更易遭风倒。

自然状态下，土壤水分和空气的比重经常变动，最适宜植物生长的土壤其土壤水分和空气条件是它们各占一半。土壤具有极其丰富的孔隙，能够吸收和储存大量水分，以保证植物生长所需。当土壤恶化或本身发育不够而结构不完善时，如粗糙的砾质土，其保水能力差，则植被无法生长或只有稀疏的耐旱植物出现。相反，土壤水分过多，土壤孔隙中空气则不足，会造成根系缺氧，对植物生长也不利。

由于土壤的特殊结构，它也是生物营养物质直接或间接的重要来源。植物所需要的氮、磷等营养物质，甚至某些动物需要的钙盐等，都主要来自土壤。土壤的理化性质直接影响陆生生物的结构、生存、繁殖和分布。土壤肥力用以表征土壤中水、肥、气、热能够及时满足生物的能力大小，是植物初级生产力的决定因素之一。土壤质地和结构是土壤最重要的物理性质。土壤质地指土壤中石砾、沙、粉沙、黏粒等矿质颗粒的相对含量。质地越细，表面积越大，保持养分就越多，潜在肥力也高。土壤结构则是指土壤颗粒的排列状况，通常用团粒状、柱状、块状等术语及其含量来进行表征。团粒结构能使土壤水分、空气和养分关系协调，可改善土壤理化性质，是土壤肥力的基础，因此是最好的土壤结构形态。土壤化学成分影响植物的生长和种类，进而间接影响动物营养。例如，土壤含钠量低，则植物体可能会出现缺钠现象，以此类植物为食的动物也会出现缺钠症状，因此会发现这些动物以舔食矿渣的办法弥补钠的不足。土壤的酸碱反应，即 pH 值，影响土壤的理化性质和微生物活动，进而影响土壤肥力和植物生长。在酸性较强的土壤中，许多养分被雨水淋失；pH 值小于 6 时，固氮菌的活性降低；pH 值大于 8 时，硝化作用受抑制，使有效氮含量减少。

2. 生物对土壤因子的适应

不同种类的生物对特定的土壤类型有着不同的需求和适应性，形成多种植物—土壤生态类型。例如，根据土壤酸碱性与适宜植物种类间的关系，可将植物分为酸性土植物（pH 值 < 6.5）、中性土植物（pH 值为 6.5~7.5）和碱性土植物（pH 值 > 7.5）3 种生态类型。根据土壤矿质盐类含量与植物的对应性，植物又可分为钙质土植物和嫌钙植物。此外，有沙生植物、盐生植物等生态类型的划分。

大部分植物适合在中性土壤中生长，如油松适生于微酸性及中性土壤，若 pH 值大于 7.5，则生长不良。常见的酸性土植物有马尾松、茶树、咖啡、映山红、铁芒萁、狗脊等，碱性土植物有紫槐、梭梭树、胡杨等。能适应 pH 值为 3.7~4.5 的大多数是针叶树，能适应 pH 值为 4.5~6.9 的是大多数落叶树，pH 值大于 8.5 条件下多数树种难以生长。

在我国内陆干旱和半干旱地区，地面排水不畅或地下水位高的地区，由于盐分随土壤水分蒸发而上升，广泛分布着盐碱化土壤。在滨海地区，由于受海水浸侵，盐分上升到土表而形成次生盐碱化。盐碱地的理化性质不良，对植物生长不利，一般植物都不能在盐碱土上生长。盐碱土植物分为盐土植物和碱（性）土植物。盐土植物又分为内陆和海滨 2 类。内陆盐土植物为旱生，如盐角草、獐茅等。海滨盐土植物为湿生，如盐蓬、后藤、秋茄、木榄、桐树花、白骨壤等红树植物。

动物对土壤也有一定的要求和适应。一般在富含腐殖质、呈弱碱性或中性反应的土壤中，土壤动物的种类和数量都比较多。但嗜酸动物，如叩头虫可忍受 pH 值为 2.7 的酸性环境；嗜碱动物，如麦红吸浆虫则在 pH 值 >7 的土壤中活动。

3. 生物对土壤因子的影响

土壤是生物重要的环境因子，但从另外一个角度看，土壤本身也是生物活动的产物。从形成和发展上看，土壤是气候、生物、人类活动综合作用的结果，生物的作用不可缺少，没有生物就没有土壤。

根据成土因素学说的基本观点，土壤是一种独立的自然体，它是在各种成土因素非常复杂的相互作用下形成的。各种成土因素具有同等重要性和相互不可替代性，其中生物起着主导作用。土壤是一定时期内，在一定的气候和地形条件下，活有机体作用于成土母质而形成的。

由地壳表面岩石风化形成土壤母质，其中矿质胶粒对释放出的矿质营养元素有一定的吸收和保持作用，但这些元素很容易被雨水淋失。土壤母质在有植物开始生长时，才开始从母质转变为土壤。

动物、植物和微生物残体不断增加了土壤中的有机物质，从而大大增强土壤的透水、通气、保水、保肥能力。根系在死亡后，增加了土壤下层的有机物质、阳离子交换量，并促进土壤结构的形成。根系的腐烂会留下许多孔道，改善了通气性，有利于水分下渗。植物的根系具有机械穿插作用，加之土壤中各种动物（如蚯蚓）的活动，促进了土壤结构的改善发育。植物根系分泌物，以及通过根系对根部周围的微生物区系和组成的调节，均能促进矿物及岩石的风化。

深层土壤的养分通过绿色植物吸收、转化和循环过程，在植物体死亡分解后，集中于土壤上层。植被对土壤的覆盖可保护土壤免遭水和风等外营力的侵蚀。土壤中的可利用氮，主要来源于生物固氮作用。

植物及其与根系微生物共同作用，可以对进入土壤中的某些污染物进行生物降解、吸收、转化和迁移，通过对植物体的收获，从而对土壤污染物进行彻底清除，改善污染土壤的环境质量。

五、生态因子作用特征及一般规律

（一）生态因子作用特征

1. 生态因子的综合作用

环境中各种因子不是孤立存在的，而是彼此联系、互相促进、互相制约的。各生态因子不是单独起作用的，而是各个生态因子联合起来共同对生物起作用。一个生态因子无论其对生物多么重要，只有在其他因子配合下才能发挥出来，如光照对植物的生长发育十分重要，但只有在水分、温度、养分及空气等因子的配合下才能对生物起作用，如果缺少任何一个因子，即使光照再适宜，植物也不能正常生长发育。又如，森林土壤中含有丰富的营养物质，但若没有适宜的水分和其他因子的配合，这些营养物质就很难被林木吸收利用。因此，在进行生态因子分析时，不能只片面地注意到某一生态因子，而忽略其他因子的共同作用。

同时，任何一个单因子的变化，都将引起其他因子不同程度的变化及其反作

117

用，如植物光合作用强度的变化会引起大气成分和土壤温度和湿度的改变。环境因子所发生的作用虽然有直接和间接作用、主要和次要作用、重要和不重要作用之分，但这种划分在一定条件下可以互相转化。这是由于生物对某一个极限因子的耐受限度，会因其他因子的改变而改变，所以环境因子对生物的作用不是单一的而是综合的。

2. 主导因子作用

在一定条件下，诸多生态因子中往往会有 1 个或 2 个因子对生物起决定性作用，被称为主导因子。主导因子发生变化时会引起其他因子或生物的生长发育发生明显变化。例如，植物进行光合作用过程中，光照是主导因子，温度和 CO_2 是次要因子；植物处于春化阶段时，低温为主导因子，湿度和通气条件是次要因子。又如，对于水生植物、中生植物和旱生植物而言，主导因子则为水因子。主导因子的研究在生态环境问题分析和环境（或生态）影响评价中有着重要意义。

3. 直接作用和间接作用

区分环境因子的直接作用和间接作用，对正确认识生物的生长、发育、繁殖和分布很有意义。环境中的地形因子，其起伏、坡向、坡度、海拔高度及经纬度等对生物的作用不是直接的，而是通过影响光照、温度、降水、食物等对生物生长、分布等起作用。迎风坡和背风坡通过降水不同而影响植物，山体不同的海拔高度通过影响温度而决定着植物的分布。对生物因子而言，寄生、共生关系是直接作用，如菟丝子、桑寄生、槲寄生等都是寄生植物，它们对寄主植物的作用属于直接作用。植物群落结构变化对大型捕食者种群动态的影响多是间接作用。

4. 阶段性作用

生物在生长发育的不同阶段对生态因子的需求是不同的，换言之，同一生态因子对生物的作用具有阶段性特点。例如，低温是冬小麦春化阶段需要的重要条件，否则它们就会一直保持无限的营养生长状态或很晚才能开花，但低温对小麦其他生长阶段则是有害的。再如，淡水和海水条件在大马哈鱼和鳗鲡的生活史的不同阶段的作用大不相同。大马哈鱼主要生活阶段都在海洋中，但其生殖季节要洄游到淡水河流中产卵，而鳗鲡则是在淡水中生活，但要在海洋中进行生殖。

5. 不可代替性和补偿作用

环境中各种生态因子的存在都有其必要性，尤其是作为主导作用的因子，如果缺少便会影响生物的正常生长发育，甚至使生物发生疾病或死亡。从这个角度说，生态因子具有不可代替性。但在许多条件下，多个生态因子在综合作用过程中，某一因子在量上的不足，可以由其他因子来补偿，并且同样可以获得相似的生态效应。比如，植物在光合作用过程中，如果光照不足，可以增加二氧化碳的量来补足；软体动物在钙不足而锶丰富的地方，能利用锶来补偿壳中钙的不足。生态因子相互间的补偿作用，只在一定范围内做部分补偿，而不能以一个因子代替另一个因子，且因子之间的补偿作用也不是经常存在的。比如，种子萌发过程中水分和温度这 2 个生态因子间是缺一不可、不可代替的。

（二）生态因子作用的一般规律

1. Liebig 最小因子定律

该定律是在 180 多年前的德国农业化学家李比希（Baron Justus von Liebig；也译为利比希）首次提出的，他是研究各种因子对植物生长影响的先驱。1840年，他在其所著的《无机化学及其在农业和生理学中的应用》一书中，分析了土壤与植物生长的关系，认为每一种植物都需要一定种类和一定数量的营养元素，如果环境中缺乏其中的一种，植物就会发育不良，甚至死亡。如果这种营养物质处于最少量状态，植物的生长量就最少。据此，他首次提出了"植物的生长取决于那些处于最少量状态的营养元素"，即低于某种生物需要的最少量的任何特定因子，是决定该种生物生存和分布的根本因素。后人将此称为利比希最小因子定律。

例如，当土壤中的氮可维持 250kg 产量，钾可维持 350kg 产量，磷可维持 500kg 产量，则实际产量只有 250kg。当多施 1 倍的氮时，产量将停留在 350kg 而非 500kg，因这时的产量为钾（此时钾为最小因子）所限制。

后来进一步的研究表明，利比希所提出的理论也同样适用于其他生物种类或生态因子。为了使这一定律在实践中得以运用，奥德姆（E. P. Odum）等学者对它进行 2 点补充。

（1）该法则只适用于稳定状态下，也就是说，如果在一个生态系统中，物质和能量的输入和输出不是处于平衡状态，那么植物对于各种营养物质的需要量就会不断变化，在这种情况下，该法则就不能应用。例如，人为活动使污水流入水体中，由于富营养化作用造成水体的不稳定状态，出现严重的波动，即藻类大量繁殖，然后死亡，再大量繁殖。在波动期间，磷、氮、二氧化碳和许多其他成分可以迅速互相取代而成为限制因子。要解除限制，根本措施是要控制污染，减少有机物的输入，促进植物生长。

（2）应用该法则时，必须要考虑各种因子之间的相互关系。当一个特定因子处于最小量时，其他处于高浓度或过量状态的物质可能起着补偿作用。例如，当海洋环境中缺乏钙但有丰富的锶时，软体动物就会部分地用锶来补偿钙的不足。

利比希最小因子定律对土壤肥料科学的发展有着重要的指导作用。利比希在研究时注意到，农民生产的农产品被大量销往城市，这实际上是把农产品在形成时从土壤中吸收的养分运走了，而以施肥形式归还给土壤，只剩秸秆、秕糠所含的物质。因此，土壤所支出的物质没有完全得到补充。他发现，植物中磷的大部分存在于籽实中，秸秆里则很少。由于籽实被大量输往城市，所以土壤最先出现的是磷的衰竭。他认为，农田里普遍缺磷，磷成了最小因子，应当注意施用磷肥，以使磷的输入与输出保持平衡，维持农田的正常生产力。他在当时提出了"归还学说"，对当时的西欧农业起到了划时代的推动作用，使磷肥工业很快发展起来，在短短 20 年中西欧的小麦产量增长了 1 倍。

2. Shelford 耐受性定律

利比希定律指出了因子低于最小量时成为影响生物生存的因子。实际上，当因子过量时，同样也会影响生物生存。针对这种现象，1913 年，美国生态学家谢尔福德（V. Shelford）提出了耐受性定律，它的内容是：任何一个生态因子在数量上或质量上的不足或过多，即当其接近或达到某种生物的耐受限度时，就会影响该种生物的生存和分布。生物不仅受生态因子最低量的限制，而且也受生态因子最高量的限制。这就是说，生物对每一种生态因子都有其耐受的上限和下限，上下限之间就是生物对这种生态因子的耐受范围，称生态幅。

在耐受范围中包含着一个最适区，在最适区内，该物种具有最佳的生理或繁殖状态，当接近或达到该种生物的耐受性限度时，就会使该生物衰退或不能生存。耐受性定律可以形象地用一个钟形耐受曲线来表示。

一般来讲，生物对环境的耐受性有以下几种情况。

（1）生物种间差异：不同物种生物对各种生态因子的耐受范围不一样。可耐受很广温度范围的生物，称为广温性生物；只能耐受很窄的温度范围，称为狭温性生物。例如，鲤鱼对温度的耐受范围是 0~12℃，最适温度为 4℃；豹蛙对温度的耐受范围是 0~30℃，最适温度为 22℃；斑鳟的耐受范围是 10~40℃，而南极鳕所能耐受的温度范围最窄，只有 $-2 \sim 2 ℃$。对其他的生态因子也是一样，有所谓的广湿性、狭湿性、广盐性、狭盐性等。

（2）种内差异：同一种生物对不同生态因子的耐受范围存在着差异，生物可能对一种因子的耐受范围很广，而对另一种因子耐受范围很窄。对所有因子耐受范围很广的生物，分布也较广。

（3）生态因子间的相关性：当一种生物的某个生态因子不是处于最适状态时，另一些生态因子的耐受限度将下降。例如，当土壤含氮下降时，植物的抗旱能力就下降。

（4）阶段性：生物在不同生长发育时期对生态因子的耐受范围也是不同的。一般地，生物在繁殖期对各生态因子要求比较严格，因此耐受范围较窄；而在休眠期抗性较强，对各生态因子的耐受范围则较宽广。同时，生物对环境的适应和耐受并不完全是被动的，进化使生物适应环境并影响着环境。

3. 限制因子定律

根据最小因子定律和耐受性定律的观点，学者们提出了限制因子的概念：当环境中的某个（或相近几个）生态因子接近或超过某种生物的耐受极限而阻止其生存、生长、繁殖、扩散或分布时，那么该因子就称为限制因子。

光、水、温度、养分等都可能成为限制因子，如黄化植物是因为光照不足造成的，这时光是限制因子；因干旱植物生长不良，水是限制因子；极地和山地雪线以上没有高等植物分布，主要是受温度的限制。在生物的生长发育过程中，限制因子不是固定不变的，如在植物幼苗时期，杂草竞争可能成为限制因子；在生长旺期，水肥状况可能成为限制因子。在研究某个特定环境时，要集中考察那些可能接近临界或者"限制性的"因子，然后可以采取适当措施消除，如水分缺乏，可通过灌溉解除；杂草竞争可通过除草解除。

在植物光合作用过程中，光似乎是植物进行光合作用的主要因素，但如果没有水、二氧化碳和一定的温度，碳水化合物不能合成；反之，只有水、二氧化碳和一定的温度而没有光，植物也不能进行光合作用，所以植物光合作用中的几个因子在不同情况下，任何一个因子都可以成为限制因子。

1905 年，英国著名的植物生理学家勃拉克曼（Blackman）在研究环境因子对植物光合作用的影响时提出限制因子定律，指限制因子决定生物生理过程的速度或强度的定律。温度对植物光合作用的影响，只有在充足的光照强度、充足的水分和充足的二氧化碳浓度情况下，才会最明显地表现出来。而在自然条件下，很少能够保证充足的二氧化碳浓度，因此温度的影响就不能够明显地表现出来。现代许多工业化农业生产采取对作物施加二氧化碳肥的方法，以提高作物的产量。

第3节　生物与生物间相互作用关系

生物与生物之间的相互作用关系包括同种生物个体之间的关系和不同种生物个体之间的关系，即种内关系和种间关系。

一、种内关系

生物的种内关系包括密度效应、动植物性行为（动物的婚配行为和植物的性别系统）、他感作用、集群、领域性和社会等级等。

（一）密度效应

所谓密度效应，是指在一定时间内，当种群的个体数目增加时，所产生的相邻个体间的相互影响关系。影响种群出生率、死亡率和迁入迁出的生物因子和非生物因子，都会对种群密度起着调节作用。因此，根据影响因素的种类，可将其作用类型划分为密度制约和非密度制约。密度制约因素包括生物种间的捕食、寄生、食物、竞争等关系（种内也存在竞争关系）；而非密度制约因素则包括空气成分、气候因素等一些随机性因素。植物种群内个体间的竞争，主要表现为个体间的密度效应，一般具有 2 个基本规律。

1. 最终产量恒值法则

唐纳德（Donald）于 1951 年在对三叶草的密度与产量的关系研究发现，某一特定范围内，当所有条件相同时，种群的最终产量几乎是恒定不变的，与该种群的密度无关。注意，这里所指范围即种群初始播种密度不能太低，即存在一个阈值。唐纳德在 1951 年的实验中发现，从开花后的三叶草生物量来看，这个阈值为 2.5×10^3 个 /m²，也就是说，在播种密度未超过此密度时，开花之前的三叶草在不同发育阶段的产量是随播种密度变大而同向增加的。最终产量恒值法则可以用下式表示。

$$Y = W \times d = K \qquad\qquad (4\text{-}1)$$

式（4-1）中：Y 为单位面积产量，单位为 g/m²；W 为植物个体平均质量，单位为 g/ 株；d 为密度，单位为株 /m²；K 为常数。

出现这一现象的原因是：在种群密度较大的情况下，有限的资源（包括水分、光照、空间、营养物等资源）导致植物的生长能力受到抑制，个体相对变小，质量减轻，个别植株甚至死亡。

2. -3/2 自疏法则

随着植物播种密度的提高，种内对各种资源的竞争不仅影响了个体的生长发育速度，也影响了个体的存活状态及种群的存活率。在高密度的样方中，会出现一些个体死亡，种群密度下降。同样地，在年龄相同的固着性动物种群中，个体不能逃避，竞争结果使只有个体较大的少量个体存活了下来，这个过程叫作"自疏"。

1963 年日本学者尤达（Yoda）等人发现自疏过程中存活个体的平均干重（W）与种群密度（d）之间存在以下的关系。

$$W = C \times d^a \qquad\qquad (4\text{-}2)$$

取对数后得：
$$\lg W = \lg C + a \lg d \qquad\qquad (4\text{-}3)$$

式（4-2）和式（4-3）中，W 为存活个体的平均株干重，单位为 g；d 为密度，单位为株 /m²；C 为常数。

1981 年英国学者哈珀（Harper）等人在对黑麦草的大量研究中发现，上式中的 a 为一个恒定的常数 -3/2。自此，自疏过程中存活个体的平均株干重（W）与种群密度（d）之间的关系被称为 -3/2 自疏法则。20 世纪 80 年代开始怀特（White）等学者对 80 多种植物的自疏现象进行了定量观测，结果发现包括藓类植物、草本植物和木本植物等都具有 -3/2 自疏现象。吴冬秀等人于 2002 年以春小麦为材料，证明了 -3/2 自疏法则对春小麦作物种群的适用性。

（二）动植物性行为

种群中的个体不是机械地集合在一起，而是彼此可以交配，并通过繁殖将各自的基因传给可育后代。种群个体间的性行为可从繁殖方式、亲代投资与性比、性选择和婚配制度等方面加以认识。

1. 无性繁殖与有性繁殖

无性繁殖是指无配子融合的繁殖（同性繁殖、单性繁殖）或直接由母体的体细胞直接形成新个体，即无性生殖包括体细胞繁殖和无融合的配子繁殖方式。无性繁殖在植物界普遍存在，在动物界仅见于低等无脊椎动物（如黑鳍鲨、科莫多龙、沙原鞭尾蜥、瘿蜂、海葵、草履虫、水螅、水母、蚜虫、绦虫等）。无性繁殖有分裂繁殖、出芽繁殖、孢子繁殖、营养体繁殖等多种形式。有性繁殖涉及生殖细胞，指由配子经过受精（即配子融合）过程而产生新个体，即必须经过两性生殖细胞融合过程才能产生新个体的叫有性繁殖。

无性繁殖相较于有性繁殖，在进化选择上的突出优越性表现如下。

（1）可迅速增殖，占领暂时性新栖息地。

（2）母体所产后代带有母本的整个基因组，因此给下代复制的基因组是有性繁殖的2倍。相反，有性繁殖若要在进化选择上处于有利地位，必须使之所获得利益超过其所偿付的减数分裂价、基因重组价和交配价。

一般认为，有性繁殖是对生存在多变和易遭不测环境中的一种适应性。因为有性繁殖混合或重组了来自双亲的基因组，产生易于遗传变异的配子及后代，使受自然选择作用的种群的遗传变异保持高水平，种群在不良环境下至少能保证少数个体生存下来，并获得繁殖后代的机会。蚜虫的生活周期复杂，包括无性繁殖和有性繁殖。长镰管蚜在其生活周期的春夏季为无配子融合的孤雌生殖期，即只生产活的雌性后代。这种生殖模式对应了春夏季食物（铃木树汁）的供应丰富和增长时期。相反，当秋季食物供应减少，气候条件变坏时，蚜虫进入配子融合的有性繁殖期，重组其基因组和产卵，这在理论上可以使创立者的雌性后代在冬季的存活机遇最高，并为以后世代做出贡献。类似地，在湖泊的营养物含量很低时，水生蓝绿藻采用融合生殖模式，产出囊胞，沉到池塘或湖泊底部休眠，直到触发其生长的时期到来。蜜蜂、轮虫、水蚤、扁形动物门绦虫纲圆叶类绦虫等动物，以及较多的植物，在生活史中也存在无融合生理。无融合方式会阻碍基因的重组与分离，这在植物育种中有着重要应用价值。对于单倍体无融合生殖，通过人工或自然加倍染色体，可以短期内得到遗传上稳定的纯合二倍体，缩短育种时间。对于二倍体无融合生理，可利用它的固定杂种优势提高育种效率。

在配子融合过程中，两性细胞的结合有自体受精和异体受精2种方式。自体受精指雌雄配子由同一个体（即雌雄同体）产生。自然界动物多数是雌雄异体，较少有雌雄同体；后者所见物种包括大西洋扁贝、藤壶、棉垫蚧虫、蚯蚓、欧洲扁蛎、陆地蜗牛、肝蛭、寄生蜂、海鲈、海兔、海鞘、船蛆、匙蛆、澳大利亚扁虫、蛞蝓、黄鳝等，以及极个别人体。植物的性别系统中雌雄同体普遍存在，包括雌雄同花和雌雄同株；植物中雌雄异体相当稀少，大约只占有花植物的 5%，多出现在热带具肉质果实的多年生植物（如银杏等）。一般认为，雌雄异株和异体受精能减少同系交配的概率，具有异型杂交的优势，同时也是回避性间竞争的对策，增加了两性利用不同资源的能力。

异体受精并非一定来自雌雄异体，雌雄同体的并不一定都自体受精，如某些植物像报春花虽然是自我兼容的，但主要营异体受精。自我兼容可以视为是防止缺少异体受精的一种保险措施。某些植物有花，但从不开（是闭花受精），只营自体受精而生殖。自体受精和雌雄同体对于生活在密度很低和配偶相遇很少的边缘生境里的生物可能是有利的，如植物那样营固着生活的生物，没有能力去主动寻找配偶，能生产雌雄两性配子和具有自体受精潜力显然是有好处的。

其他生态因子也会影响一个物种是采取一种还是多种受精策略。比如，堇菜对日照长度变化做出反应，在春季会结出可让昆虫授粉的花，而在夏季结不开的、闭花受精的花。一种白唇的陆生蜗牛，多数情况下营异体受精，只在被隔离数月以后才自体受精，然后产生后代，而这些后代比通过异体受精而产生的后代适应性弱。

2. 亲代投资与性比变动

亲代投资是指花费于生产后代和抚育后代的能量和资源。费希尔（Fisher）性比理论认为，大多数生物种群的性比倾向于 1∶1。由此我们可以预期，任何性比上的偏离都会被进化所纠正。例如，如果一种性别的个体对母体要求的花费比另一性别更高，那么雌雄两性的相等投入将导致便宜的性别有更多的后代数。例如，一种独居的条蜂，其雌蜂比雄蜂重 58%。如果母蜂对雌雄后裔的投入相等，即雌雄后代各自总质量相等，则可预期从卵孵化出的雄性数将高出 58%，换言之，其性比是 1.58∶1，与实际观察到的性比 1.63∶1 非常接近。另一个例子是哺乳类动物出生时的性比一般为雄性偏高，与之相匹配的是雄性幼体死亡率高于雌性。例如，加拿大驼鹿的胚胎性比是 1.13∶1，略为偏雄，但成体时种群的性比明显偏雌。表明，出生时资源分配偏雄，并不意味着雄性必然获得更多的资源。雄性死亡率提高，降低了雄性在出生后所获得母体投入的机会，如乳汁和保护，因而减少了母体对雄仔的平均投入水平。

3. 性选择

雌雄个体不仅在生殖器官结构上有区别，而且常常在行为、大小和许多形态特征上有差异。例如，孔雀的尾、雄翠鸟的鸣啭和雄鹿的叉角等许多次生性征，都是性选择的产物。这些性状是显示对异性的魅力，是在异性选择配偶过程中作为一种有效的性状发展起来的。

性选择是由于配偶竞争中生殖成效区别所引起的。在两性间对于后代投入的差别越大，为接近高投入性别者（一般是雌性），低投入性别者（一般是雄性）之间的竞争也就越激烈；高投入性别者更加挑剔，必然可从低投入性别者那里获得更好的出价。简言之，雄性应该有进攻性，雌性应该有挑剔性。

性选择可能通过 2 条途径而产生，即通过同性成员间的配偶竞争（性内选择），或者通过偏爱异性的某个独特特征（性间选择），或者 2 条途径兼而有之。性内选择可以解释打斗武器的发生，如雄性哺乳动物的鹿角、洞角、獠牙、大犬齿。性间选择对极乐鸟、孔雀等雄鸟的明显无用的身体构件，如奢侈的尾和头羽等提供了解释。雌体对于这类特征的喜好又是怎样产生的呢？让步赛理论认为，拥有质量好的大尾（或其他奢侈的特征），表明拥有者必须有好的基因，而弱个体不可能忍受这种能量消耗，也加大了奢侈特征者被捕食的敏感性。

4. 婚配制度

婚配制度是指种群内婚配的种种类型，包括配偶的数目、配偶持续时间和对后代的抚育等。

按配偶数可分为单配制和多配制，后者又分一雄多雌制和一雌多雄制。

单配制是一雄与一雌结成配偶对，或者只在生殖季节，或者保持到有一个死亡。单配制在鸟类中很常见，如天鹅、丹顶鹤等，有 90% 的种是单配制。但哺乳类中单配制的不多，狐、鼬与河狸属此类。

美国生态学家威尔逊（Wilson）根据雌雄两性在婚配中这种投入不平衡性提出，高等动物最常见的婚配制度是一雄多雌制，而一雄一雌的单配制则是由原始的一雄多雌的多配制进化而来的。一雄多雌制出现在一个雄体与数个或许多雌体交配时，如海狗营集群生活，繁殖期雄兽先到达繁殖地，并争夺和保护领域，雌兽到达较晚。一只雄兽独占雌兽少则 3 只，多则 40 只以上。一雌多雄，即由一个雌体为中心与多个雄体形成的交配群体，在任何动物类群中都不多见。典型的例子有铜翅水雉，其雌鸟可与若干只雄鸟交配，在不同地方产卵。雌鸟比雄鸟大，更具进攻性，可协助雄鸟保护领域。雄鸟负担孵窝和育雏工作，而雌鸟对卵和幼雏则很少照料。雌性个体具有多次产卵能力，是一种对捕食者掠夺其卵和幼雏的适应。

决定动物婚配制度的主要生态因素可能是资源的分布，主要是食物和营巢地在空间和时间上的分布情况。如果有一种鸟占据一片具有高质食物（如昆虫）资源并分布均匀的栖息地，雄鸟在栖息地中各有其良好领域，那么雌鸟寻找没有配偶的雄鸟结成伴侣显然比找已有配偶的雄鸟有利。也就是说，选择有利于形成单配制。如果雄鸟也参加抚育，单配制将比一雄多雌制有利。如果资源分布不均匀，占据较多资源的雄性就可能占有更多雌性，或当一个雌体能依靠自身养育后代，雄体就能与其他雌体交配以改善配对成效。在极其严酷的环境下，可能抚育后代的要求比双亲所能给予的更多，在此情况下，一雌多雄制可能是最有效的对策，如出现在亚北极冻原的鸽科鸟。相反，在生产力很高的芦苇床内生活的芦苇莺是一雄多雌的。

（三）他感作用

他感作用是学者莫利施（Molisch）于 1937 年提出的概念，是指一种植物通过向体外分泌代谢过程中的化学物质，对其他植物产生直接或间接的影响。这种作用是种间关系的一部分，种内关系也有此现象。

20 世纪 40 年代以来，人们在植物他感作用的试验验证、克生物质的提取、分离和鉴定方面做了许多工作。博德（Bode）于 1940 年发现蒿叶的分泌物对毗邻植物具有明显的抑制作用，具有决定意义的成分主要是苦艾精（通式为 $C_{25}H_{20}O_4$），一种芳香族的酸。经鉴定，香桃木属、桉树属和臭椿属的叶均有分泌物，其成分主要是酚类物质，如对羟基苯甲酸、香草酸和阿魏酸等，它们对亚麻的生长具有明显的抑制作用。菊科植物沙漠毒菊是一种生长于美国加州南部半荒漠的多年生灌木，其叶分泌的一种苯甲醛物质对相邻的番茄、胡椒和玉米的生长有强烈的抑制作用。德国学者格拉默（Grammer）于 1955 年用"他感作用"的标题出版了专著，书中涉及高等植物之间、高等植物与微生物之间、微生物和微生物之间及浮游动物之间的他感作用。他感作用的物质包括乙烯、香精油、酚及其衍生物、不饱和内酯、生物碱等。

他感作用的生态学意义如下。

（1）使一些农作物不宜连作。

植物他感作用的研究在农林业生产和管理上具有极重要的意义。

在农业上，有些农作物必须与其他作物轮作，不宜连作，连作则影响作物长势，降低产量，这种现象被称为歇地现象。例如，早稻就是不宜连作的农作物，它的根系分泌的对羟基肉桂酸，对早稻的幼苗起强烈的抑制作用，连作时则长势不好，产量降低。红三叶草是繁殖力很强的牧草植物，常形成较纯的群落，排挤其他的杂草植物。红三叶草含有多种异黄酮类物质，这些异黄酮类物质及其在土壤中被微生物分解而成的衍生物对其他植物的发芽起抑制作用，因而不宜连作，应对方法为保持轮歇地。

（2）影响植物群落中的种类组成。

他感作用是造成种类成为对群落的选择性和某种植物的出现的另一种消退的主要原因。博德（Bode）于1958年阐明了黑核桃树下几乎没有草本植物的原因。他认为，该树种的树皮和果实含有氢化核桃酮（1，4，5–三羟基萘），当这种物质被雨水冲洗到土中，即被氧化成核桃酮，并抑制其他植物的生长。银胶菊原产于墨西哥，是一种产橡胶的草本植物，它群生时，不但本身不好，而且对周围植物产生很大的影响，这是因为银胶菊植物根系分泌出反肉桂酸，抑制自身及其他植物生长。

（3）是影响植物群落演替的重要因素之一。

布思（Booth）于1941年把北美草原地区荒弃地的植被演替划分为4个阶段：①野向日葵和蒿类构成的杂草阶段，持续2~3天；②三芒草占优势的一年生禾草阶段，持续9~13天，须芒草占优势的多年生丛生禾草阶段，持续很长时间；③恢复到顶极群落——普列利草原。他推测第一阶段的杂草产生了抑制物质，抑制其他植物及其自身的生长，从而被第二阶段的一年生禾草所替代。对这些植物分泌物的研究结果表明，野向日葵的根分泌出绿原酸和异绿原酸，而叶子则分泌出莨菪亭和 α–萘酸，抑制了其他植物和自身的生长。因此，杂草阶段持续时间不长，很快为那些不受野向日葵分泌物质影响的一年生禾草所代替，形成一年生禾草阶段。另外还发现第一阶段和第二阶段某些植物分泌出的酚类物质，抑制了土壤中的硝化细菌和固氮菌的发育，使土壤中氮素的积累非常缓慢。因此，对土壤中氮素要求高的第三阶段丛生禾草须芒草不易侵入，结果一年生禾草阶段持续很长时间之后，才进入第三阶段。

（四）集群

同一种生物的不同个体，或多或少都会在一定的时期内生活在一起，从而保证种群的生存和正常繁殖，即集群现象，是一种重要的适应性特征。根据集群持续时间的长短，可以把集群分为临时性和永久性 2 种类型。

永久性集群存在于社会动物中。所谓社会动物是指具有分工协作等社会性特征的集群动物，主要包括一些昆虫（如蜜蜂、蚂蚁、白蚁等）和高等动物（如包括人类在内的灵长类等）。社会昆虫分工专门化，不同个体具有不同的形态。例如，在蚂蚁社会中，有大量的工蚁、兵蚁和一只蚁后，工蚁专门负责采集食物、养育后代和修建巢穴；兵蚁专门负责保卫工作，具有强大的口器；蚁后则成为专门产卵的生殖机器，具有膨大的生殖腺和特异的性行为，采食和保卫等机能则完全退化。大多数的集群属于临时性集群，临时性集群现象在自然界中更为普遍，如迁徙性集群、繁殖集群等季节性集群以及取食、栖息等临时性集群。

生物产生集群的原因复杂多样，包括以下 5 个方面。

（1）对栖息地的食物、光照、温度、水等生态因子的共同需要，如潮湿的生境使一些蜗牛在一起聚集成群；一只死鹿，作为食物和隐蔽地，招揽来许多食腐动物而形成群体。

（2）对昼夜天气或季节气候的共同反应。例如，过夜、迁徙、冬眠等群体。

（3）繁殖的结果。由于亲代对某环境有共同的反应，将后代（卵或仔）产于同一环境，后代由此一起形成群体，如鳗鲡，产卵于同一海区，幼仔一起聚为洄游性集群，从海区游回江河，家族式的集群也是由类似原因引起的。

（4）被动运送的结果。例如，强风、急流可以把一些蚊子、小鱼运送到某一风速或流速较为缓慢的地方，形成群体。

（5）由于个体之间社会吸引力相互吸引的结果，集群生活的动物，尤其是永久性集群动物，通常具有一种强烈的集群欲望，这种欲望正是由于个体之间的相互吸引力所引起的。当一只离群的鸽子，遇到一群素不相识的鸽子时，毫无疑问，这只离群的鸽子将很快地加入素不相识的鸽子群中。

群体生活具有许多方面的生态学意义。同一种动物在一起生活所产生的有利作用，称为集群效应。

集群的生态学意义主要有以下 5 个方面。

（1）集群有利于提高捕食效率。

许多动物以群体进行合作捕食，捕杀到食物的成功性明显加大。通过分工合作，狼群可以很容易捕获到有蹄类猎物；相反，一只狼则难以捕获到这种大型的猎物。对于那些非捕食性动物以及单独觅食的动物来说，群体生活具有交换食物信息的作用。例如，在一些群栖的鸟类群体中，已经找到丰富食物的鸟类，第二天会直接飞到那个地方继续觅食，而那些还没有找到食物的鸟类会被一起引导到同一地方。

（2）集群可以共同防御敌害。

群体生活为每个成员提供了防御敌害的较好方法，最普遍的是起着共同警戒的作用。一个群体有众多的感觉器官，能够更快、更容易地发觉捕食者的到来。对于社会群体，由于分工的不同，个别个体进行专心警戒，其他个体则能从事其他活动。许多动物种类，如鸟类、鱼类等，当敌害出现时，迅速成群逃离，这种混乱效应增加了捕食者集中精力对准某一个体的难度，从而增加了猎物种群每个成员存活的可能性。群体生活的另一好处是能够共同防御敌害，麝牛群、野羊群受猛兽袭击时，成年雄性个体就会形成自卫圈，角朝向圈外的捕食者，有效抵抗了捕食者的袭击，圈中的幼体和雌体也能得到保护。

（3）集群有利于改变小生境。

蜜蜂蜂巢的最适温度为35℃。冬天，蜜蜂一起拥挤在巢内，使群体中的温度高出环境温度；当环境温度太低时，每个个体都进行肌肉颤抖，增加产热，从而使温度进一步提高。当温度太高时，工蜂则运水到巢内，然后煽动双翼，帮助蒸发；当外界温度超过40℃时，这种方法可将巢温维持在36℃。

（4）集群有利于某些动物种类提高学习效率。

集群时，个体之间可以相互学习，因此学习机会增多、学习时间增长，而且相互之间可以取长补短，学习效率得以提高。

（5）集群能够促进繁殖。

大多数动物都是两性生殖，集群有利于求偶、交配、产仔（产卵）、育幼等一系列生殖行为的同步发生和顺利完成。

集群效应只有在足够数量的个体参与聚群时才能产生。因此，对于那些集群生活的动物种类，如果数量太少，低于集群的临界下限，则该动物种群就不能正常生活，甚至不能生存，这就是所谓的"最小种群原则"。例如，非洲象要能够生存，每群至少要有5头，北方鹿每群不少于300头。

有的种群是在密度很低时才有利于群体的生存，即种群存活率与密度呈负相关，为"乚"型关系。更多的种群则是在一定的密度下，群体密度的增加有利于群体的生存和增长。但是，随着群体中个体数的增加，密度过高时，由于食物和空间等资源缺乏，排泄物的毒害以及心理和生理反应，则会对群体带来不利的影响，导致死亡率上升，抑制种群的增长率，产生所谓的拥挤效应。阿利在大量实验的基础上，概括了种群密度与存活率的相互关系。阿利提出，在一定的条件下，当种群密度（数量）处于适度的情况时，种群的增长最快，密度太低或太高都会对种群的增长起到限制作用，这叫作阿利规律。种群存活率在中等密度下最高，为"∧"型关系。种群的适宜密度在生态学上也称为繁殖适度。

（五）领域性

动物个体、配偶或家族通常所活动的一定范围的区域，如果受到保卫，不允许其他动物，通常是同种动物的进入，则这样的空间区域称为领域，而动物占有领域的行为则称为领域行为或领域性；反之，若活动区域不受保卫，则称为家域。领域行为是种内竞争资源的方式之一。

领域可能是暂时的，如大部分鸟类仅在其繁殖期间才建立和保卫领域。领域也可能是永久的，如生活在森林中的每一对灰林鸮，在繁殖期间都会占有一块林地，且此后终生占有，不允许其他个体进入。动物建立领域多为排斥其他相同物种个体的进入，因为同种动物的资源需求相同。但当不同物种之间的资源利用方式非常相似时，领域行为也会发生，这称为种间领域行为。例如，分布在美洲的黄头乌鸫和红翅乌鸫食用相似的食物且在相似的地方筑巢，因此它们的领域是相互排斥的。

（六）社会等级

社会等级是指动物种群中各个动物的地位具有一定顺序的等级现象。社会等级形成的基础是支配行为，或称支配—从属关系。例如，家鸡群中的彼此啄击现象，经过啄击形成等级。稳定下来后，失利的一方一般表示妥协和顺从，但有时也通过再次格斗而改变顺序等级。稳定的鸡群往往生长快，产蛋也多。稳定鸡群不用像不稳定鸡群那样因为个体间经常的相互格斗而消耗许多能量。社会等级优越性还包括优势个体在食物、栖所、配偶选择中均有优先权，这样保证了种内强者首先获得交配和产后代的机会，所以从物种种群整体而言，有利于种族的保存和延续。

二、种间关系

种间关系是指存在于不同种群之间的相互作用关系。2个种群的相互关系可以是间接的相互影响，也可以是直接的相互影响。这种影响可能是有害的（用减号"–"表示）、有利的（+）或无利也无害的（0）。对于2个物种，其种间关系可以"++"（互利）、"+0"（偏利）、"+–"（寄生、捕食）、"––"（竞争）、"00"（中性）和"0–"（偏害）等组合形式。

（一）种间正相互作用

种间正相互作用指相互作用的2个物种最终结果是一方受利，另一方也受利或至少没有负面影响。

1. 偏利共生（+0）

在2个种群之间，若仅一方有利而另一方未受到影响，称为偏利共生。例如，兰花生长在乔木的枝上，使自己更易获得阳光以及根从潮湿的空气中吸收营养；藤壶附生在鲸鱼或螃蟹背上等，都是被认为对一方有利，对另一方无害的偏利共生。

2. 互利共生（++）

相互作用使2个物种双方都获利，两者分开以后双方的生活都要受到很大影响，甚至不能生活而死亡，这称为互利共生。世界上大部分的生物量是依赖于互利共生的，如草地和森林优势植物的根多与真菌共生形成菌根，多数有花植物依赖昆虫传粉，大部分动物的消化道也包含着微生物群落（如白蚁和肠内鞭毛虫、人与人体肠道菌群等），小丑鱼与海葵（合称海葵鱼）。

3. 原始协作（++）

原始协作是指2个物种相互作用，对双方都没有不利影响，或双方都可获得微利，但双方通常依赖性很强。例如，蟹背上的腔肠动物（如海葵）对蟹能起伪装保护作用，而腔肠动物又利用蟹作运输工具，从而得以在更大范围内获得食物。又如，某些鸟类啄食有蹄类身上的体外寄生虫，而当食肉动物来临之际，又能为其报警，这对共同防御天敌十分有利。玉米与豆类间作也是原始协作。

（二）种间负相互作用

种间负相互作用指相互作用的2个物种最终结果是一方受利，另一方受害。

1. 捕食（+-）

广义的捕食者包括 4 种类型。①传统意义的捕食者即真捕食，捕食者捕食其他生物（被捕食者）生命体的全部或部分，以获得自身生长和繁殖所需的物质和能量；②拟寄生者，主要是膜翅目和双翅目的昆虫，其卵在其他昆虫（寄主）身上或周围，幼虫在寄主体内或体表生长发育（寄主通常也是幼体），而其成虫阶段营自由生活，拟寄生者最初的寄生并未对寄主产生伤害，但随着个体的发育，最终将把寄主消耗至尽，并使其死亡；③寄生者，寄生者生活在寄主体内或体表，它们从寄主那里获得物质，从而对寄主的适合度产生影响，但一般情况下，寄生者并不会导致寄主死亡；④食草动物，这些动物取食植物，有些作用形式如同真正的捕食，因为它们完全将植物取食完，如食种子的动物，另外一些更像寄生者，如蚜虫生活在植物上，获得生长所需的物质，并使植物的适合度降低，大部分食草动物只消耗植物体的一部分。

2. 寄生（+-）

如上所述，寄生属于广义的捕食。寄生的本质特征为寄生者仅从寄主（也称宿主）的体液、组织或已消化的物质中获取营养，寄生者长期或暂时利用寄主的身体作为居所。寄生者需要多次从寄主身上获取养分，因此为了保证自己的生活，寄生者通常不致寄主死亡。但寄生者会对寄主造成伤害，引起寄主强烈的免疫反应从而使其患病，增加寄主死亡的概率或降低其生育力，若二者分离，寄主会生活得更好。

3. 偏害（0-）

偏害在自然界很常见。其主要特征为当 2 个物种在一起时，一个物种的存在，对另一个物种起抑制作用，而自身却无影响。植物他感作用和抗生素作用都属此类。前者如胡桃树，能分泌一种叫作胡桃醌的物质抑制其他植物生长，因此在胡桃树下的土表层中没有其他植物存活。抗生作用是一种微生物产生一种化学物质来抑制另一种微生物的过程，如青霉素就是由青霉菌所产生的一种细菌抑制剂，也常称为抗生素。

（三）竞争

竞争是指生物之间为争夺共同而有限的生活空间、资源、食物等而产生的一种直接或间接抑制对方的现象。在竞争中常常是一方取得优势而另一方受抑制甚至被消灭。竞争分为种内竞争和种间竞争。竞争初期会使参与竞争的双方都受到负的影响（——），但后期可能是一方获利（＋）而另一方失败（－）或双方都失败（——），也就是说，竞争不是简单的生物间负相互作用。

达尔文于 1859 年指出，生活要求类似的近缘种之间经常发生激烈的竞争。他列举了一方消灭另一方的若干事实。克莱门茨于 1916 年十分重视植物的种间竞争，把它看作是植物演替的重要原因。后来洛特卡（A. J. Lotka）于 1925 年和沃尔特拉（V. Volterra）于 1926 年用数学模型对此加以考察，高斯（G. F. Gause）于 1932 年也对此进行了实验性研究、根据对自然界近缘种间的相互关系的考察，以及侵入种取代当地种的实例和从近缘种的分布、形态的比较中所得到的一系列间接证据，结果得出了竞争排他法则。另外在应用方面，作物与杂草间的竞争也一直在研究中。

对于种间竞争，2 个近缘种（有时为 2 个生态上接近的种类）的激烈竞争，从理论上讲有 2 个可能的发展方向，其一是一个种完全排挤掉另一个种；其二是其中一个种占有不同的空间（地理上分隔），捕食不同的食物（食性上的特化），或其他生态习性上的分隔（如活动时间或空间上的分离），通称为生态隔离，从而使2 个种之间形成平衡而共存。

1. Lotka-Volterra 模型

美国学者洛特卡（Lotka）于 1925 年和意大利学者沃尔特拉于 1926 年分别独立地提出了描述种间竞争的模型，它们是逻辑斯谛模型的引申。

对于 2 个物种，它们种群各自的增长模式均符合逻辑斯谛模型，其增长方程如下。

物种 1：$\qquad\qquad dN_1/dt = r_1N_1（1-N_1/K_1）$ （4-4）

物种 2：$\qquad\qquad dN_2/dt = r_2N_2（1-N_2/K_2）$ （4-5）

式（4-4）和式（4-5）中：N_1、N_2 分别为 2 个物种各自的种群数量；K_1、K_2 分别为 2 个物种种群各自的环境容纳量；r_1、r_2 分别为 2 个物种种群各自的增长率。

当这 2 个物种放置在一起发生竞争时，相互抑制。此时 2 个物种其种群增长方程如下。

物种 1：$\qquad\qquad dN_1/dt = r_1N_1（1-N_1/K_1-\alpha N_2/K_1）$ （4-6）

物种 2：$\qquad\qquad dN_2/dt = r_2N_2（1-N_2/K_2-\beta N_1/K_2）$ （4-7）

可见，当每增加一个种群的个体时，种群 1 的剩余空间（或称剩余环境容纳量）就会减小。因此，从理论上讲，2 个种的竞争结果是由 2 个种的竞争系数 α 和 β 与 K_1、K_2 比值的关系决定的，可能有以下 4 种结果。

（1）$\alpha > K_1/K_2$ 或 $\beta > K_2/K_1$，2 个种都可能获胜。

（2）$\alpha > K_1/K_2$ 或 $\beta < K_2/K_1$，物种 1 将被排斥，物种 2 取胜。

（3）$\alpha < K_1/K_2$ 或 $\beta > K_2/K_1$，物种 2 将被排斥，物种 1 取胜。

（4）$\alpha < K_1/K_2$ 或 $\beta < K_2/K_1$，2 个种共存，达到某种平衡。

以上 4 种情形可由 $dN_1/dt = 0$ 即 $1 - N_1/K_1 - \alpha N_2/K_1 = 0$ 及 $dN_2/dt = 0$ 即 $1 - N_2/K_2 - \beta N_1/K_2 = 0$ 推导得出。

高等植物种群混合栽培或培养时所表现出的竞争结果也可以用 Lotka-Volterra 模型来说明。例如，威特（C. T. de Wit）于 1960 年和 1961 年在温室中进行的大麦和燕麦的竞争试验，该实验在样方中以各种不同的比例进行播种，从纯大麦到纯燕麦种子，在生长季末收获种子，计算大麦和燕麦的输入比率和输出比率。

2. 高斯（Gause）实验

高斯于 1932 年将在分类和生态上极相近的 2 种草履虫——双小核草履虫（具 1 大核，2 小核）和大草履虫（具 1 大核，1 小核）作为实验材料，以 1 种杆菌为饲料进行培养。当单独培养时，2 种草履虫都出现典型的逻辑斯蒂增长；当混合在一起时，开始 2 个种群都有增长，但双小核草履虫增长快些。16 天后，只有双小核草履虫生存，大草履虫完全消亡。由实验条件可以保证，2 种草履虫之间只有食物竞争而无其他关系。对于单独培养和混合培养所得不同实验结果，高斯的解释是，大草履虫的消亡是由于其增长速度（内禀增长率）比双小核草履虫慢。因为竞争食物，增长快的种排挤了增长慢的种。这就是当 2 个物种利用同一且有限的食物资源时产生的竞争排斥现象。近代生态学家用竞争排斥原理对高斯假说进行了简明精确的表述：完全的竞争者（具相同的生态位）不能共存。

3. 生态位理论

生态位理论已在种间关系、物种多样性、种群进化、群落结构、群落演替以及环境梯度分析中得到广泛应用。生态位可指在生态系统中 1 个种群在时间空间及资源上所占据的位置和占有状况，及其与相关种群之间的功能关系与作用。依此定义，生态位可分为时间生态位、空间生态位、资源生态位、功能生态位等。1910 年，美国学者 R.H. 约翰逊第一次在生态学论述中使用"生态位"一词。1917

年，J. 格林内尔的《加州鹣的生态位关系》一文使该名词流传开来，但他当时所注意的是物种区系，所以侧重从生物分布的角度解释生态位概念，后人称之为空间生态位。1927 年，C. 埃尔顿的《动物生态学》一书，首次把生态位概念的重点转到生物群落。他认为，一个动物的生态位是指它在生物环境中的地位，指它与食物和天敌的关系。因此，埃尔顿强调的是功能生态位。1957 年，G. E. 哈钦森建议用数学语言、用抽象空间来描绘生态位。例如，一个物种只能在一定的温度、湿度范围内生活，摄取食物的大小也常有一定限度，如果把温度、湿度和食物大小 3 个因子作为参数，这个物种的生态位就可以描绘在一个三维空间内；如果再添加其他生态因子，就得增加坐标轴，改三维空间为多维空间，所划定的多维体就可以看作生态位的抽象描绘，他称为超体积生态位，并把无任何竞争者和捕食者存在时某物种所占据的全部空间的最大值称为基本生态位。但在自然界中，因为各物种相互竞争，每一物种只能占据基本生态位的一部分，他称这部分为实际生态位。

4. 竞争排斥原理

由于竞争的排斥作用，生态位相似的 2 种生物不能在同一地方永久共存；如果它们能够在同一地方生活，那么其生态位相似性必定是有限的，它们肯定在食性、栖息地或活动时间等某些方面有所不同，这就是竞争排斥原理。竞争排斥原理也称为高斯假说，因为该理论是俄罗斯生物学家高斯在 20 世纪 30 年代研究种间竞争的基础上提出的。

竞争排斥原理说明，物种之间的生态位越接近，相互之间的竞争就越剧烈，分类上属于同一属的物种之间由于亲缘关系较接近，因而具有较为相似的生态位，如果它们分布在同一区域，必然由于竞争而逐渐导致其生态位的分离，即竞争排斥导致亲缘种的生态分离。

大多数生态系统具有许多不同生态位的物种，这些生态位不同的物种避免了相互之间的竞争，同时由于提供了多条的能量流动和物质循环途径而有助于生态系统的稳定性。但是，在许多动物之间却存在着生态位重叠，因而具有部分竞争。很多例子表明，外来种进入某地时，可能与当地生态位相似的物种发生竞争，最终使当地种遭到淘汰，这是引种工作所应重视的问题。竞争排斥原理对于养殖业也有指导意义。例如，青、草、鲢、鳙四大家鱼由于相互之间的空间或食物生态位具有差别，因此可以混合养殖在同一水域，不会发生竞争导致抑制产量和降低经济效益。

思考题

（1）简述地球环境及生物的形成与演化。

（2）说明盖亚假说的基本思想。

（3）说明生态因子的类型及一般作用特征。

（4）阐述生物与环境作用的常见规律及定律。

（5）分析种内及种间关系的常见表现类型（适当举例进行说明）。

主要参考文献

［1］Arthur R，Nicholson A. An entropic model of Gaia［J］. Journal of Theoretical Biology，2017，430（1）：177-184.

［2］Arthur R，Nicholson A. Selection principles for Gaia［J］. Journal of Theoretical Biology，2022，533：110940.

［3］Baillie T A，Rettie A E. Role of Biotransformation in Drug-Induced Toxicity：Influence of Intra-and Inter-Species Differences in Drug Metabolism［J］. Drug Metabolism and Pharmacokenetics，2011，26（1）：15-29.

［4］Berleman J，Auer M. The role of bacterial outer membrane vesicles for intra-and interspecies delivery［J］. Environmental Microbiology，2013，15（2）：347-354.

［5］Bradley D C. Mineral evolution and Earth history［J］. American Mineralogist，2015，100（1）：4-5.

［6］De Wit G，Svet L，Lories B，et al. Microbial Interspecies Interactions and Their Impact on the Emergence and Spread of Antimicrobial Resistance［J］. Microbiology，2022，76：179-192.

［7］Demin K A，Lakstygal A M，Volgin A D，et al. Cross-species Analyses of Intra-species Behavioral Differences in Mammals and Fish［J］. Neuroscience，2020，429（0）：33-45.

［8］Fodor E. Ecological niche of plant pathogens［J］. Annals of Forest Research，2011，54（1）：3-21.

［9］Gharehbolagh S A，Fallah B，Fallah B，et al. Distribution，antifungal susceptibility pattern and intra-Candida albicans species complex prevalence of Candida africana: A systematic review and meta-analysis [J]. PLoS One, 2020, 15 (8): e0237046.

[10] Graham C, Pakhomov E A, Hunt B P V. Meta-Analysis of Salmon Trophic Ecology Reveals Spatial and Interspecies Dynamics Across the North Pacific Ocean [J]. Frontiers in Marine Science, 2021, 8: 618884.

[11] Grosch E G, Hazen R M. Microbes, Mineral Evolution, and the Rise of Microcontinents Origin and Coevolution of Life with Early Earth [J]. Petroleum Exploration and Development, 2015, 15 (10): 922−939.

[12] Halperin T. Niches and ecological neutrality [J]. Synthese, 2023, 202 (3): 1−19.

[13] Hughes K A, Convey P. The protection of Antarctic terrestrial ecosystems from inter-and intra-continental transfer of non-indigenous species by human activities: A review of current systems and practices [J]. Global Environmental Change-Human and Policy Dimensions, 2010, 20 (1): 96−112.

[14] Klie S, Mutwil M, Persson S, et al. Inferring gene functions through dissection of relevance networks: interleaving the intra-and inter-species views [J]. Molecular Biosystems, 2012, 8 (9): 2233−2241.

[15] Moscoviz R, Quéméner E D, Trebly E, et al. Novel Outlook in Microbial Ecology: Nonmutualistic Interspecies Electron Transfer [J]. Trends in Microbiology, 2020, 28 (4): 245−253.

[16] Mourkas E, Yahara K, Bayliss S C, et al. Host ecology regulates interspecies recombination in bacteria of the genus Campylobacter [J]. eLife, 2022, 11: e73552.

[17] Ozima M, 朱炳泉, 盛乃贤, 等. 地球的起源与演化 [J]. 地质地球化学, 1983 (12): 1−34.

[18] Payne J L, Bachan A, Knope M L, et al. The evolution of complex life and the stabilization of the Earth system [J]. Interface Focus, 2020, 10 (4): 20190106.

[19] Reiskind M O B, Moody M L, Farrior C E, et al. Nothing in Evolution Makes Sense Except in the Light of Biology [J]. Bioscience, 2021, 71 (4): 370−382.

［20］Reshetnyak M Y.Evolution of the Earth and Geodynamo［J］. Atmospheric and Ocean Physics，2021，57（7）：746−753.

［21］Roach S N，Langlois R A. Intra-and Cross-Species Transmission of Astroviruses［J］. Viruses-Basel，2021，13（6）：1127.

［22］Saupe E E，Barve N，Owens H L，et al. Reconstructing Ecological Niche Evolution When Niches Are Incompletely Characterized［J］. Systematic Biology，2018，67（3）：428−438.

［23］Senter P. The Age of the Earth & Its Importance to Biology［J］. American Biology Teacher，2013，75（4）：251−256.

［24］Sexton J P，Montiel J，Shay J E，at al. Evolution of Ecological Niche Breadth. Annual Review of Ecology［J］. Evolution and Systematics，2017，48：183−206.

［25］Stüeken E E，Kipp M A，Buick R，et al. The evolution of Earth's biogeochemical nitrogen cycle［J］. Earth-science Reviews，2016，160（1）：220−239.

［26］Tabachnick W J. Nature，Nurture and Evolution of Intra-Species Variation in Mosquito Arbovirus Transmission Competence［J］. International Journal of Environmental Research and Public Health，2013，10（1）：249−277.

［27］Trappes R. Defining the niche for niche construction：evolutionary and ecological niches［J］. Biology and Philosophy，2021，36（3）：31.

［28］Zhang L，Okabe S. Ecological niche differentiation among anammox bacteria［J］. Water Research，2020，171（0）：115468.

［29］陈之荣. 人类圈·智慧圈·人类世［J］. 第四纪研究，2006（5）：872−878.

［30］楚彬，包达尔罕，叶国辉，等. 青藏高原东缘高原鼢鼠（*Eospalax baileyi*）生境适宜性研究［J］. 中国草地学报，2023，45（8）：100−108.

［31］丁贤法，韩广. 盖亚假说和地球表层研究［J］. 自然杂志，2004（3）：173−176.

［32］付开赟，李爱梅，丁新华，等. 不同生态因子对暗黑赤眼蜂寄生番茄潜叶蛾卵的影响［J］. 中国生物防治学报，2023，39（3）：507−513.

［33］何起祥. 全球变化——一种新的地球观［J］. 海洋地质动态，1987（12）：1-3.

［34］贺一鸣，王驰，王海涛，等. 气候变化对蒙古莸潜在适生区的影响［J］. 草地学报，2023，31（2）：540-550.

［35］贾丁丁. 龙胆 *Gentiana scabra* Bunge 不同生长时期化学成分积累变化及其关键酶基因表达量对生态因子的响应［D］. 沈阳：辽宁中医药大学，2023.

［36］李慧，邓钰竺，张远彬. 生态因子对不同坡向缺苞箭竹（*Fargesia denudata*）生长的影响［J］. 应用与环境生物学报，2023，29（4）：943-953.

［37］李守军，吴智平. 生物圈演化事件与地球圈层演化的相关性问题［J］. 石油大学学报（自然科学版），1998（4）：4，14-16，27.

［38］刘朝晖，欧阳自远. 地球环境演化的阶段性及其形成机制探讨［J］. 地质地球化学，1995，22（4）：11-13，24.

［39］刘计权，刘佳宁，王宇，等. 山西不同产地柴胡皂苷含量与生态因子的相关性研究［J］. 中国野生植物资源，2023，42（2）：57-61.

［40］刘伟，张兴亮. 新元古代地球环境与生命演化研究进展与趋势［J］. 西北大学学报（自然科学版），2021，51（6）：1057-1064.

［41］马晓旻. 地球活动与演化规律新假说［J］. 贵州地质，1989（3）：261-267.

［42］乔圣超，喻朝庆，黄逍，等. "碳中和"下光伏对西北荒漠生态因子与植被分布的影响［J］. 草地学报，2023，31（5）：1520-1529.

［43］申剑，李明明，周明涛，等. 西藏DG水电站工区边坡植被修复效果及生态因子分析［J］. 水土保持通报，2023，43（4）：31-43.

［44］王志威，胡优琼，黄安玲. 贵州省灵芝的生态种植适生区及关键生态因子研究［J］. 河南农业科学，2022，51（10）：61-73.

［45］卫培刚，孔繁涛，胡林，等. 2014年伊犁地区天山云杉分布区生态因子数据集［J］. 中国科学数据（中英文网络版），2023，8（1）：242-252.

［46］吴帆，王妍，乔贤，等. 影响中国地方绵羊品种生产性能的生态因子研究［J］. 家畜生态学报，2023，44（5）：23-26.

［47］夏冰. 詹姆斯·洛夫洛克：来到生命最后的1%［J］. 世界科学，2020（10）：44-46.

［48］谢力华，黄智龙，胡斌，等. 地球演化早期有机高分子的地质合成环境［J］. 国土资源导刊，2004（1）：25-27.

［49］杨凤翔，王顺庆. 耐受性定律的一个数学注记［J］. 生态学杂志，1990（6）：55-57.

［50］叶玉江，吴淦国，张达. 地球的起源与演化研究进展［J］. 现代地质，2003（2）：119-124.

［51］邹金莲，张志强. 性选择与性冲突理论在植物繁殖生态学中的应用与进展［J］. 植物生态学报，2022，46（9）：984-994.

［52］林祥磊. 生态学实验室实验创造现象吗？——以高斯的竞争排斥实验为例［J］. 科学技术哲学研究，2018，35（5）：22-27.

［53］王大威，张世仑，靖波，等. 生物竞争排斥对油藏微生物群落结构变化影响［J］. 微生物学报，2022，62（6）：2299-2310.

［54］张寅秋，吕广迎，焦君君. 环境污染下 Lotka-Volterra 随机捕食模型的周期解［J］. 应用概率统计，2023，39（3）：333-346.

［55］郑影，常春. 基于 Lotka-Volterra 捕食者—猎物模型的概念间相关关系研究［J］. 中华医学图书情报杂志，2022，31（12）：7-13.

［56］郭昕，薛峤娜，谭丽菊，等. 三角褐指藻与东海原甲藻间的他感作用研究［J］. 海洋科学，2019，43（9）：20-26.

［57］郑瑞，师尚礼，马史琛. 苜蓿、小麦自毒及他感作用机理［J］. 草业科学，2019，36（3）：849-860.

［58］邱宁，李文静，钟鸣，等. 稀有鮈鲫集群行为在生物早期预警系统中的应用研究［J］. 生态毒理学报，2023，18（1）：371-379.

第 5 章　景观生态学与生态保护

导读： 本章介绍景观生态学的概念、基本原理，阐述景观生态学的理论基础、景观生态过程和功能、景观连接度、连通性、景观动态与环境生态。学习的重点是景观生态学的基本概念、研究对象、主要研究内容和学科基本理论，人类社会发展及其他驱动因素在自然景观变化中的作用，以及景观生态学理论在生态环境保护中的应用。

学习目标： 了解景观生态学相关概念，理解景观生态学基本原理和理论基础，掌握斑块、廊道和基质的基本特征及生态作用，了解景观生态学基本原理在城市景观规划、自然保护区的设立与管理等实际工作中的应用。

知识网络：

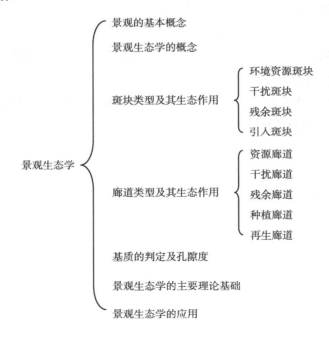

第 1 节　景观与景观生态学概述

景观生态学研究大尺度地域内，各种生态系统之间的相互关系。它的产生和发展来自人们对大尺度生态环境问题的日益重视，其理论和方法主要来自现代生态学和地理科学的发展，即主要来源于地理学上的景观和生物学中的生态。景观生态学把地理学对地理现象的空间相互作用的横向研究和生态学对生态系统机能相互作用的纵向研究结合为一体，以景观为对象，通过物质流、能量流、信息流和物种流在地球表层的迁移与交换，研究景观的空间结构、功能及各部分之间的相互关系，研究景观的动态变化及景观优化利用和保护的原理与途径（傅博杰等，2001）。

景观生态学的发展历史不足百年，是一门年轻的学科，但是它日益成为人们从宏观方面认识自然并调节人与自然关系的有力手段，其应用领域日益广泛，诸如农业、林业、城市规划、园林设计、自然保护、旅游景区规划设计、环境管理、资源开发利用等。

一、景观的基本概念

"景观"一词最早出现在希伯来文的《圣经·旧约全书》中，其原意为"自然风光""地面形态"和"风景"。19 世纪初，现代地植物学和自然地理学先驱的洪堡（Van Humboldt）把"景观"作为科学的地理术语提出，并将其作为"自然地域综合体"的代名词。后来，俄国地理学家发展这一思想形成了景观地理学派，把生物和非生物的现象都作为景观的组成部分，这为地理学与生态学的融合、交叉打下了基础。此后，生态学家从不同角度对"景观"一词进行了定义，如以色列景观生态学家纳维（Naveh）于 1984 年认为，景观是自然、生态和地理的综合体。美国著名景观生态学家福尔曼（Forman）和戈德恩（Godron）于 1986 年将景观定义为"由相互作用的生态系统镶嵌构成，并以类似形式重复出现，具有高度空间异质性的区域。"

中国生态学家将"景观"表述为"一个由不同土地单元镶嵌组成，具有明显视觉特征的地理实体；它处于生态系统之上、大地理区域之下的中间尺度；兼具经济、生态和美学价值（肖笃宁，1997）"。傅博杰等于2001年将景观的基本特征总结为5个方面：①景观由不同空间单元镶嵌组成，具有异质性；②景观是具有明显形态特征与功能联系的地理实体，其结构与功能具有相关性和地域性；③景观既是生物的栖息地，更是人类的生存环境；④景观是处于生态系统之上，区域之下的中间尺度，具有尺度性；⑤景观具有经济、生态和文化的多重价值，表现为综合性。

二、景观生态学的概念

景观生态学研究空间异质性的发展与动态，异质景观之间的时空相互作用和物质交换，空间异质性对生物过程和非生物过程的影响，以及为了人类社会的利益和生存对空间异质性进行的管理（Risser et al.，1984）。

1939年，德国区域地理学家特罗尔（Troll）首次提出"景观生态学"一词并对其进行了定义。并且，他当时认为，景观生态学并不是一门新的学科或科学的新分支，而是综合研究的特殊观点。特罗尔对创建景观生态学的最大历史贡献在于他通过景观综合研究，开拓了由地理学向生态学发展的道路，从而为景观生态学提供了一个生长点（肖笃宁等，1988）。

特罗尔于1963年在国际植被科学学会大会上根据坦斯利的生态系统概念（Tansley，1935），将景观生态学定义如下："景观生态学是研究某一特定景观片段中现存群落与其环境条件之间整个复杂因果关系的科学（Troll，1968）。"德国汉诺威工业大学景观管理和自然保护研究所一直致力于把景观生态学作为一种科学工具而引进景观管理和规划中。该所所长布赫瓦尔德（Buchwald）于1963年指出，景观生态学的目的主要是针对当代工业社会对自然土地潜力日益剧增的需要而引发的景观间的紧张状态。该所的朗格尔（Langer）于1970年首次对景观生态学作了系统的理论解释，他将景观生态学定义为研究相关景观系统的相互作用、空间组织和相互关系的一门科学。

温克（Vink）于1983年讨论了景观生态学在农业土地利用中的作用，强调景观作为生态系统的载体，是一个控制系统。他分析称，人类通过土地利用及土地管理，可以完全或部分地控制那些关键成分。基于此，他将景观生态学定义为：把土地属性作为客体和变量进行研究，包括对人类要控制的关键变量的特殊研究。

以景观生态学为桥梁，把关于动物、植物和人类的各门具体科学有机地结合起来，实现景观利用的最优化。

福尔曼和戈德恩于 1986 年认为，景观生态学探讨诸如森林、草原、沼泽、道路和村庄等生态系统的异质性组合、相互作用和变化。桑内弗尔德和福尔曼于1990 年进一步发展了综合的景观概念。他们认为，景观生态学应把景观作为由相互影响的不同要素组成的有机整体进行研究。按照他们的观点，景观生态学不像生态学那样属于生物科学，而是地理学的一个分支。傅伯杰于 1991 年认为，景观生态学是一门多学科交叉的新兴学科，它的主体是地理学与生态学之间的交叉；景观生态学以整个景观为对象。从学科地位来讲，肖笃宁于 1999 年认为，景观生态学兼有生态学、地理学、环境科学、资源科学、规划科学、管理科学等许多现代大学科群系的多功能优点。奥普丹（Opdam）等于 2002 年总结了景观生态学的几个主要特点，包括景观综合、空间结构、宏观动态、区域建设以及应用实践等。

傅博杰等于 2011 年对景观生态学与生态系统生态学之间的差异进行了如下归纳。

（1）景观是一个异质性系统，是景观生态学的研究对象；生态系统生态学将生态系统作为一个相对同质性系统来定义并加以研究。

（2）景观生态学研究的主要兴趣在于景观镶嵌体的空间格局，而生态系统研究则强调垂直格局，即能量、水分、养分在生态系统垂直断面上的运动与分配。

（3）景观生态学考虑一定地域内所有类型的生态系统（可视为景观水平上的一个斑块）以及它们之间的相互作用，如能量、养分和物种在景观斑块间的交换。生态系统生态学则仅研究分散于该地域内一个一个的岛状单元。

（4）景观生态学除研究自然系统外，还更多地考虑人类活动对景观的影响。

（5）只有在景观生态学中，一些需要大领域活动的动物种群（如鸟类和哺乳动物）才能得到合理的研究。

（6）景观生态学重视地貌过程、干扰以及生态系统之间的相互关系。

一言以蔽之，景观生态学处于生态系统生态学之上。

三、几个常用的景观生态学术语

（1）斑块：又称缀块，是指在景观中的最小异质性单元，即外貌上与本底不同的一块非线型区域，如某一植物群落、湖泊、草原、农田和居住区等具体的生态系统就是斑块。不同类型的斑块因其大小、形状、边界以及内部均质程度等而显现出很大的不同。同一个斑块在不同的尺度下表现出不同的特征，如一座城市会因观测尺度由小变大，从清晰可见的街道布局，变化为只见其整体的模糊边界甚至仅为一个点状物。

（2）基质：是指范围广阔、相对同质且连通性最强的景观背景地域。例如，广袤的内蒙古草原为基质，在其上分布着广袤的内蒙古草原景观区，连片分布的草地生态系统构成了景观的基质，其他景观单元（如农田、村落、湿地）则构成了斑块。基质对于景观中其他的单元类型具有控制作用。

（3）廊道：是指从基质中演化出来的不同于两侧基质的狭长地带，可见为一条线状或带状。常见的廊道有河流、道路、农田间的防风林带、峡谷和输电线路等。廊道类型呈多样性，其重要结构特征包括：宽度、组成内容、内部环境、形状、连续性、与周围斑块或基底的作用关系。廊道常常相互交叉形成网络，使廊道和缀块与基底的相互作用复杂化。

（4）边界：指不同类型斑块的周边部分，其环境条件与斑块内部区域有一定差异。例如，农田、林地、草地、河流、城市等，都有其分布边界。不同类型斑块的边界区域由于环境条件的突然变化，往往产生边缘效应原理。例如，林地与农田的边界区域，其光照条件、动植物组成以及能量与物质的输入和输出都会与林地和农田各自的内部存在很大的差异，因此林地邻近农田的条带区就构成了边缘且具有明显的边缘效应。

（5）连接度：是指一个景观内一种生境或覆盖类型的空间连续性，尤其指景观中各要素在功能上和生态过程上的联系。例如，穿越一个城市景观的地表河流及其河岸生境就构成了物质或物种的空间连续性。景观连接度的计量常因研究对象的性质或运动能力而异，如城区的林地对于鸟类或者小型哺乳动物的运动来讲其连接度就有所不同。

（6）结构：指景观的组分构成及其空间分布形式。例如，一个农业景观的结构是指该景观可能包括农田、森林、果园、草地、居民点、道路、池塘等，以及这些单元的空间配置。景观结构会影响能量、物质以及物种在景观内的流动。值得注意的是，早期的景观生态学文献可能存在对结构和格局的差别。景观格局主要指各类型景观单元的空间分布与配置，而景观结构还包括景观单元的非空间特性，如景观元素的类型、面积比率等。

（7）过程：强调事件或现象的发生、发展的动态特征，包括种群动态、种子或生物体的传播、捕食者和猎物的互作、群落演替、干扰扩散、养分循环等。

（8）异质性：是景观生态学的重要概念，指在一个景观区域中，景观元素类型、组合及属性在空间或时间上的变异程度，是景观区别于其他生命层次（如个体、种群、群落、生态系统等）的最显著特征。景观生态学主要研究基于地表的异质性信息，而景观以下层次的生态学研究则大多数需要以相对均质性的单元数据为内容。景观异质性包括时间异质性和空间异质性。

（9）尺度：研究对象或过程的时空维度，具有粒度（分辨率）和幅度（范围）的特征。比如，SPOT 全色影像的空间粒度（分辨率）为 $10m \times 10m$，而 Landsat TM 影像的分辨率为 $30m \times 30m$。任何景观现象和生态过程均具有明显的时空尺度特征。对于研究的动物来说，粒度与景观斑块大小和动物的活动性有关。若某种动物的散布力——到处自由活动的能力，相对小于生境斑块的面积，我们就说这一景观斑块是粗颗粒的。反之，如果某种生物个体的散布力大于生境斑块的面积，我们就认为这一生境是细颗粒的。例如，农田景观（或小片林地）对于红尾鹰之类的大范围捕食性鸟类来说是细颗粒生境，然而对于白足鼠之类的小型动物来说，这一农业景观可能就是粗颗粒的，因为它们将大部分时间花在某一个（林地）斑块里。

了解不同时间、空间水平上的尺度信息，弄清研究内容随时空尺度发生变化的规律性，是景观生态学研究的重要任务之一。景观特征通常会随着尺度变化而出现显著差异，称为尺度效应。以景观异质性为例，小尺度上观测到的异质性结构，在较大尺度上可能会作为细节被忽略（邬建国，2007）。因此，某一尺度上获得的任何研究结果，不能未经转换就向另一种尺度推广。

除了上述术语外，景观生态学涉及的还有很多其他相关术语，如斑块大小、面积、形状指数、邻接指数、景观多样性等。

四、景观生态学的研究对象和基本任务

如前所述，景观生态学主要来源于地理学的景观理论和生物学的生态理论。它把地理学家研究自然现象的空间相互作用的横向研究和生态学家研究一个生态区的机能相互作用的纵向研究结合为一体，通过物质流、能量流、信息流和价值流在地球表层的传输和交换，通过生物与非生物以及人类之间的相互作用与转化，

运用生态系统原理和系统方法研究景观结构和功能、景观动态变化及相互作用的机理、研究景观的美化格局、优化结构、合理利用和保护。

景观生态学的研究对象是作为复合生态系统的景观，即自然和人文系统构成的整体。对"景观"的理解包含3个层面。一是指直观的景象。这是景观的最原始和最普通概念，它主要应用于景观建筑学。二是指由岩石、地表形态（地形）、土壤个体、植物群落等所分别构成的地质景观、地貌景观、土壤景观和植被景观等，常被用以描述景观格局。三是指由各种类型生态系统组成的复合生态系统。不同于单一生态系统生态学以生物体为中心，研究生物与环境之间的关系，景观生态学研究地表各自然要素之间以及人类利用之间的综合作用。

景观生态学的基本任务可概括为以下4个方面。

第一，景观生态系统结构和功能。包括对自然景观生态系统和人工景观生态系统的研究。通过研究景观生态系统中的物理过程、化学过程、生物过程和社会经济过程来探讨各类生态系统的结构、功能、稳定性及演替。研究景观生态系统中物质流、能量流、信息流和价值流，模拟生态系统的动态变化，建立各类景观生态系统的优化结构模式。景观生态系统结构研究主要包括景观空间尺度的有序等级。景观功能研究主要包括景观生态系统内部以及与外界所进行的物质、能量、信息交换及这种交换影响下景观内部发生的种种变化和表现出来的性能。特别要注意的是，人类作为景观的一个要素在景观生态系统中的行为和作用。对人工景观生态系统的研究，如城市生态系统、工矿生态系统，要考虑系统中的非生物过程。这方面的研究工作是景观生态学的基础研究，通过研究来丰富景观生态学的理论，指导应用和实践。

第二，景观生态监测和预警。包括对受人类活动影响和干预下自然环境变化的监测，以及对景观生态系统结构和功能的可能改变和环境变化的预报。景观生态监测的任务是不断监测自然和人工生态系统及生物圈其他组成部分的状况，确定改变的方向和速度，并查明种种人类活动在这种改变中所起的作用。景观生态监测工作应在有代表性的景观生态系统类型中建立监测站，积累资料，完善生态数据库，动态地监测物种及生态系统状态的变化趋势，及时发出，为决策部门制定合理利用自然资源与保护生态环境的政策措施提供科学依据。景观生态预警是对资源利用的生态后果、生态环境与社会经济协调发展的预测和警报。一是在监测基础上，从时间和空间尺度对景观变化作出预报。这种研究要通过承载力、稳定性、缓冲力、生产力和调控力，分析区域生态环境容量和持续发展能力，对区域生态环境对经济发展的协调性和适应性进行评价，对超负荷的区域和重大的生态环境问题作出报警，采取必要的措施。二是对大型工程所引起的生态环境变化的预测，如南水北调工程和长江三峡水利枢纽工程的生态环境预测。

第三，景观生态设计与规划。景观生态规划是通过分析景观特性以及对其判释、综合和评价，提出景观最优利用方案。其目的是使景观内部社会活动以及景观生态特征在时间和空间上协调化，达到对景观优化利用，既保护环境，又发展生产，合理处理生产与生态、资源开发与保护、经济发展与环境质量，开发速度、规模、容量、承载力等的辩证关系。根据区域生态良性循环和环境质量要求设计出与区域协调和相容的生产和生态结构，提出生态系统管理途径与措施。主要包括景观生态分类、景观生态评价、景观生态设计、景观生态规划和实施。

第四，景观生态保护与管理。运用生态学原理和方法探讨合理利用、保护和管理景观生态系统的途径。应用有关演替理论，通过科学实验与建立生态系统数学模型，研究景观生态系统的最佳组合、技术管理措施和约束条件，采用多级利用生态工程等有效途径，提高光合作用的强度，最大限度地利用初级异养生产，提高不同营养级生物产品利用的经济效益。建立自然景观和人文景观保护区，经营管理和保护资源与环境。保护主要生态过程与生命支持系统；保护遗传基因的多样性；保护现有生产物种；保护文化景观，使之为人类永续利用，不断加强各种生态系统的功能。景观生态管理还应加强景观生态信息系统研究，主要包括数据库、模型库、景观生态专家系统和知识库。

第 2 节　基本景观要素及其生态作用

一、斑块类型及其生态作用

根据成因，斑块可分为环境资源斑块、干扰斑块、残余斑块和引入斑块。斑块的大小和形状对斑块内的能量、营养分配和生物组成都有重要影响。

（一）斑块的类型划分

1. 环境资源斑块

环境资源斑块是自然形成的块状景观，因此环境资源斑块又称为资源自然斑块。环境资源斑块相当稳定，与干扰无关，如长白山地区森林中的湿地，沙漠中的绿洲，部分河段包含河岸植被呈团块状的溪流资源斑块等。环境资源斑块的起源是由于环境资源的天然存在的空间异质性及镶嵌分布。由于环境资源分布的相对持久性，所以环境资源斑块也相对持久，周转速率较低。

2. 干扰斑块

存在于基质内的各种局部、非线性干扰会形成干扰斑块。干扰斑块破坏了自然的、相对均质的景观，如滑坡崩塌对森林的局部破坏、围栏放牧对草地、风暴、冰雹、火灾等均可能形成干扰斑块。人类活动，如林木砍伐、草原烧荒、矿山开采、意外失火等，在地球表面形成了分布广泛的干扰斑块。干扰斑块的存在也并非一无是处，它为当地一些"机会型"动植物提供了重要的干扰生境，或者能容纳一些次生演替早期阶段的物种。

由于起源于各种干扰，因此干扰斑块具有很高的周转速率，持续时间最短，通常是消失最快的斑块类型。但如果这类斑块所受干扰长期持续存在，如一个重复放牧的牧场，其演替过程持续不断地重复进行或重新开始，干扰斑块也能保持稳定，持续较长时间。

3. 残余斑块

残余斑块的成因与干扰斑块刚好相反，它是基质受干扰后的残留部分。城市中各种残留的陡坡就是一种典型的残余斑块。草原或林地被人为开垦为耕地或火烧后残留的草地或林地，免遭蝗虫危害的植被，遭受捕食者攻击而日益减少的食草动物的生存空间等，也是一种残余斑块。残余斑块可暂时保留区域的物种多样性，促进养分循环，保护自然资产。残余斑块和干扰斑块相似，两者都起源于自然干扰或人为干扰，不同之处在于关注的视角。与干扰斑块类似，残余斑块也具有较高的周转速率。

4. 引入斑块

由于进入一种生物，而在基质中形成的斑块称为引入斑块。它与干扰斑块相似，但引入斑块由被引入的生物形成，而干扰斑块是对原有景观的破坏而无新物种的人为引入。在所有情况下，新引入的物种会对斑块产生持续而重要的影响。

因此，引入斑块较干扰斑块存在的时间要长。

由引入的植物（如玉米、人工林、果园）形成种植斑块。种植斑块的特点突出表现为其中的物种动态和斑块周转速率均明显取决于人的管理活动。如果停止这类活动，基质的物种就会侵入这类斑块，形成再生斑块，并发生演替。同干扰斑块一样，引入斑块最终也将消失。

由引入的动物，尤其是人类，形成引入斑块的另一种类型——聚居地。人类已成为大多数景观的主要成分。如前所述，无论是在种植斑块、干扰斑块还是残余斑块中，都可见到人的作用。但更明显地，人类的聚居地在景观中起的作用最大。聚居地可作为一个斑块存在几年、几十年，甚至几个世纪。聚居地生态系统的基本生物成分包括人、引入的动物和植物、无意中引入的有害生物和土著物种。

上述对斑块的分类，除了环境资源斑块，其他类型之间不是截然不同，而是可能相互转化的。比如，毁林开荒最初形成干扰斑块，种植植物后形成引入斑块（种植斑块），而弃耕后则形成再生斑块。又如，草地遭受动物的践踏形成干扰斑块，围栏放牧形成引入斑块，迁走全部牲畜后会形成再生斑块。另外，当斑块沿线性方向发展，又有可能形成各种类型的廊道。

（二）斑块的生态作用

1. 斑块大小的生态作用

斑块大小可影响能量和营养分配等生态过程。大小不同的斑块，其边缘部分和中心部分的比例不同，而边缘和中心在能量和营养分配方面具有明显的差异，因此影响斑块单位面积上的能量流和物质流。

斑块大小对物种数量、物种组成和物种流的影响一直是景观生态学研究的热点之一。基于岛屿生物地理学理论，物种丰富度与景观特征的一般函数关系如下。

物种丰富度（或种数）

$= f$（生境多样性，干扰，斑块面积，演替阶段，基质特征，斑块隔离程度）

物种多样性与景观斑块的大小密切相关。此外，不同的物种（如林木、蘑菇、蝴蝶、食虫鸟）对斑块面积都有不同的响应。

斑块的面积大小影响着生物在斑块内的运动。面积较大的斑块，适于动物生存的内部生境较大，边缘效应对动物的影响较小，动物在其活动的空间相对较大。这种情况下，动物自由运动所受阻力较小，随机性较大，有利于物种的觅食和生存。面积较小的斑块，具有相反的功能，最终将会导致物种的灭绝。

斑块大小与保护生物学中关于保护区的设计关系重大。在进行自然保护区设计时需要考虑：①如何保持较高的当地物种多样性；②如何保护稀有种和濒危种；③如何维持稳定的生态系统。为此，自然保护区面积是要考虑的主要因素，而隔离、年龄、形状、干扰特征和其他因素一般都属次要因素（Forman and Godron，1986）。如果已查明斑块的物种多样性和稀有物种的分布，那么保护的重点当然要放在这些方面，而不是抽象的斑块数量。但是，景观特征的综合体（不是单个斑块），可能是保护某些鸟类和实现自然保护区其他目标的关键特征。鉴于景观生态系统中所显示的相互作用，生态系统组合体（不是特定的景观单元）可能是许多自然保护区的适宜单元。

2. 斑块形状的生态作用

一般地讲，自然过程造成的斑块（如自然生态系统）常表现出不规则的复杂形状，而人为斑块（如农田、居民区、城市等）往往表现出较规则的几何形状。斑块形状和特点可以用长宽比、周界/面积比以及分维数等方法来描述。例如，斑块长宽比或周界/面积比越接近正方形或圆形的值，其形状就越"紧密"。根据形状和功能的一般性原理，紧密型形状在单位面积中的边缘比例小，有利于保蓄能量、养分和生物；而松散型形状（如长宽比很大或边界蜿蜒多曲折）易于促进斑块内部与外围环境的相互作用，尤其是能量、物质和生物方面的交换。

斑块的形状对于生物的散布和觅食具有重要作用。例如，通过林地迁移的昆虫或脊椎动物，更容易发现与它们迁移方向垂直的狭长的采伐迹地，而对于圆形的采伐迹地或者与它们迁移方向平行的狭长的采伐迹地，则容易被忽略。在同等面积条件下，长条形的斑块的边缘效应高于圆形、方形，因而对动物在景观中的迁移和觅食的影响较大，但由于宽度的限制，运动方式趋于直线型。圆形、方形斑块的边缘效应较小，对动物的迁移和觅食影响较小，有利于物种的保护。

二、廊道类型及其生态作用

（一）廊道的结构特征

廊道弯曲度或通直度是最重要的特征之一，其生态学意义与生物沿廊道的移动有关。一般来说，廊道越直，距离越短，生物在景观中两点间的移动速度就越快。反之，则需要较长时间。

廊道宽度也是重要的特征之一。宽度变化对物种沿廊道或穿越廊道的迁移具有重要意义。窄带虽然作用不明显，但也具有同样的意义。

廊道的另一个重要特征是其连接度，它是廊道如何连接或在空间上怎样连续的量度，可简单地用廊道单位长度上间断点的数量表示，断点越少，表示廊道的连接度越高。廊道有无断开是确定通道和屏障功能效率的重要因素，因此连接度是廊道结构的主要度量指标。

（二）各种廊道类型的生态功能

根据成因，廊道可以分为以下 5 种基本类型。

1. 资源廊道

资源廊道是景观中长距离呈线性延伸的狭窄自然地带，如一条沿溪流分布、包含河岸植被的溪流资源廊道。带有植被的溪流廊道对农业景观产生明显益处，截留了来自农田的营养物质和沉积物，从而防止了"人为富营养化"问题（Karr and Schlosser，1978；Lowrance et al.，1984）。这些条带不仅可以改善水质，而且可以降低溪流水位的变幅，并能在农业景观镶嵌体中保持自然的生物多样性。

与环境资源斑块相似，由于环境资源分布的相对持久性，所以环境资源廊道也相对持久，周转速率较低。这也是河岸植被带之所以能对岸上农业土地营养物和泥沙进行有效截留和转化的重要原因。

2. 干扰廊道

贯穿于景观基质中的线状干扰会产生干扰廊道。这类干扰可能来自自然力量，如泥石流、洪水、火灾，也可能来自人类活动，如经过林区的高压输电线、线性采运作业、交通等活动形成的铁路、公路、动力线通道、堤坝、灌渠、森林防火带等。

干扰廊道打断了自然的、相对均质的景观，但也为当地的一些"机会型"动植物提供了重要的干扰生境，或者能容纳一些次生演替早期阶段的物种。森林内部的物种几乎不会利用这类景观来筑巢或者繁育，但是野生的林缘生物会在这类廊道中繁茂生长。干扰廊道可能成为某些物种迁移的屏障，但又为另外一些物种提供了扩散的通道。干扰廊道还可以成为部分物种的过滤器。森林防火带的存在和管理，可能增强或减弱边缘效应。

3. 残余廊道

当基质中原有植被被大部分清除，只保留一条带状的本地植被时，就形成了残余廊道。残余廊道包括溪流、急坡、铁路公路和河湖海洋沿线等未被伐除的植被。残余廊道保留着原有较高的物种多样性，可促进养分循环、保护自然资产，具有物质周转速率较低的特点。

4. 种植廊道

种植廊道是由人类出于经济或生态原因考虑而种植的带状植被。例如，中国在 20 世纪 70 年代开始的"三北"防护林带、长江中上游防护林带、沿海防护林带、太行山绿化带、平原农田绿化带、沙漠化绿化带等工程，用来防风固沙、保持水土、保护农田等，并且能提供木材和为野生动物提供生境。种植廊道也为食虫鸟类和食肉昆虫提供了理想的栖息场所，并为小型哺乳动物提供了扩散通道。

在北美，为了限制成年土豆叶蝉的活动，肯普（Kemp）和巴雷特（Barret）于 1989 年在大豆田里种植了禾草廊道，即用禾草隔开连片的大豆。在被禾草廊道隔开的样地里，出现一种真菌病原体莱氏野村菌（Nomuraea rileyi），它感染了相当高比例的绿色苜蓿虫。这种真菌对于控制美国中西部地区主要鳞翅类幼虫危害起着重要的自然生物控制作用。

5. 再生廊道

再生廊道源自景观基质中植被的再生。与前述再生斑块类似，毁林开荒或坡改地工程，最初形成干扰廊道，种植农作物等植物后形成种植斑块，而弃耕后由基质中原有植物繁殖体发育生长形成再生廊道。沿篱笆自然次生演替（而非人工种植）成长起来的树篱，也是一个说明再生廊道的很好例子，鸟类是这种再生廊道中的常见居民；飞行物种通过协助种子的传播，可以改善这类廊道的植物物种组成。普赖斯（Price）于 1976 年以及福尔曼（Forman）和博德里（Baudry）于 1984 年研究发现，再生廊道往往是自然天敌的源地，能帮助对害虫的生物防治，尽管有些动物，特别是昆虫，会摄食廊道附近的庄稼，造成一定经济损失；林缘鸟类和在庄稼地里摄食的鸟类常常在树木再生廊道里筑巢，这些鸟类也帮助控制农田里的害虫。小型哺乳动物在相对孤立的生境斑块（如森林斑块）中常常发生局部灭绝，但会利用再生廊道来重新建群或形成集合种群（Middleton and Merriam，1981；Sanderson and Harris，2000）。

与斑块各种类型之间的关系相似，除环境资源廊道外，其余类型的廊道都可能发生相互转化。实际上，可以把廊道看作是特殊类型的斑块，即特别扁长的斑块类型。

廊道的功能主要体现为：①生物重要的生境；②物种的传输通道；③过滤或阻抑作用，如道路、防风林、风火带等；④作为能量、物质和生物的源或汇。

三、基质的判定及孔隙度

景观基质是由相似的生态系统或植被类型组成的大片区域，如农田、草地、休耕地、林地，斑块和廊道镶嵌其中。斑块是不同于周围基质的相对均质区域（如农田基质中的小片林地和亚高山森林中的小片草甸）。廊道是不同于两侧基质的一条条带环境。

基质的判断通常有 3 个标准：相对面积、连通性和控制程度。

（一）基质的判定

1. 相对面积

景观中占据面积最大的要素类型往往也控制景观中的流。基质面积在景观中最大，是一项重要指标。因此，相对面积是判定基质的第一条标准。通常，基质的面积超过现存的任何其他景观要素类型的总面积。

2. 连通性

不能仅仅采用相对面积作为基质的唯一判断标准。当一块基质破碎化程度极高时，基质所占面积不是最大，反而会使破碎而成的各斑块面积之和最大。

再者，即使基质所占面积为最大，但有可能已被破碎化而成为连通性极低的状态。例如，即使树篱所占面积一般不到总面积的 1/10，然而直观上人们往往觉得树篱网格就是基质。类似地，公路边坡的植被所占面积大于石砌或混凝土网格，但人们确实容易认为后者是基质而不是前者。因此，确认基质的第 2 个标准是连通性。要求基质的连通性要比其他现存景观要素类型高。

3. 控制程度

控制程度指景观要素对景观动态的控制程度，基质的控制程度较其他景观要素类型大。

4. 综合标准

上述第 1 条标准最容易估测，第 3 条标准最难评价，第 2 条标准介于两者之间。从生态学意义上看，控制程度的重要性要大于相对面积和连通性。因此，确定基质时，最好先计算全部景观要素类型的相对面积和连通性。如果某种景观要素类型的面积比其他景观要素类型大得多，就可确定其为基质。如果经常出现的景观要素类型的面积大体相似，那么连通性最高的类型可视为基质。如果计算了相对面积和连通性标准之后，仍不能确定哪一种景观要素类型是基质时，则要进行野外观测或获取有关物种组成和生活史特征信息，评估现存的哪一种景观要素类型对景观动态的控制作用最大。

（二）孔隙度及边界形状

孔隙度是指单位面积上的斑块数目，是景观斑块密度的量度，与斑块大小无关。鉴于小斑块与大斑块之间有明显差别，研究中通常要对斑块面积先进行分类，然后再计算各类斑块的孔隙度。计算孔隙度时只计算有闭合边界的斑块，没有闭合边界的斑块则不予计算。连通性可分为连接完全和连接不完全。无论本底中有多少个"孔隙"，但如果本底能相互连通，则称连接完全，否则称为连接不完全。孔隙度与连通性是完全无关的概念。

景观基质内的孔隙度具有景观生态意义。例如，在农业景观中，往往残存着自然生态系统斑块（如小块林地、草地，相当于被基质包围的"孤岛"）。农田中残存的这些斑块能持续保护生物多样性。在林业生产中发现，散布于针叶林基质内的湿草地斑块常常是田鼠的栖息场所（Hasson，1977），它们在一定的季节会进入针叶林地内啃食针叶林的幼苗。当针叶林中湿草地所形成的孔隙度高，田鼠的发育数量大，对林地的破坏力则强；相反，湿草地孔隙度低，田鼠的危害较小。在农田中也发现相似情况，即农田中残留的林地或灌木丛越多，庄稼地遭到田鼠的损害越大，农作物歉收的情况就越容易发生。

因此，孔隙度与边缘效应密切相关，对能流、物流和物种流有重要影响，对野生动物管理具有指导意义。孔隙度越大，表明基质被分隔成斑块的程度越深，形成的斑块数越多，基质内边界越长，可能导致的边缘效应越明显。

基质内孔隙（无论其闭合还是不闭合）边界形状对其过滤器或半透膜作用影响巨大。2个物体间的相互作用与其公共界面成比例，如果周长与面积之比很小，则其体现为圆形特征，这对保护资源是十分重要的；如果周边与面积之比较大，那么回旋边界较大，该系统的能量、物质和物种可以与外界环境进行大量交换；第3种形状呈树枝状，主要与物质输运相关，如铁路网络、河流等。这些基本原理将边界形状和景观要素之间通过流的输入和输出与其功能联系起来。

另外，当用某类型斑块的数量比上该类型全部斑块面积之和来表示孔隙度时，称为类型孔隙度，如某城市区域中的建筑体孔隙度、绿地孔隙度、水体孔隙度、道路孔隙度等，此时，该区域全部类型斑块数量比上该区域总面积则称为镶嵌度。

第 3 节　景观生态学的主要理论基础

一、岛屿生物地理学

1962 年，普雷斯顿（Preston）建立了一个关于岛屿面积和生活在该区域内物种数量之间的关系式如下。

$$S = c A^z \qquad (5\text{--}1)$$

即

$$\log S = \log c + z \log A \qquad (5\text{--}2)$$

式（5–1）和式（5–2）中：S 为物种数量；A 为岛屿或斑块的面积；c 为一个表示单位面积上物种数量的常数；z 为物种数量的对数（$\lg S$）与岛屿面积的对数（$\lg A$）之间回归函数的斜率，表示单位面积上物种丰富度的变化。在实际研究中，c 和 z 值常采用统计回归方法获得。

事实上，z 是一个十分复杂的函数表达形式，迄今尚未获得恰当的函数关系。初步研究表明，它至少具有如下形式。

$$z = f\left[\, X(u,\ v,\ w),\ Y(x),\ \cdots \,\right] \qquad (5\text{--}3)$$

式（5–3）中：$X(u,\ v,\ w)$ 为由空间坐标 u，v，w（即维度、经度和高度）所决定的三维分布位置；$Y(x)$ 为与空间位置 X 相邻的地域状况，可以理解为制约系统动态的外部条件。通过大量的实验研究，发现了 z 的经验取值区间为 0.05~0.37。就全球陆地植物而言，z 的平均值为 0.22，它决定着物种数目的基础动态变化状况。因此，我们可以粗略地回答：保护好 1% 的物种空间面积，相当于保护了原有物种数目的 25%，这种估计尽管忽略了许多具体的分析，但却比较真实地为我们提供了有根据的数量概念。

上述经验方程缺乏对种—面积关系机理的解释。此后，学者们又提出了不同的假说来解释种—面积关系，其中，麦克阿瑟（MacArthur）和威尔逊（Wilson）于 1963 年和 1967 年提出动态平衡理论，综合种—面积关系，首次发表了岛屿生物地理学理论，力图弥补上述方程在机理分析上的缺陷。该理论认为，岛屿上的物种数量（S）取决于新迁入物种数量（I）和现有物种灭绝数量（E）之间的动态平衡。物种迁入和灭绝（I 和 E）的速度取决于岛屿的大小（A）和其距离陆地的远近（D）：绝灭率随岛屿面积（A）的增加而减小，迁入率随隔离程度（D）的增加而减小。这可以绘制一个一般性的动态图来表示，如图 5–1 所示。

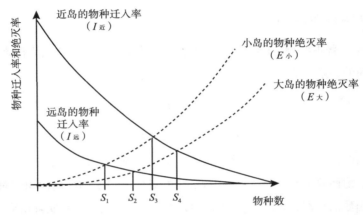

图 5–1　岛屿生物学理论（MacArthur and Wilson，1963，1967）

注：岛上的物种数取决于岛外物种的迁入与岛内原有物种的绝灭之间的动态平衡。

图 5–1 中的 4 个点分别代表岛屿大小和到陆地距离远近之间的组合情况，即 4 个平衡点：远离大陆的小岛上拥有较少的物种（平衡点 S_1 处）；在远离大陆的大岛或近距离的小岛（平衡点 S_2 或 S_3 处；当图 5–1 中大岛上的物种绝灭率曲线非常平直时，平衡点 S_2 在 S_3 右侧）上拥有中等的物种丰富度；而近距离的大岛（S_4）在 4 种组合中拥有的物种为最多。

由此，岛屿生物地理学理论可以用以下微分式模型来表示。

$$\frac{\mathrm{d}S(t)}{\mathrm{d}t} = I - E \qquad (5\text{--}4)$$

式（5–4）中，I 和 E 分别为物种迁入率和灭绝率，其与影响因素间的关系式如下。

$$I(S,D) = (1 - S/S_P)^{2n} \exp\left(1 - \frac{\sqrt{D}}{D_0}\right) \qquad (5\text{-}5)$$

$$E(S,A) = \frac{RS^n}{A} \qquad (5\text{-}6)$$

式（5-5）和式（5-6）中：S 为岛上物种数；S_P 为大陆种库大小；D 为岛屿与大陆种库间距离；D_0、n 和 R 均为拟合参数。$I(S, D)$ 表示岛外物种向岛内的迁入率，是岛内物种数目和离陆距离的函数，即迁入率受到后二者的制约；$E(S, A)$ 表示岛内物种的灭绝，是岛内物种数目和岛屿大小的函数，即灭绝率受到后二者的制约。

麦克阿瑟和威尔逊将种—面积关系和动态平衡理论两者有机结合在一起，建立起比较完整的岛屿生物地理学理论（简称 M-W 模型）具有以下显著进步。

（1）指出了岛屿物种数目的多少应由"新物种"的迁入和"老物种"的消亡或迁出之间的动态变化所决定，它们遵循一种动态平衡的规律。

（2）从单纯的经验关系，向着较高层次的机理解析推进了一步，也从单纯的静态表达向动态变化推进了一步。

（3）从单一的种—面积研究向以物种面积为中心并结合邻域特点的空间研究推进了一步。

现已证实，唯有把种—面积关系和动态平衡理论两者有机地结合在一起，才有可能更好地理解岛屿生物地理学理论，也才有可能对于物种的自然保护做出更加完善的解释。基本的事实是，任何划定的自然保护区并不是孤立的隔离空间，它与周围的区域及环境保持着密切的动态联系。尤其是对于物种的迁移与演替、发展与消亡的理解，若没有比较完整的岛屿生物地理学理论的指导，很难得出正确的结论。

作为一个地理名词，岛屿是指四面环水并在高潮时高于水面的、自然形成的、能维持人类居住的陆地区域。岛屿的突出特征是其与周围基质不相同。与此对照，孤立分布的山峰、沙漠中的绿洲、陆地中的水体、开阔地包围的林地和自然保护区等，都相对地符合"岛屿"的定义。它们都有比较明确的"边界"，有不受人为干扰的"体系"，有内部相对均一的"介质"，有外部差异显著的"邻域"。连同岛屿，它们都被视为天然的"生态实验室"，为探求生态学中涉及的空间分布、时间过程、系统演替乃至"时间—空间耦合"的生态系统行为等，提供了极好的研究场所。而从景观生态学的角度看，这些岛屿恰恰就是斑块，或者说斑块就是各种各样的岛屿。由此，岛屿生物地理学便与景观生态学连接起来。实际上，除了斑块的概念，岛屿生物地理学中已经涉及景观生态学中"廊道"概念，即物种向岛屿的迁入路径；在这一点上，下面要介绍的复合种群理论中也涉及了廊道的概念，即局部种群在斑块间的迁移通道显然就是廊道。

二、复合种群理论

"复合种群"的英文为"metapopulation"，由美国生态学家莱文斯（Levins）于1970年提出。"metapopulation"一词在中文语境下有几种不同的译法，如碎裂种群、超种群、组合种群、异质种群和复合种群等（叶万辉等，1995）。"metapopulation"表示"由经常局部灭绝，但又重新定居而再生的种群所组成的种群"，即复合种群是由空间上彼此隔离，而在功能上又相互联系的2个或2个以上的亚种群或局部种群组成的种群斑块系统。这些亚种群被不适宜的生境所隔离，但又通过散布廊道（或称导航廊道）相连。因此，某个物种的存活可能更多地取决于扩散能力（从一个斑块移居到另一个斑块的能力），而不是斑块内的出生和死亡。亚种群之间的功能联系主要指生境斑块间的生物个体或繁殖体（如植物种子）的交流，亚种群出现在生境斑块中，而复合种群的生境则对应景观斑块镶嵌体。莱文斯提出的复合种群又被称为狭义上的复合种群，它的存在必须满足2个条件：①频繁的亚种群（或生境斑块）水平的局部性灭绝；②亚种群（或生境斑块）间的生物繁殖体或个体的交流（迁移和再定居过程）。

哈里森（Harrison）于1991年根据近年来野外研究的结果，提出广义上的"复合种群"概念，即所有占据空间上非连续生境斑块的种群集合体，只要斑块之间存在个体（对动物而言）或繁殖体（对植物而言）的交流，无论是否存在局部的种群定居—灭绝动态，都可称为复合种群。依据种群的空间结构类型的不同，复合种群又可分为经典型复合种群（或Levins复合种群）、大陆—岛屿型复合种群、斑块型复合种群、非平衡态型复合种群与混合型或中间型复合种群共5类（Harrison and Taylor，1997）。

（1）经典型复合种群：如图5-2A所示，该类型复合种群指由许多大小和生态特征相似的生境缀块组成的复合种群，其主要特点是每个亚种群具有同样的绝灭概率，而整个系统的稳定必须来自缀块间的生物个体或繁殖体交流，并且随生境缀块的数量变大而增加。

（2）大陆—岛屿型复合种群（或核星—卫星复合种群）：如图 5-2B 所示，该类型复合种群由少数很大的和许多很小的生境缀块组成，或者由少数质量很好的和许多质量很差的生境缀块组成，或者虽然没有特大缀块，但由缀块大小的变异程度很大的生境系统组成。其特征为"源—汇"动态种群系统，大缀块起到"大陆库"的作用，基本上不经历局部灭绝现象。小缀块种群频繁消失，来自大缀块的个体或繁殖体不断定居，使其得以持续。

（3）斑块型复合种群：如图 5-2C 所示，该类型复合种群由许多相互之间有频繁个体或繁殖体交流的生境缀块组成的种群系统，一般没有局部种群绝灭现象存在。其特点是缀块间的生物个体交流频繁或繁殖体交流发生在同一生命周期，功能于一体。

（4）非平衡态型复合种群：如图 5-2D 所示，该类型复合种群在生境的空间结构上可能与经典型复合种群或斑块型复合种群相似，但由于再定居过程不明显或全然没有，从而使系统处于不稳定状态。除非有足够数量的新生境斑块不断产生，

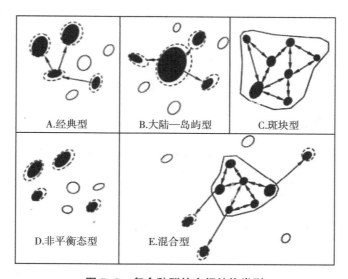

图 5-2　复合种群的空间结构类型

注：图中实心环表示被种群占据的生境斑块，空心环表示未被种群占据的生境斑块，
　　虚线表示种群的边界，箭头表示种群扩散方向（Harrison and Taylor，1997）。

否则这种复合种群随着生境总量的减少而区域绝灭。

（5）中间型或混合型复合种群：以上4种类型在不同空间尺度上的组合（如图5-2E所示）。例如，一个复合种群由核心区（即中心部分相互密切耦连的缀块复合体）和若干边远小缀块组成，而核心区又可视为一个"大陆"或"核星"种群。

上述5类种群结构相互之间有一定关系。就生境缀块之间种群交流强度而言，非平衡态型复合种群最弱或等于零，而斑块型复合种群最强。因此，它们代表了2个极端，而经典型复合种群和大陆—岛屿型复合种群居中。从生境缀块大小分布差异或亚种群稳定性差异来看，大陆—岛屿复合种群则居首位，而其他类型并无显著区别。不同结构的复合种群具有不同的动态特征，因此在应用复合种群概念和理论时，应该对其结构类型加以区别。比如，据经典型复合种群发展的理论和预测一般不适用于其他类型的复合种群。

岛屿生物地理学理论和复合种群理论既有联系又有区别。其共同的基本过程是生物个体迁入并建立新的局部种群，以及局部种群的灭绝过程。二者不同之处是：岛屿生物地理学更注重格局研究，它是从群落水平上研究物种的变化规律；复合种群理论强调过程研究，是从种群水平上（复合种群在生态学组织层次中是介于有机体水平和种群水平之间的一个层次）研究物种的消亡规律，侧重遗传多样性。

复合种群的概念，同岛屿生物地理学理论一起，从总体上不仅为濒危物种的保育，而且为野生动物的管理提供了理论模型。

三、渗透理论

渗透理论在景观生态学中主要用以研究景观格局对景观过程影响的临界阈值问题。例如，河中跳蹬石的数量及其布局（如间距大小），即景观格局如何，将直接影响两岸动物能否通过该河流（图5-3）。又如，森林中林木的布局（包括其数量和空间位置），将直接影响森林火灾是否能够蔓延整个林域。

在图5-3的森林例子中，起始着火点如图中左侧第一列所示。火灾蔓延遵循四邻法则，在森林密度为0.4时，火灾不能蔓延该片林地；而当森林密度达0.6时，四邻法则下火灾几乎可以烧毁整个林地。研究表明，在不同蔓延规则下，火灾蔓延整个林地需要的森林密度的最低值（即渗透阈值），分别是：四邻法则下为

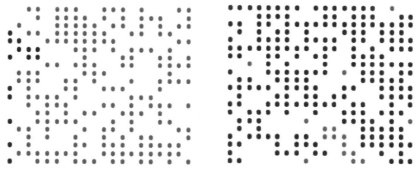

图 5-3　渗透理论的例子

注：上为跳蹬石；下左为四邻法则下森林（灰点）密度为 0.4 时的火灾蔓延情况（左侧首列深黑
点为火点）；下右为四邻法则下森林密度为 0.6 时的火灾的蔓延情况（李光辉等，2008）。

$p = 0.5926$，八邻规则下为 $p = 0.4072$。

　　因此，渗透理论是指当媒介密度从低到高达到某一最低的临界密度时，渗透
物可以穿过媒介材料，从其一端到达另一端。这种因为影响因子或环境条件达到
某一阈值而发生的从一种状态过渡到另一种截然不同状态的过程称为临界阈现象，
它在自然界广泛存在，显示出由量变到质变的特征。生态学的限制因子定律和最
小存活种群，流行病的传播与感染率，景观连接度与种群动态，水土流失和干扰
蔓延的影响等，都属于广义的临界阈现象。

　　在其他景观过程中所得到的渗透阈值与上述森林火灾例子的 2 个 p 值不完全
相同而略有差异，这是由于实际景观中生境斑块多呈聚集分布，如存在有利于物
种迁移的廊道，或者由于生物个体的迁移能力很强，可以跳跃过一个或几个非生
境单元，其 p 值或临界景观连通性通常要比经典的随机渗透模型所得出的理论值
低。韦恩斯（Wiens）于 1997 年认为，生物种群在景观中的"渗透"不但依赖于

景观结构，还取决于物种的行为生态学特征。

景观生态学中，渗透理论也已应用在动物运动和资源利用等方面的研究。当一种动物进入 p 值大于或等于 0.5928 的生境时，它可以类似于上述森林火灾那样穿过整个景观。当把渗透理论用于寻找资源时，假设有机体向景观的 n 个单元运动时至少能够发现一种资源，发现 0 种资源的概率为 $(1-p)^n$，至少发现 1 种资源的概率为 $R = 1-(1-p)^n$。根据渗透理论，如果 $R = 0.5928$，则根据此式得到 n 与 p 之间的关系为 $n = -0.89845/\ln(1-p)$。法里纳（Farina）于 1998 年计算了不同资源分布率 p 下有机体为获得该种资源而需要搜索的景观单元数 n，如 p 先后为 0.592800、0.201174 和 0.095007 时景观单元数 n 为 1 个、4 个和 9 个，当 p 降低到 0.009844、0.002244 和 0.000998 时景观单元数 n 需要激增为 100 个、400 个和 900 个。因此，当景观中某种资源较低时，要获得必要的资源数量，有机体必须向周围运动以获得其他的资源（O'Neill et al.，1988）。

以渗透理论为基础，可以解释和模拟景观生态学的研究对象中广泛存在的阈限效应，如流域中养分"源""汇"空间分布和数量结构对流域养分负荷影响的模拟、森林景观动态及生物多样性保护、景观破碎化和连通性的研究、林火模拟等。

四、等级理论与尺度效应

近年来，自然等级理论对景观生态学的兴起和发展发挥了重大作用。其最为突出的贡献在于大大增强了生态学家的"尺度感"，为深入认识和理解尺度的重要性以及发展多尺度景观研究方法起到了显著的促进作用（邬建国，2000）。

整个生物圈是一个多重等级层次系统的有序整体，每一高级层次系统都是由具有自己特征的低级层次系统组成的。若干基本粒子共同构成原子核，原子核与核外电子共同组成原子，若干原子形成分子，许多大分子组成细胞，细胞组成有机体，有机体组成种群，种群又组成生物群落，生物群落与周围环境一起组成生态系统，生态系统又与景观生态系统一起组成总人类生态系统。

景观是由不同类型生态系统组成的空间镶嵌体，同样具有等级特征。奥弗顿（Overton）于 1972 年将等级理论引入生态学。第一部生态学等级理论的专著 *Hierarchy：perspectives for ecological complexity* 于 1982 年由艾伦（Allen）和斯塔尔（Starr）编写出版，该专著详细论述了如何借助等级理论理解复杂的生态系统。奥尼尔（O'Neill）等于 1986 年的专著《生态系统的等级概念》，进一步阐述了生态系统的结构和功能的双重等级性质，并强调时间和空间尺度以及系统约束对生态系统研究的重要性。

可以说，等级理论是分析景观总体构架的基础。如上所述，等级理论认为，包括景观在内的任何生物系统，从细胞到生物圈都具有等级结构——任一等级的生物系统都由低一等级水平上的组分组成，而每一组分又是在该等级水平上的整体，由更低一等级水平的组分组成。对于某一等级上的生态系统，它受低一等级水平上的组分行为约束，即生物约束（O'Neill et al.，1986）；同时又受高一等级水平上的环境约束。约束力的范围和边界构成约束体系。从普遍意义上理解，约束体系就是限制因素。

等级理论最根本的作用在于简化复杂系统，以便达到对其结构、功能和行为的理解和预测。将复杂系统中繁多、相互作用的组分按照某一标准进行组合，赋予其层次结构，是等级理论的关键一步。在研究复杂系统时一般至少需要同时考虑 3 个相邻层次，即核心层、上一层和下一层。只有如此，才能较为全面地了解、认识和预测所研究的对象。例如，对一个生态系统来讲，其核心层次是不同的生态系统，其上一个层次则是区域的景观，其下一个层次则是构成生态系统的生产者、消费者和分解者所形成的群落。这 3 个层次构成了等级系统的垂直结构，上一层次的景观为生态系统提供了约束与控制，而下一层次的组分则为生态系统的变化与功能提供了解释与机理。每一个组织层次都是上一层次的一部分，同时也是一个独立发挥作用的子系统（整体元），具有其独特的涌现特征。

上述 3 个层次的划分是等级系统垂直方向上的结构，即系统层次数目、特征和相互作用关系。而在等级系统的水平结构，即同一层次上亚系统的数目、特征和相互作用关系上，空间邻接的不同生态系统则具有相似的组分，同时又通过能量、物质及物种的流动而相互作用。

某一复杂系统是否能够被化简或其化简的合理程度，通常称为系统的可分解性。用来"分解"复杂系统的标准常包括过程速率（如周期、频率、反应时间等）、其他结构和功能上表现出来的边界或表面特征（如不同等级植被类型分布的温度和湿度范围、食物链关系、景观中不同类型斑块边界等）。垂直结构的可分解性是因为不同层次具有不同的过程速率（如行为频率、缓冲时间、循环时间或反应时间）；水平结构的可分解性，来自同一层次上整体元内部及相互间作用强度差异最大的地方。通常，高等级层次上的生态过程（如全球植被变化）往往是大尺度、低频率和低速率的，而低等级层次的过程（如局地植物群落组成的变化）则表现为小尺度、高频率和高速率。不同等级层次之间存在相互作用，高层次对低层次通常表现为制约作用，在模型中往往可表达为常数；而低层次则可提供机制解释和功能行使，由于其高速率、高频率的特点，其信息则常常可以用平均值的形式来表达。

等级理论用来对复杂系统的结构、功能和行为进行理解与预测。例如，景观空间等级理论用来解释生态现象很有前景，如昆虫可使用不同的等级尺度准则来选择对其有意义的生境斑块、单株树木或树木上的叶片。

等级理论认为，任何系统皆属于一定的等级，并具有一定的时间和空间尺度。时间和空间尺度包含于任何景观的生态过程之中（Wiens，1989）。景观格局和景观异质性都依所测定的时间和空间尺度变化而异。通常，在一种尺度下空间变异中的噪声（即干扰、涨落，是指对系统稳定的平衡状态的偏离）成分，可在另一较小尺度下表现成结构性成分（Burrough，1983）。显然，在一个尺度上定义的同质性单元，可以随着观测尺度的改变而转变成异质性景观。因此，生态学研究必须考虑尺度的作用，而绝不可未经研究，就把在一种尺度上得到的概括性结论推广到另一种尺度上（Urban et al.，1987；Meentemeyer and Box，1987）。离开尺度来讨论景观的异质性、格局和干扰将失去现实意义。

尺度这一术语通常用于指观察或研究的物体或过程的空间分辨度和时间单位。大尺度或小尺度用于表示较大或较小的研究面积和较长或较短的时间间隔，小尺度具有较高的分辨率（低概括），而大尺度分辨率较低（高概括）。乌尔班（Urban）等于1987年用图例表示生物系统的等级结构。从叶片、树木、林窗、斑块、景观到区域，不同等级水平上系统的空间尺度和时间尺度大小都不一样。例如，叶片的生理过程一般发生在平方毫米或平方厘米的空间尺度，以及秒至分钟的时间尺度上，而景观的动态过程则多发生在平方千米的空间尺度和百年的时间尺度上。

短期的研究不能揭示出数年或几十年的变化趋势，也不能解释这些变化的因果关系，长期的过程常常隐含于"不可见的存在"之中（Magnuson，1990）。马格努森（Magnuson）于1990年对梦多塔湖的冰层研究揭示出了时间尺度的重要性。1982—1983年仅1年的时间数据难以解释冰层覆盖，而10年时间尺度的数据比较发现，1983年的冰层覆盖时间比其他9年的平均时间短40天，50年时间尺度的资料表明，在有厄尔尼诺现象时，冰期覆盖的时间变短，132 年的百年尺度资料可以证明全球气候在逐渐变暖。

生态系统的时间延迟效应也十分明显，因此许多生态过程需要长期的观测才可完成。在对牧草种群 500 年的模拟中，发现牧草受干扰后再恢复的时间延迟可以是 10 年、20 年、80 年，但一般不会低于 35 年。一系列因果关系的事件也增加了延迟时间。马格努森于 1990 年发现在水晶湖中水的混浊度与一种河鲈的数量关系密切（Parr and Lane，2000）。在河鲈数量增加到一定程度后，它们便会游到开阔水域，并以一种食藻类的微型浮游动物为食。浮游动物的减少，使藻类捕食压力降低，藻类大量繁殖，从而降低水的透明度。这个过程往往需要 2~3 年的时间。每个过程（河鲈数量增加、捕食压力的增大、藻类的大量繁殖）皆需要一定时间，所以造成了时间上的延迟。

此外，在空间上景观尺度的扩展，也会造成时间的延迟。长期生态研究在空间尺度的扩展可以从数平方千米的生态系统及景观水平到几十平方千米甚至几百平方千米的区域水平，一直到跨越洲、大陆的全球水平。也可包括不同的气候带，跨度从热带雨林、干旱草原到荒漠，类型从森林、农田、湖泊、河流到湿地及三角洲等。研究的尺度越大，需要越长的研究时间才能获得生态系统的真实信息，或者说生态系统需要经过越长的时间才能体现出其真正的性质和特征。

第 4 节　景观生态学的应用

一、城市景观生态规划

《中华人民共和国城市规划法》自 1990 年 4 月 1 日起施行。自 2008 年 1 月 1 日《中华人民共和国城乡规划法》施行，《中华人民共和国城市规划法》同时废止。因此，从法律层面的正式称谓是城乡规划。城乡规划是对一定时期内城乡社会和经济发展、土地利用、空间布局以及各项建设的综合部署、具体安排和实施管理，其内容之一包含生态廊道的布局。

城市生态规划是与可持续发展概念相适应的一种规划方法，它将生态学的原理和城市总体规划、环境规划相结合，同时又将经济学、社会学等多学科知识以及多种技术手段应用其中，对城市系统的生态开发和生态建设提出合理的对策，辨识、模拟、设计和调控城市中的各种生态关系及其结构功能，合理配置空间资源、社会文化资源，最终达到正确处理人与自然、人与环境关系的目的。

城市景观生态规划是根据景观生态学原理和方法，合理规划斑块、廊道和基质景观要素的数量及其空间分布组合，保障能量流、物质流和信息流畅通，使城市景观既适宜人类居住又符合生态原理并具有美学价值。城市景观生态规划除收集和调查城市景观的基础资料、对城市进行景观生态分析与评价的基础工作外，其规划主要集中在3个方面：环境敏感区的保护、生态绿地空间规划和城市外貌与建筑景观规划。

二、农业景观生态规划

农业景观指非城镇地区由农田、人工林地、农场、牧场、鱼塘和村庄等生态系统组成的景观镶嵌体，以农业活动为主，兼有自然生态结构与人为特征。在农业生产实践中，化肥、农药、除草剂的施用及现代农业工程设施的使用，使土地生产率提高，土地利用向多样化、均匀化方向发展。多种农村产业的蓬勃兴起，不断改变着农业景观格局，农业资源与环境问题日益突出。农业的持续发展面临着土壤侵蚀、有机质减少、土壤板结及盐碱化、污染和虫害等问题。如何利用景观生态学原理对农业景观资源进行合理的规划、设计，促进农业资源的合理配置及利用，具有重要的现实意义。

农业景观生态规划是运用景观生态原理，结合当地自然综合生态特点和具体目标要求，构建空间结构和谐、生态稳定和社会效益理想的区域农业景观系统（王仰麟和韩荡，2000）。它以景观单元空间结构调整和重建为基本手段，提高农区景观生态系统的总体生产力和稳定性，构建生产高效、生态稳定和社会经济效益理想的区域农业景观系统（肖笃宁，1999）。理想的农业景观生态规划要兼顾自然资源的第一性生产力功能、景观生态环境保护和旅游观光价值体现3个方面。

三、景观生态学与自然保护区规划

景观生态学的发展为自然保护区的规划和管理注入了新的活力。但是，自然保护区建立和景观生态学科的发展并不完全同步，导致原来设置的功能区可能边界划分不尽合理，如核心区与过渡区直接相连、缓冲区干扰甚重等。因此，自然保护区功能区需要遵循景观生态学原理进行调整和重新规划。

联合国教科文组织于 1971 年组织实施"人与生物圈"（MAB）计划，其核心是生物圈保护区的设置。保护区包括一些受到严格保护的"核心区"，还包括其外围可供研究、环境教育、人才培训等的"缓冲区"，以及最外层面积较大的"过渡区"或"开放区"。建立自然保护区主要目的在于：①保护稀有濒危物种；②保护有代表性的古生物化石和群落生境；③保护生物多样性和景观多样性（Holsinger，1999）。

基于景观生态学原理的自然保护区规划，重视对景观斑块和廊道的规划，注重对斑块大小、性质、数量和位置的充分考虑，以及对廊道的考虑。例如，我国鼎湖山自然保护区是我国第一个自然保护区，其建立之初景观生态学还不够完善，原核心区的建设管理基本符合"世界自然保护策略"20 世纪 70 年代针对保护区提出的设计和管理原则；然而缓冲区因为分布有鼎湖山著名的风景点，旅游和科普教育活动等对保护区的生态环境及生物多样性带来严重干扰。对此，张林艳等于 2006 年应用景观生态学原理在评价鼎湖山自然保护区功能区划的实施效果基础上，对新功能区规划实施的可行性进行了初步评价，并简要提出了相应的景观管理措施。调整后的功能区规划保证了核心区植被景观的完整性，与原功能区规划相比，新开辟的科普旅游路线还可对游客量进行一定分流，缓解原有缓冲区游客过多的现状。

四、景观生态设计

生态设计的思想最早出现在 20 世纪 60 年代的建筑学理论中，其起源与人们重新审视和批判西方工业社会价值观的社会思潮相关。1969 年，英国著名环境设计师麦克哈格的《设计结合自然》的问世，将生态学思想运用到景观设计中，使景观设计与生态学完美地结合起来，开辟了生态化景观设计的科学时代。到 20 世纪 80 年代末，在可持续发展战略理论思想的指导下，生态设计逐步扩展成为集生态学、设计学、材料学、心理学、美学、管理学等众多学科为一体的综合系统设计。因此，景观生态设计是在生态学及其分支学科，诸如生物生态学、系统生态学、人类生态学、环境生态学、景观生态学等的发展基础上，以景观生态规划为基础，综合利用生物工艺、物理工艺及其他工艺而进行的景观设计。景观生态设计的目的在于使人类向系统投入较少的能量与物质，通过系统内的物质循环、能量转换，获得较大的生产量、生态效益和社会效益，以及极少的生产废弃物。

根据景观生态设计所依据的原理及目标，可以将其分为综合利用类型、多层利用类型、补缺利用类型、循环利用类型、自净利用类型、和谐共生类型和景观唯美类型等（傅博杰等，2001）。多层利用型如珠江三角洲的桑基鱼塘系统（钟功甫等，1987），和谐共生的农林复合经营如南方有池杉—水稻间作，华北平原有农作物—泡桐间作以及东北地区的农作物—杨树间作、林药间作等多种形式（傅博杰等，2001），黄土高原综合利用的农、草、林立体景观设计（李玉山，1997），循环利用的农村庭院景观生态设计类型，城市绿色节能景观设计等。

思考题

（1）何谓景观、景观生态学？

（2）解释常用的景观生态学术语。

（3）简述斑块的类型及其生态学意义。

（4）论述斑块、廊道和基质之间的关系及其转换。

（5）列举景观生态学的理论基础。

（6）列举景观生态学的应用。

主要参考文献

［1］Borregaard M K, Matthews T J, Whittaker R J. The general dynamic model: towards a unified theory of island biogeography? ［J］Global Ecology and Biogeography, 2016, 25（7）: 805−816.

［2］Cutts V, Hanz D M, Barajas-Barbosa M P, et al. Links to rare climates do not translate into distinct traits for island endemics ［J］. Ecology Letters, 2023, 26（4）: 504−515.

［3］Dedrick A G, Catalano K A, Stuart M R, et al. Persistence of a reef fish metapopulation via network connectivity: theory and data ［J］. Ecology Letters, 2021, 24（6）: 1121−1132.

［4］Delavaux C S, Weigelt P, Dawson W, et al. Mycorrhizal types influence island biogeography of plants［J］. Communications Biology, 2021, 4（1）: 1128.

　　［5］Drielsma M, Love J. An equitable method for evaluating habitat amount and potential occupancy［J］. Ecological Modelling, 2021, 440: 109388.

　　［6］Graviola G R, Ribeiro M C, Pena J C. Reconciling humans and birds when designing ecological corridors and parks within urban landscapes［J］. AMBIO, 2022, 51（1）: 253−268.

　　［7］Guo Q F. Species invasions on islands: searching for general patterns and principles［J］. Landscape Ecology, 2014, 29（7）: 1123−1131.

　　［8］Khosravi R, Pourghasemi H R, Adavoudi R, et al. A spatially explicit analytical framework to assess wildfire risks on brown bear habitat and corridors in conservation areas［J］. Fire Ecology, 2022, 18（1）: 1.

　　［9］Layton-Matthews K, Griesser M, Coste C F D, et al. Forest management affects seasonal source-sink dynamics in a territorial, group-living bird［J］. Oecolgia, 2021, 196（2）: 399−412.

　　［10］Mendez-Castro F E, Conti L, Ottaviani G, et al. What defines insularity for plants in edaphic islands?［J］Ecography, 2021, 44（8）: 1249−1258.

　　［11］Min A, Lee J H. A Conceptual Framework for the Externalization of Ecological Wisdom: The Case of Traditional Korean Gardens［J］. Sustainability, 2019, 11（19）: 5298.

　　［12］Mologni F, Bellingham P J, Burns K C, et al. Functional traits explain non-native plant species richness and occupancy on northern New Zealand islands［J］. Biological Invasions, 2022, 24（7）: 2135−2154.

　　［13］Nguyen C T T, Moss P, Wasson R J, et al. Environmental change since the Last Glacial Maximum: palaeo-evidence from the Nee Soon Freshwater Swamp Forest, Singapore［J］. Journal of Quaternary Science, 2022, 37（4）: 707−719.

　　［14］Peixoto M G C D, Carvalho M R S, Egito A A, et al. Genetic Diversity and Population Genetic Structure of a Guzera（Bos indicus）Meta-Population［J］. Animals, 2021, 11（4）: 1125.

　　［15］Riotte-Lambert L, Laroche F. Dispersers' habitat detection and settling abilities modulate the effect of habitat amount on metapopulation resilience［J］. Landscape

Ecology，2021，36（3）：675-684.

［16］Schrader J，Wright I J，Westoby M，et al. A road map to plant functional island biogeography［J］. Biological Reviews，2021，96（6）：2851-2870.

［17］Vergnes A，Kerbiriou C，Clergeau P. Ecological corridors also operate in an urban matrix：A test case with garden shrews［J］. Urban Ecosystem，2013，16（3）：511-525.

［18］Zegers G，Arellano E，Östlund L. Using forest historical information to target landscape ecological restoration in Southwestern Patagonia［J］. AMBIO，2020，49（4）：986-999.

［19］陈小勇，焦静，童鑫. 一个通用岛屿生物地理学模型［J］. 中国科学：生命科学，2011，41（12）：1196-1202.

［20］陈妍. 城市生态廊道景观空间格局研究［J］. 智能城市，2018，4（22）：14-15.

［21］成晋鹏. 生态智慧园林理念在公园植物景观设计中的渗透［J］. 智能建筑与智慧城市，2021（12）：176-177.

［22］高增祥，陈尚，李典谟，等. 岛屿生物地理学与集合种群理论的本质与渊源［J］. 生态学报，2007（1）：304-313.

［23］郭倩，李可相，兰良鸿. 福泉市林地景观斑块特征演变分析［J］. 绿色科技，2022，24（7）：10-13.

［24］郭致宾，蒋志仁，蒋志成. 祁连山自然保护区封山育林成效调查［J］. 现代园艺，2023，46（9）：18-19，22.

［25］郝庆丽，任卓菲，刘刚，等. 光和噪声污染胁迫下城市生态斑块鸟类风险评价［J］. 生态学报，2022，42（6）：2186-2201.

［26］侯茂林，盛承发. 害虫研究与防治中的生态学尺度［J］. 应用生态学报，1998（2）：213-216.

［27］黄金夏，易雪梅，贾伟涛，等. 三峡库区消落带外来植物入侵与景观基质组成结构的关联性［J］. 应用生态学报，2022，33（2）：477-488.

［28］康新丽. 天敌复合种群对棉蚜的跟随现象初析［J］. 中国农业信息，2014（1）：122.

［29］李娜，陈新军，金岳. 基于复合种群的阿根廷滑柔鱼资源评估和管理策

略评价 [J]. 上海海洋大学学报, 2019, 28（3）: 471-482.

[30] 李时银. 农业害虫复合种群的时间分布及其应用 [J]. 华中农业大学学报, 1995（2）: 131-137.

[31] 李巍, 谢德嫦, 张杰. 景观生态学方法在规划环境影响评价中的应用——以大连森林公园东区规划环境影响评价为例 [J]. 中国环境科学, 2009, 29（6）: 605-610.

[32] 刘小明. 岛屿生物地理学理论在物种保育方面的应用误区 [J]. 生物学通报, 2012, 47（6）: 5-9.

[33] 刘伊萌, 杨赛霓, 倪维, 等. 生态斑块重要性综合评价方法研究——以四川省为例 [J]. 生态学报, 2020, 40（11）: 3602-3611.

[34] 罗江星. 基于景观生态原则的案例分析——以成都活水公园与丽江高山花园为例 [J]. 城市建设理论研究（电子版）, 2023（19）: 226-228.

[35] 彭翠华, 孙源, 吴文佑, 等. 减水河段滨河景观廊道宽度的确定方法研究 [J]. 水电站设计, 2020, 36（3）: 66-67, 94.

[36] 宋斐飞. 林业规划中的景观生态学原理及其应用探究 [J]. 民营科技, 2018（12）: 110.

[37] 唐安琪, 魏雯. 景观生态学视角下国土空间规划国内研究进展 [J]. 园林, 2023, 40（2）: 76-82.

[38] 陶远瑞, 姚楚怡. 北京环球影城地区景观廊道低碳建设途径研究 [J]. 林业调查规划, 2023, 48（4）: 115-119, 212.

[39] 王彩虹, 孙力, 孙越天. 应用景观生态学方法对大兴安岭森林植被变化进行分析 [J]. 环境科学与管理, 2010, 35（7）: 153-154.

[40] 王芮, 顾成林, 钟琳, 等. 基于 SWOT 分析三江源自然保护区研学旅行发展策略 [J]. 经济师, 2023（8）: 137-139.

[41] 王伟, 刘玥含, 杜悦, 等. 城市河流景观廊道生态修复技术研究 [J]. 西安建筑科技大学学报（自然科学版）, 2020, 52（4）: 602-609.

[42] 王雨涵, 杜佳佳. 生态城市视域下湿地景观营造中海绵城市理念的渗透探讨 [J]. 城市建筑空间, 2023, 30（S1）: 42-43.

[43] 邬建国. Metapopulation（复合种群）究竟是什么? [J]. 植物生态学报, 2000（1）: 123-126.

［44］邬建国. 岛屿生物地理学理论：模型与应用［J］. 生态学杂志，1989（6）：34-39.

［45］阎恩荣，斯幸峰，张健，等. E.O.威尔逊与岛屿生物地理学理论［J］. 生物多样性，2022，30（1）：11-18.

［46］杨洪平，杨贤洪，王劲，等. 景观廊道对重大森林火灾的影响研究进展［J］. 山东林业科技，2023，53（3）：124-128.

［47］杨柠睛，常顺利，师庆东. 景观基质内斑块数及面积变化对形状指数和分维数的影响分析［J］. 新疆大学学报（自然科学版），2018，35（4）：532-534，540.

［48］张彤，蔡永立. 谈生态学研究中的尺度问题［J］. 生态科学，2004（2）：175-178.

［49］赵淑清，方精云，雷光春. 物种保护的理论基础——从岛屿生物地理学理论到集合种群理论［J］. 生态学报，2001（7）：1171-1179.

［50］钟绍卓，孙浩源. 不同情景下祁连山国家级自然保护区生态系统服务时空变化及权衡与协同关系［J］. 水土保持研究，2023，30（5）：358-369.

第6章 环境污染及其生态效应

导读： 本章介绍环境污染的概念、污染物的来源及类型；介绍大气污染、水污染、土壤污染等主要类型的环境污染；分析污染物的污染生态过程与污染物的生态效应，说明污染物生态效应的发生机制；介绍污染物生态效应的监测与诊断，包括污染生态监测的概念、污染生态监测程序，以及污染生态诊断。本章重点介绍环境污染的生态过程及其效应机制。

学习目标： 理解环境污染的概念，了解环境污染的产生来源，理解主要环境污染类型的危害，理解环境污染的生态过程，了解环境污染物的生态效应机制，能对环境污染生态进行监测诊断。

知识网络：

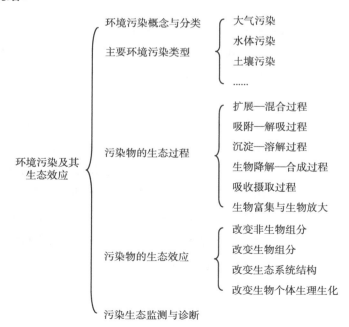

第1节　环境污染概念与分类

环境污染是指由于自然或人为因素，向环境中释放某种物质而超过其在环境中的容纳量，从而使环境和生物（包括人类）产生危害的行为。其中主要是指由于人为生产生活的因素，包括工业生产、资源开采、日常生活、军事活动等，导致环境受到有毒有害物质的污染，致使环境质量下降、生物的生长、发育、分布、繁殖以及人类的正常生活和生命过程受到有害影响的现象。

由于生态系统的物质流动和循环功能，使很多污染物在全球范围内传播分布，导致出现全球化的环境污染问题。

一、污染物来源

进入环境后使环境的正常组成和性质发生直接或间接有害人类的变化的物质被称为污染物。污染环境的物质发生源则称为污染源，可分为自然污染源和人为污染源。自然污染源是指自然界中天然的物理、化学和生物学过程。例如，火山爆发产生火山灰；海水蒸汽时带入空气中的各种盐粒；海洋上浪花飞溅产生的液体微粒及大风扬起的灰尘；特殊地质条件使一些地区某种化学元素大量富集，污染水体、土壤及植物和动物；森林火灾释放烟气和某些森林（如针叶林）会释放有害气体（如萜烯类化学物质）等。

人为污染源的类型可以依据不同的来源、目的、标准等来划分。按来源和人类社会功能的不同可将人为污染源分为工业污染源、农业污染源、生活污染源和交通污染源等；按照污染物排放的种类可将人为污染源分为有机污染源、无机污染源、热污染源、放射性污染源、病原体污染源、噪声污染源、感官性状污染源、电磁波污染源，以及同时排放多种污染物的混合污染源。实际上，大多数污染源属于混合污染源，如由硫铁矿生产硫酸的生产工艺，既向大气中排放废气、粉尘等污染物，又向环境排放含砷氟废水，同时还产生矿渣及污水处理过程中产生污泥。

按照环境要素可分为大气污染源、水体污染源、土壤污染源和生物污染源等。

按污染物排放的空间分布方式，污染源可分为点源、线源和面源。按照污染物排放的时间间隔，污染源可分为连续排放污染源、间隙排放污染源和瞬时排放污染源等。

人为污染源是伴随人类的各种生产和生活活动过程而产生的，它几乎已经延伸到人类活动的各个角落，并且严重影响着甚至威胁着人类自身的生存环境。这类污染源产生污染物是由于人类对能源、资源、物料的流失和浪费造成的，因此需要我们最大限度地减少对能源、资源及原材料的消耗，并同时提高其利用率和对废弃物的管控和转化。因此，需要通过技术改造、污染治理、综合利用和科学管理，为城乡环境管理、环境规划、环境科研提供充分依据。

二、污染物的类型

根据不同的标注，可对环境污染物进行不同类型的划分。

按照污染物的性质，可将其分为化学性污染物、物理性污染物和生物性污染物，如 SO_x、NO_x、重金属、农药等化学污染物，噪声、辐射、光污染、热污染等物理性污染物，病毒、细菌、病虫害等生物性污染物等。按照污染物在环境中理化性状的变化，可分为一次污染物（如 SO_x、NO_x）和二次污染物（SO_2 本身为一次污染物，但其在大气传输过程中可被转化为硫酸盐气溶胶而成为二次污染物）。按照污染物的形态则可分为气态污染物、液态污染物和固态污染物等。

为了强调污染物对包括人体在内的生物体可能造成的某些有害作用，还可将环境污染物分为致畸污染物、致突变污染物和致癌污染物等。按照环境要素来进行分类，污染物可分为大气污染物、水体污染物和土壤污染物等。

第 2 节　主要环境污染类型

一、大气污染

大气是自然环境的重要组成部分，地球表面覆盖着厚厚的大气层，从地表一直延伸到数千米的高空。现代大气按其成分可以概括为 3 个部分：干洁空气、水汽和悬浮微粒。干洁空气由多种成分组成，大致可分为 2 类：N_2、O_2、Ar、He、

Ne、Kr、Xe 等在大气中的含量较为固定的物质；CO_2、CO、CH_4、NO_x（N_2O、NO_2）、SO_2、O_3、H_2、I_2、NH_3 等在大气中的含量随时间和地点而变化的成分。

（一）大气污染的概念

大气污染指大气中污染物的浓度超过了大气的自净能力，对人类健康、生物生存、正常的工农业生产和交通运输等产生危害的现象。大气污染物的来源包括自然过程，如火山喷发、自然火灾以及人为活动，其中人为活动来源是主要的，包括取暖、做饭等人类生活燃烧排放的烟尘，工业生产过程排放的烟雾、粉尘等各种有害物质，各种交通工具（主要指汽车、火车、轮船、飞机等）在交通活动中排放的废气。

大气污染物是指由于人或自然过程排入大气、导致大气成分或其数量发生变化并对人或环境产生危害的物质。对大气环境及各种生物造成损害的污染物的种类繁多，已经产生危害或已被人们注意到的有上百种之多。

（二）主要大气污染物

大气污染物按其存在状态可分为气溶胶状态污染物和气体状态污染物。

1. 气溶胶状态污染物

气溶胶是由固体或液体小质点分散并悬浮在气体介质中形成的胶体分散体系，又称气体分散体系。其分散相为固体或液体小质点，其大小为 0.001~100 μm，分散介质为气体。天空中的云、雾、尘埃，工业上和运输业上用的锅炉和各种发动机里未燃尽的燃料所形成的烟，采矿、采石场磨材和粮食加工时所形成的固体粉尘、人造的掩蔽烟幕和毒烟等都是气溶胶的具体实例。

（1）粉尘：指工业生产中产生的粉末状污染物，大小为 1~100μm。一般把 10μm 以上的尘粒叫降尘，10μm 以下的尘粒叫飘尘。粉尘因重力作用可发生沉降，但在某一段时间内能保持悬浮状态。粉尘通常由固体物质的破碎、研磨、分级、输送等机械过程或岩石风化等自然形成的，如黏土粉尘、石英粉尘、煤粉尘、水泥粉尘、各种金属粉尘等。

（2）烟：一般指由煤等物质燃烧、矿石冶炼过程形成的固体粒子的气溶胶，粒径一般为 0.1~1μm，它是由熔融物质挥发后生成的气态物质的冷凝物。

（3）飞灰：指随燃料燃烧所产生的烟气中飞出的很细的无机灰分。

（4）黑烟：一般指由燃料燃烧产生的能见气溶胶，是燃料不完全燃烧的产物，除炭粒外，还有碳、氢、氧、硫等组成的化合物。

（5）雾：雾是气体中液滴悬浮体的总称。在气象中指造成能见度小于 1km 的小水滴悬浮体。在工程中，雾一般泛指小液体粒子悬浮体，如水雾、酸雾、碱雾等。

在大气污染控制中，除了上述细分外，还将大气中粒径小于 $100\mu m$ 的所有固体颗粒称为总悬浮微粒。

2. 气体状态污染物

气体状态污染物是在常温、常压下以分子状态存在的污染物。气体状态污染物包括气体和蒸汽。气体是某些物质在常温、常压下形成的气态形式。常见的气体污染物有 CO、SO_2、NO_2、NH_3、H_2S 等。蒸汽是某些固态或液态物质受热后，引起固体升华或液体挥发而形成的气态物质。例如，汞蒸汽、苯、硫酸蒸汽等。蒸汽遇冷，仍能逐渐恢复原有的固体或液体状态。

气体状态污染物又可分为一次污染物和二次污染物。一次污染物是指直接从污染源排到大气中的原始污染物；二次污染物是指由一次污染物与大气中已有组分，或者几种一次污染物之间经过一系列化学或光化学反应而生成的与一次污染物性质不同的新污染物。在大气污染控制中受到普遍重视的一次污染物有硫氧化物、氮氧化物、碳氧化物和有机化合物等，二次污染物有硫酸烟雾和光化学烟雾。

1）一次污染物

一次污染物也称原发性污染物，是污染源直接排入大气中的原始污染物，大部分为无机气体，常见的主要有以下 5 类。

（1）硫氧化物：主要的硫氧化物为 SO_2，是大气中数量较多、影响范围最广的一种气体状态污染物。大气中 SO_2 主要来自含硫燃料的燃烧过程，包括采暖、发电、含 S 矿石冶炼和石油精炼等。

（2）氮氧化物：造成大气污染的氮氧化物主要是 NO 和 NO_2。机动车、煤和天然气的燃烧以及肥料厂和炸药厂等是氮氧化物的主要来源。NO 进入大气后可缓慢地氧化成 NO_2，而 NO_2 的毒性约为 NO 的 5 倍。另外，NO_2 还会参与光化学反应，形成光化学烟雾，其毒性得到进一步增强。

（3）碳氧化物：CO 和 CO_2 是各种大气污染物中发生量最大的一类污染物，主要来源于燃料的燃烧和机动车、船的尾气。CO 是一种窒息性气体，是因为含碳物质的不完全氧化而形成的，CO 的排放通常集中在城市街道附近和公路沿线。CO_2

是空气中固有的成分，但生物地球环境中该物质的含量约为 0.03%，当其在空气中浓度过高时，氧气含量便相对减少，引起 C-O 失衡，对人和动物呼吸造成不良影响。大气中 CO_2 浓度持续增加会引起全球范围的温室效应，虽然在地球演化过程中温室效应对于保持生物舒适温度是必需的。

（4）烃类化合物：石油开采、化石燃料的不完全燃烧、机动车的排气和天然气泄漏等向大气中排放出大量烃类化合物。除甲烷等链短化合物外，还有多环芳烃等复杂化合物，多数都是对人和其他生物有毒有害，有的甚至致畸、致癌。烃类化合物也可促进光化学烟雾的形成。

（5）卤化物：卤化物是指金属元素阳离子与卤素元素氟、氯、溴、碘、砹阴离子的化合物。卤素化合物矿物种数在 120 种左右，其中主要是氟化物和氯化物，而溴化物和碘化物则极为少见。它们与人们的生活密切相关。与环境污染相关的卤化物主要包括氟化氢、氯化氢和氯气，其中氟化氢主要来源于电解铝、磷肥、磷酸等工厂，其造成的危害远大于氯化氢和氯气。

2）二次污染物

二次污染物是指排入环境中的一次污染物在适宜的物理、化学、生物因素的作用下发生变化，或者与环境中的其他物质发生反应，形成物理、化学性状与一次污染物不同的新污染物，又称继发性污染物。二次污染物的形成机制往往很复杂，二次污染物一般毒性较一次污染物强，其对生物和人体的危害也更严重。二次污染物主要有硫酸烟雾和光化学烟雾。

硫酸烟雾如上述，一次污染物 SO_2 在空气中氧化成硫酸盐气溶胶，如汽车排气中的氮氧化物、碳氢化合物在日光照射下发生光化学反应生成的臭氧、过氧乙酰硝酸酯、甲醛和酮类等二次污染物。

光化学烟雾是在阳光照射下，大气中的氮氧化物、烃类化合物和氧化剂之间发生一系列光化学反应而生成的浅蓝色烟雾（有时带些紫色或黄褐色），其主要成分有臭氧、过氧乙酰硝酸酯、酮类和醛类等。光化学烟雾的刺激性和危害要比一次污染物强烈得多。

（三）大气污染的危害

1. 大气污染对植物的危害

大气污染对植物的危害主要表现在 3 个方面：抑制植物的正常发育、使植物中毒或枯竭死亡、降低植物对病虫害的抵御能力。

植物叶片是最先遭受大气污染危害的部分。植物叶片的特殊构造可以大量吸附大气中的固体颗粒物，如煤、石灰粉尘、硫黄粉等，这种吸附一方面，堵塞了叶子气孔及植物皮孔，阻挡了顺利的空气交换和水分蒸腾，同时也遮挡了阳光，减少了光合有效辐射量，降低了光合强度。另一方面，微尘中所吸附的有毒物质通过溶解于水而渗透进入植物体内毒害植物，同时附着在粉尘上的病菌的感染，也会影响植物的生长发育。对于气体状态污染物，则可直接从叶片气孔侵入，然后扩散到叶肉组织和植物体的其他部分。污染物在叶片表明的吸附和进入内部，将影响气孔关闭，损害叶片的内部结构，破坏酶的活性，干扰叶片正常的光合作用、呼吸作用和蒸腾作用。有毒物质还能在植物体内进一步分解或参与合成，进而产生新的有害物质，对细胞和组织产生进一步的破坏并使其坏死。

大气污染对植物的危害可分为急性危害、慢性危害和不可见危害。急性危害是指污染物在短时间内（几天、几小时、几分钟）内造成植物叶片表面出现伤斑或叶片枯萎脱落甚至死亡。慢性危害是指污染物长期存在时对植物造成的危害，一般表现为受害症状不明显，如低浓度的二氧化硫侵入植物体后可使叶片逐渐褪绿黄化，影响植物的生长发育。不可见危害是指在污染物的存在未使植物外表出现受害症状，但植物的生理机能受到一定影响，出现植物生理障碍，植物生长受到抑制，产量下降，品质变劣。大气污染下，植物表现为生长缓慢，还会导致其对病虫害和逆境的抵抗能力下降等。

2. 大气污染对动物的危害

大气污染对动物的危害途径有 2 条：第一条途径是直接吸入有毒气体。在大气污染严重时期，家畜等动物直接吸入含有大量污染物的空气，引起急性中毒，甚至大量死亡。1952 年 12 月 5 日开始，伦敦发生了烟雾事件，当时正在伦敦举办一场牛展览会，参展的牛首先对烟雾产生了反应，350 头牛有 52 头严重中毒，14 头奄奄一息，1 头当场死亡。日本上野动物园也曾因大气严重污染，使大量鸟死亡，死亡鸟类的肺部有大量的黑色烟尘沉积。第二条途径是食用被大气污染的食物造成的间接中毒，其中砷、氟、铅的危害最大。大气污染可使动物体质变弱，甚至死亡。大气污染物沉降到土壤和水体后，经由植物的吸收在植物体内发生累积而产生受害症状，同时通过食物链，经食草动物食入含有毒物的牧草之后进一步累积而中毒甚至死亡，或者进一步沿食物链传递到更高一级动物，最终造成生态系统各级生物的健康损害。

3. 大气污染对人体的危害

大气污染物可以通过人的呼吸道侵入人体，同时经由皮上毛孔以及人体食用受大气污染物的食物和水也是大气污染物对人体的侵入途径。大气污染物进入人体所造成的影响会由于污染物性质、浓度和作用持续时间不同，以及每个受体年龄和身体健康状况的不同而不同。可按污染物作用时间长短将大气污染对人体的危害分为急性危害和慢性危害 2 类。

（1）急性危害：最典型的急性大气污染事件当属上述英国伦敦烟雾事件和比利时马斯河事件。英国伦敦烟雾事件的主要污染物是二氧化硫和粉尘，当时大气中二氧化硫浓度达到 1.34mg/m³，超出卫生标准的几十倍，粉尘浓度达到 4.46mg/m³；毒物持续时间达 4~5 天，伦敦市民对毒雾产生了反应，丧生者达 5000 多人，在大雾过去之后的 2 个月内又有 8000 多人相继死亡。1930 年比利时发生的马斯河事件，主要污染物是二氧化硫和氟化物，造成数十人死亡。高浓度污染物造成的急性中毒，比较容易引起人们注意，而低浓度污染物引起的慢性危害，人们往往容易忽略。

（2）慢性危害：指的是低浓度的大气污染物首先直接危害人体的呼吸器官，引起慢性呼吸系统疾病，如慢性支气管炎、肺气肿等。在美国的一项对 151 个城市 5.5 万人长达 7 年的跟踪研究发现，未成年死亡危险率在污染最严重的城市比污染最轻的城市高出达 15%~17%，而城市居民呼吸系统的疾病明显高于郊区。自 20 世纪 70 年代后期以来，流行病学数据显示出美国城市的空气污染主要通过导致呼吸道或心血管疾病，致使每年 3 万至 6 万人丧生，占这些城市所有死亡人数的 2%~3%。

人或动物对慢性毒作用易呈现耐受性。但是，污染物长时间作用于机体，往往会损及体内遗传物质引起突变，人体细胞突变往往是癌变的基础。调查表明，由于大气污染加重，肺癌在各种癌症中的比例显著上升。我国肺癌的发病率也很高，其中最高的是上海市。不仅如此，如果生殖细胞发生突变，后代机体在形态或功能方面会出现各种异常，或者是污染物通过母体影响胚胎发育和器官分化，使子代出现先天性畸形。因此，慢性毒作用对人体的损害可能比急性毒作用更加深远和严重。

二、水体污染

（一）水体污染的概念

水体污染是指河流、湖泊、水库、海洋、沼泽、地下水等地表与地下各种储水体中，当外源性物质突然增多，超过水体生态系统的自净能力，从而对水体环境质量和水生生物造成影响甚至明显破坏作用。水体是一个系统概念，即为一个生态系统而不仅指其中的水，也包括水中的悬浮物、底泥和水生生物，由各种无机环境因素和生物成分构成一个完整的生态系统。

大量污染物无论其来自外源或内源，被排入水体后，其含量可能会超过水体的本底含量及其对污染物的消纳和吸收转化与降解能力，使水体的水质和水体沉积物的物理、化学性质或生物群落组成发生变化，对水生生物和人体健康产生不利影响。有必要区分水和水体的概念，即同时关注作为生态系统组分的水及由其与其他组分所共同形成的系统。例如，在研究水体重金属污染时，我们看到重金属从水中沉积到底泥中，水中的重金属含量可能不超标，因此若仅着眼于水，似乎没有污染事件了，但从整个水体来看，重金属污染依然存在。所以研究水体污染不仅要研究水污染，同时也要研究底泥和水生生物所受到的重金属污染。

造成水体污染的原因可能是自然原因或人为原因，有时候还可能是两者的叠加。岩石和矿物的风化和水解、火山喷发、水流冲蚀地表、大气中尘埃随降水淋洗、生物释放的物质进入水体造成的污染都属于天然污染。例如，在含有萤石（CaF_2）、氟磷灰石［$Ca_5(PO_4)_3F$］等的矿区，无论是矿石的自然溶蚀还是人工开采活动，都很容易引起地下水或地表水中氟含量增高，从而造成水体的氟污染。由工业、农业、交通、生活等人为原因造成的污染，是水污染防治的主要对象。

（二）水体污染物种类

造成水体的水质、底质、生物等的质量恶化或形成水体污染的各种物质或能量均可能成为水体污染物。下面介绍 8 类常见的水体污染物。

（1）需氧污染物：来自生活和生产环节的污水（其中工业污水多用"废水"称谓）含有的碳水化合物、脂肪、蛋白质、木质素等有机化合物，在微生物作用下被最终分解为简单的无机物质。这些有机物在水中进行分解的共同特点在于需要消耗大量溶解氧（DO），若水中 DO 不足，则氧化作用停止并引起有机物的厌氧发酵，水面可观察到出现黏稠絮状物，使水面以下水体与空气隔开，阻碍水体—大气间的气体交换过程。水中缺氧引起水生动物死亡，水体发黑，散发恶臭味，形成黑臭水体。

（2）重金属：主要来自采矿和冶炼工艺，农药和化学也含有重金属；很多行业部门也通过"三废"的排放，向水中输入重金属。环境生态学领域所关注的重金属主要包括汞、镉、铅、锌、铜、镍、锡、铬等以及具有类似生态效应的非金属物质（如砷、硒、氟和铝等），其中汞和镉的毒性最大。这些重金属污染物最主要的特点是其不能被微生物完全降解，而只能发生各种形态之间的相互转化，并在环境中各处分散，且可能沿食物链发生迁移和富集的过程。

（3）植物营养物：所谓植物营养物，指的是植物生长所必需的营养物质，包括氮、磷、钾、硫及其化合物等。人为施肥促进了农业生产力，但化肥被农作物有效吸收的量（即肥料吸收率）不高，施入农田的化肥只有一部分被农作物吸收。以氮肥为例，一般情况下，未被植物利用的氮肥可占到施用量的 50% 甚至 80%。因此，有大部分未被植物利用的氮化合物被农田排水和地表径流带到附近及下游更远处的地下水和地表水中。经过一段时间，进入天然水体的营养物质会越来越多，导致水体富营养化，这将导致水体中能吸收这些外来营养物质的水生生物，尤其是浮游藻类大量繁殖，逐渐形成稠密的藻被层封闭水面；随后，大量死亡的藻类沉积在水体底部，进行耗氧分解，使水中的溶解氧急剧下降，造成鱼类等其他水生生物的大量死亡。同时，某些藻类还释放毒素，毒害水生动物。陆上地表水富营养化所导致的上述结果被称为"水华"，海水富营养化的结果被称为"赤潮"。

（4）农药：农药的使用对防治农作物病虫害、提高农业产量，从而解决粮食供应问题起到非常重要的作用。但与化肥使用一样，人类喷施的农药只有一小部分能够被作物吸附/吸收，大部分则通过降水与径流进入水体，某些难降解的有机农药还随大气环流波及全球，成为全球污染物。最著名的 DDT 其全世界有上百万吨仍残留在海水中，我国水体积累的 DDT 和六六六分别约有 10 万吨和 6 万吨。即便对于那些易降解的农药，由于大量且无节制的使用，也常常造成水体污染。

（5）酚类化合物：酚类化合物按其来源可分为内源性和外源性。某些自然存在的酚类化合物对人体健康有益处，酚类成分会影响饮料质量特性的变化，如口味、颜色、收敛性等。酚类化合物同样可以抑制白血病细胞的生长，其抗增生的功效相当于甚至大于传统抗癌因素。许多葡萄种植者已经开始利用酚类成分评定各种葡萄酒的制作方法对成品质量的影响。外源性酚类化合物的毒性以苯酚为最大，通常含酚废水中又以苯酚和甲酚的含量最高。环境监测常以苯酚和甲酚等挥发性酚作为污染指标。水体中酚类物质主要来自冶金、煤气、炼焦、石油化工、塑料等工业部门对含酚废水的排放。另外，粪便和含氮有机物在分解过程中也产生少量酚类化合物。

（6）氰化物：氰与青色相联系，著名的蓝色染料普鲁士蓝即为一种氰化物。氰化物是剧毒物质，一般人只要误服 0.1g 左右的氰化钾或氰化钠便会立即死亡，水中氰化物对于鱼的致死量为 0.3~0.5mg/L。工业中氰化物非常广泛，如电镀、洗注、油漆、染料、橡胶等行业。日常生活中，桃、李、杏、枇杷等含氢氰酸，其中以苦杏仁含量最高，木薯也含有氢氰酸。职业性氰化物中毒主要是通过呼吸道，在高浓度下也能通过皮肤吸收。生活性氰化物中毒以口服为主，口腔黏膜和消化道能充分吸收。

（7）酸碱及无机盐类：酸性废水主要来自矿山排水、冶金和金属加工酸洗废水和酸雨。碱性废水主要来自碱法造纸、人造纤维、制革等工业废水。它们分别与地表物质反应生成一般无机盐类，所以酸碱污染必然带来无机盐类污染。酸碱废水破坏水体的自然缓冲作用，消灭或抑制细菌及微生物的生长，妨碍水体的自净功能。

（8）微生物污染：城市生活污水、医院污水、污水处理厂的排水排入地表水后，引起病原微生物污染。排放的污水中常包含着细菌、病毒、原生动物、寄生蠕虫等。常见的致病菌是肠道传染病菌，如导致霍乱、伤寒等病害的病菌；常见的蠕虫有线虫、绦虫等，可引起相应的寄生虫病；常见的病毒是肠道病毒和肝炎病毒等。

（三）水体污染的危害

1. 水体污染对水生植物的影响

水体污染对水生植物产生影响的表现方面与大气污染类似，即均可从植物光合作用、呼吸作用和生长发育及繁殖等方面进行分析。

在植物光合作用影响方面，污废水中的各种固体或固体状（如胶体或细小悬浮固体）直接影响水体透明度，降低水中藻类所需有效光合辐射，减弱其光合作用；重金属绿色植物叶和藻类叶绿体内，在局部积累，并取代铁、锌、铜、镁等，干扰了植物对铁、锌、铜、镁等必需元素的吸收、转移，阻断了营养元素向叶部输送，阻碍叶绿素的合成；同时，这种取代也直接破坏叶绿体结构，使其功能活性大大降低直至消失；重金属促进叶绿素酶活力增加，加速叶绿素分解，使其含量降低。

在对植物呼吸作用影响方面，重金属对水生植物呼吸作用的影响也非常明显。通过干扰酶的活性，重金属镉在低浓度时对酶活性有一定刺激作用，使呼吸作用增强，而随着镉浓度增加，酶活性受到抑制，呼吸作用下降。类似的刺激作用在别的植物也有发现，如镉污染对斜生栅藻和蛋白核小球藻呼吸作用的影响试验表明，4h 的低浓度镉处理使 2 种藻类的呼吸作用增强，高浓度处理则明显抑制呼吸作用。

重金属污染影响水生植物的生长发育。不同浓度的重金属离子（Hg^{2+}、Cd^{2+} 等）对水生植物根的生长产生明显的影响。实验发现，污染物低浓度时能够在短时间内促进凤眼莲生长，而高浓度则很快导致凤眼莲根生长量减少，断根率增加。

2. 水体污染对动物的影响

重金属污染严重影响和破坏鱼类的呼吸器官，导致其呼吸机能减弱，其原因在于重金属元素黏结在鱼鳃表面，影响对氧气的吸收及降低血液中对氧气的输送能力，而且还降低血液中呼吸色素的浓度，使红细胞减少。研究发现，在鱼类遭受铅、汞、锌的毒害时，其血红蛋白的合成受到明显抑制，影响了动物血液输送氧气的能力。

一些有机氯农药也会导致某些鱼类的红细胞和血红蛋白下降；甲基对硫磷和乐果使红细胞的直径减小；硝酸铅使血浆中钠离子和氯离子明显增加，血红蛋白和 GOT 降低；甲基汞使血红蛋白、血浆中钠离子和氯离子增加；镉干扰肝脏对维生素 D_2 的正常储存；二甲基亚硝胺能诱发动物癌症；有机氯农药对水鸟及哺乳动物的繁殖有严重的影响。

3. 水体污染对人体的影响

人类自工业革命以来，越来越受到水污染的严重威胁。世界卫生组织（WHO）统计显示，世界上 80% 的疾病与引用不洁净水有关，如全世界有 4 亿人患胃肠炎，2 亿人患血吸虫病，3000 万人患盘尼丝虫病。以举世闻名的日本水俣病事件为例进行说明，水俣病于 1956 年左右在日本熊本县水俣市附近发生，经确认后依地得名。水俣病是世界上第 1 个因水体污染诱发的先天缺陷，是由于甲基汞中毒引起。当时甲基汞来源于一家氮肥公司，在生产乙醛和氯乙烯过程中，将含甲基汞的废水排入水俣湾，水生生物摄入甲基汞并蓄积于体内，又通过食物链逐级富集，在污染的水体中，鱼体内甲基汞比正常水中要高万倍，人们因食污染水中的鱼、贝壳而中毒。主要临床表现为：严重的精神迟钝，协调障碍，共济失调，步行困难，语言、咀嚼、咽下困难，生长发育不良，肌肉萎缩，大发作性癫痫，斜视和发笑。我国松花江及邻近河流渔村也发现儿童有食甲基汞污染的鱼类而影响神经肌肉随意运动功能使握力降低，眼手协调功能下降，记忆力减退等。因此，对含汞废水必须经过净化处理，达到 0.05mg/L（按汞计）以下方可排放，地面水及饮用水汞的最高容许浓度为 0.001mg/L，粮食为 ≤ 0.02mg/kg，薯、蔬菜、水果、牛乳为 ≤ 0.01mg/kg，肉、蛋（去壳）、油 ≤ 0.05mg/kg，鱼 ≤ 0.3mg/kg（其中甲基汞 ≤ 0.2mg/kg）。

如果饮用被镉污染的水后，会发生关节疼痛或自然骨折，人们称这种病为"骨痛病"；砷、铬污染水源使人体患多种疾病；大骨节病、氟中毒等症，也与饮水有直接关系。我国云南省的滇池近 10 年由于大量排入污水，造成严重水质污染，湖中已查出 72 种有机污染物，其中致癌、致畸的有 12 种。

三、土壤污染

土壤是由固相（矿物质、有机质和活的生物有机体）、液相（土壤水分或溶液）、气相（土壤空气）等 3 相物质、5 种成分组成的混合物。按容积计，较理想的土壤中矿物质占 38%~45%，有机质占 5%~12%，土壤孔隙约占 50%。土壤水分和空气共同存在于土壤孔隙内，它们的容积比是经常变动而相互消长的。按重量计，矿物质可占固相部分的 90%~95%，有机质占 1%~10%。

（一）土壤污染的概念

土壤污染是指人类活动和自然过程产生的物质进入土壤环境中，其数量和速度分别超过了土壤环境容纳量和土壤对污染物的净化能力，使土壤的结构与功能之间的平衡遭到破坏，正常功能失调，土壤环境质量下降，影响植物的正常生长发育的现象。

与大气污染和水体污染相比，土壤污染具有明显的隐蔽性、潜伏性、长期性和不可逆性等特点。

土壤污染是污染物在土壤中长期积累的过程，不容易被发现，一般要通过对土壤污染物、植物产品质量、植物生态效应、植物产品产量以及环境效应的序列监测才可能得以发现。其后果更是要通过长期摄食由污染土壤生产的植物产品的人体和动物的健康状况才能反映出来。因此，土壤污染具有隐蔽性和潜伏性，不像大气污染和水体污染那样易为人们所觉察。

同时，污染物进入土壤环境后与复杂的土壤组成物质发生一系列迁移、转化作用。其中，许多污染作用为不可逆过程，有些污染物（如重金属和微塑料）长期沉积在土壤中而不能被彻底从土壤中移除。因此，土壤一旦遭受污染，是极难恢复的。

（二）土壤污染物种类

土壤污染物可分为有机污染物、无机污染物、土壤生物性污染物。

（1）有机污染物：包括天然有机污染物和人工合成有机污染物，但以后者为主，包括来自工农业生产、生活废弃物中的有机污染物（又可进一步分为生物易降解性有机污染物和生物难降解性有机污染物），以及杀虫剂、杀菌剂和除莠剂等农药。

（2）无机污染物：无机污染物包括主要重金属、放射性物质、营养物质和其他无机物质等。重金属如汞、镉、铅、砷、铜、锌、硒等；放射性物质如铯、铀等；营养物质主要指植物生长需要的氮、磷、钾、硼等。这些污染物有的是随着地壳变迁、火山爆发、岩石风化等天然过程进入土壤，而更多的是因人类生产活动而进入的，诸如采矿、冶炼、机械制造、建筑材料、化工等。

（3）土壤生物性污染物：土壤环境中除了许多天然存在的土壤微生物、土壤动物外，还有大量来自人、畜排泄物中的微生物，如未经处理的粪便、垃圾、城市生活污水、饲养场和屠宰场的污物等。某些有害的生物种群，从外界环境侵入土壤，大量繁衍，破坏原来的动态平衡，对人类健康和土壤生态系统造成不良影响。

引起土壤污染的物质及其途径都是极为复杂的，它们往往是互相联系在一起的。为了预防土壤污染的发生，必须认识土壤污染物，特别是对环境污染直接或潜在威胁最大的污染物，如化学合成农药和重金属等，研究其在土壤系统中的迁移转化过程及其危害机制。

（三）土壤污染的危害

1. 对土壤理化性质的影响

土壤污染物，如建筑废弃物、工业酸碱物质等进入土壤，快速改变土壤原有的物理结构和化学反应平衡，导致土壤固体颗粒比例、土壤 pH 值等基础理化环境性质发生变化，并进一步破坏土壤的孔隙度，由此破坏土壤原有的蓄水、保肥、调节温度等生态系统服务功能。

2. 对土壤微生物的影响

研究发现，重金属在低浓度对土壤微生物有一定刺激作用，而高浓度对土壤微生物则明显有抑制作用，但不同类群微生物的敏感性有所不同，一般为放线菌 > 细菌 > 真菌。重金属对土壤微生物的活动也有影响，实验证明，土壤重金属污染区凋落物的分解速度比对照区要慢。土壤污染也会影响土壤中微生物的区系组成，可能导致某些物种的消失而使个别单一或几种微生物优势存在，或者引入新的土壤微生物种类。

3. 土壤污染对植物的危害

土壤中的污染物超过植物的忍耐限度会引起植物的吸收和代谢失调，一些污染物在植物体内残留，影响植物的生长发育，甚至导致遗传变异。土壤污染破坏植物根系的正常吸收和代谢功能，这通常与植物体内酶系统作用有关。例如，铜是植物生长发育所必需的微量元素，在生物中参与铬氨酸酥酶生理生化作用过程。当土壤中有效态铜含量小于 6mg/kg 时，植物的光合作用就显著衰退，氮的代谢过程也受到影响；另外，如果铜过量，被植物根系吸收后形成稳定络合物，会破坏植物根系正常代谢功能，引起植物生育障碍。在日本曾发生铜矿污染事件，当地铜矿废水污染稻田，使土壤含量高达 200mg/kg，造成水稻植株高仅 10cm，引起严重减产，矿区周围大面积农田沦为不毛之地。

4. 土壤污染对动物和人的危害

土壤中的污染物也使土壤动物受到影响。在终生都生活在土壤里的永住性土壤动物中，蚯蚓的活动有助于土壤中空气的流通和水的浸透，并使土壤肥化，因此它是对人类生活大有益处的一种动物。另外，蚯蚓是自然界生物链的一环，是各种小哺乳动物和鸟类的食物源。因此，污染物对蚯蚓产生的影响，不只限于对蚯蚓本身的影响，还影响到生产场所中土壤构造和机能，同时由于污染物在其体内的积累而成了污染物的媒介，把污染物供给食物链的上级生物，从而使影响范围扩大。

长期使用农药，在杀死害虫的同时也杀死了害虫的天敌，害虫被统统杀死，以害虫为食的天敌由于得不到足够的食物，数量也会减少甚至绝迹，破坏了生态平衡。农药通过食物链进入动物和人体后，在脂肪和肝脏中积累，从而影响正常的生理活动。

被病原体污染的土壤能传播伤寒、疟疾、病毒性肝炎等传染病。因土壤污染而传播的寄生虫病有蛔虫病和钩虫病等。有些人畜共患的传染病或与动物有关的疾病，也可以通过土壤传染给人。

第3节　污染物的生态过程及其生态效应

一、污染物的生态过程

污染物的生态过程包括污染物进入环境的无生物参与的扩散—混合过程、吸附—解吸过程、沉淀—溶解过程和有生物参与的生物降解—合成过程、动植物吸收—摄取过程以及生物累积—放大过程。

（一）污染物的扩散—混合过程

环境污染物的扩散—混合过程包括大气扩散—混合过程、海洋扩散—混合过程、河流扩散—混合过程以及土壤中的污染及扩散过程。导致污染物在大气介质中扩散的主要原因是其浓度梯度。污染物在大气中的扩散形式与其污染源状况密切相关，如点源扩散、线源扩散和面源扩散。影响大气污染物扩散—混合的因素主要有大气湍流、风、温度层结、大气稳定度以及混合层高度等。大气湍流是大气的基本运动形式之一，是指气流在三维空间内随空间位置和时间的不规则涨落，伴随着流动的涨落，温度、湿度、风乃至大气中各种物质的属性和浓度及这些气象要素的导出量都呈无规则涨落；换言之，空气的无规则运动称为大气湍流。大气湍流对大气中污染物的扩散起着重要作用，湍流扩散是空气污染物浓度降低的主要原因。大气湍流的主要效果是混合，它使污染物在随风飘移过程中不断向四周扩展，不断将周围清洁空气卷入烟气中，同时将烟气带到周围空气中，使污染物浓度不断降低。

污染物在海水中湍流扩散以水平扩散占优势,并受海水的温度、盐度和压力的影响。由于海洋垂直环流的作用以及由风力形成的漂流和波浪、海水温度与盐度的时空变化,导致进入海洋生态系统中的污染物发生垂直混合作用。

污染物在土壤中的迁移过程包括物理的平流、分子扩散、机械弥散、水动力弥散等。这个过程受到土壤性质(如土壤类型、团粒结构、孔隙度、含水量、土壤 pH 值以及有机质含量)、污染物性质(如污染物的蒸汽压、水溶解度和辛醇—水分配系数)、环境条件(如温度、空气湿度、空气湍流和地形特征)等多种因素的影响。

(二)污染物的吸附—解吸过程

吸附是指流体与多孔固体接触时,流体中某一组分或多个组分在固体表面处产生积蓄的现象。根据吸附剂与吸附质相互作用的方式,吸附现象分为物理吸附和化学吸附 2 种。物理吸附是由范德华力引起的,因此也称为范德华吸附。由于范德华力的作用较弱,使物理吸附的分子结构变化不大,接近于原气体或液体中分子的状态。物理吸附可以改变吸附质在吸附剂表面上的浓度;化学吸附则是伴随着电荷移动相互作用或生成化学键的吸附,化学吸附的作用力是较强的价键力,因此化学吸附具有化学反应的特点。通过吸附的逆过程除去被吸附的物质,被称为解吸过程。

污染物从气相或液相转入固相的反应,包括静电吸附、化学吸附、分配、沉淀、络合和共沉淀等反应。吸附包括吸持和分配 2 个过程,吸持是指污染物在固相上的表面吸附现象,是一种固定点位吸附作用,而分配作用是指土壤 / 沉积物中的有机物质对外来化学物质或污染物的溶解作用。瑞典化学家施瓦岑巴赫(Schwarzenbach)等于 1993 年把吸附分为吸持作用和吸收作用,其中吸持是指化合物向一个两维表面的迁移,吸收是指化合物在三维体系内的运动。

吸附—解吸过程中涉及下列 3 个基本概念。

(1)吸附剂与吸附质:吸附剂是指用来作为吸附载体的物质,如活性炭、土壤、石英砂、腐殖质等,而吸附质是指吸附于载体之上的物质。吸附剂和吸附质之间的物理或化学作用力使两者构成了一个吸附体系。

(2)吸附平衡:物质在载体上的吸附反应是一个动态的过程,在部分分子被吸附到载体颗粒物表面的同时,也有许多有机物分子从吸附剂上解离,当吸附速率与解吸速率达到同一水平时，在吸附剂上的吸附量将保持不变，这一状态即为吸附平衡。

（3）吸附等温线：在一个吸附体系中，污染物在固相介质上的吸附量与其液相浓度之间的依赖关系曲线称为吸附等温线。由于吸附量因固化合物和土壤/沉积物的理化特性及颗粒组成的变化而变化，导致吸附等温线因化合物和生态条件的不同差异较大。许多研究曾试图对吸附等温线进行分类以便更方便地比较吸附现象。这些研究大多是由贾尔斯（Giles）于 1960 年和 1974 年所提出的分类和朗缪尔（Langmuir）及弗罗因德利希（Freundlich）方程演变而来的。贾尔斯将吸附等温线分为 S 型、L 型和 C 型 3 种类型。

（三）污染物的沉淀—溶解过程

与吸附—解吸过程相比，污染物的溶解—沉淀过程则相对较简单。以土壤介质中重金属汞为例，其以化合物（HgS、HgI、Hg_2CO_3、Hg_2SO_4、$HgCl_2$ 等）的沉淀或矿物部分溶解于土壤溶液中，并转化为 Hg^{2+} 和 Hg_2^{2+}；相反，存在于土壤溶液中的 Hg^{2+} 和 Hg_2^{2+}，可与土壤介质中的其他各种化学成分（如 I^-、CO_3^{2-}、SO_4^{2-}、Cl^- 等）发生化学反应而形成沉淀。由此，构成了土壤汞的溶解—沉淀的动态过程。

物质在生态系统各环节存在的溶解—沉淀过程是最普遍发生的基本过程。当化学污染物进入生态系统，在环境条件和相关生态组分的作用下，即会发生溶解—沉淀过程。

对于污染物而言，由于其污染性，因而首先需要强调的是其进入环境后是否容易发生溶解问题。污染物溶解度越大，其带来的危害性也越大。对土壤中的汞来说，其 HgI_2 和 Hg_2I_2 分别是土壤中存在的最为稳定的二价和一价汞卤化物沉淀或矿物，其他卤化物则一般易溶。而当适当的卤离子活度存在，可使这些卤化物都变得稳定。

（四）污染物的生物降解—合成过程

在生物（特别是微生物）的作用下，某些毒性小的污染物或无毒性的化学物质，可被转化为毒性大或有毒性的污染物，或者生物利用低毒的低分子化合物合成高毒的高分子化合物，这个过程称为生物合成过程。在环境介质（如土壤）中，一些微生物参与了某些重金属（如汞）的烷基化过程，导致了汞的毒性变化。土壤中汞的烷基化是指由无机汞 $HgCl_2$ →甲基汞 CH_3Hg →二甲基汞（CH_3）$_2Hg$ 的过程。甲基汞和二甲基汞都是具有毒性的化合物，甲基汞是一种具有神经毒性的环境污染物，主要侵犯中枢神经系统，可造成严重的语言和记忆能力障碍等，有剧毒。损害的主要部位是大脑的枕叶和小脑，其神经毒性可能与扰乱谷氨酸的重摄取和致使神经细胞基因表达异常有关。二甲基汞易挥发、易燃、剧毒，是已知最危险的有机汞化合物，对胎儿的神经系统、智商和记忆等有危害，数微升即可致死。

汞甲基化过程可在好氧条件或厌氧条件下进行，其差别在于好氧条件的产物主要是 CH_3HgCl、CH_3HgOH 和 CH_3HgNHC（NH）等，厌氧条件产物主要是 CH_3HgSH 和（CH_3Hg）S 等。汞的甲基化分为生物甲基化和非生物甲基化 2 种途径。生物甲基化是指在微生物的存在下，通过甲基钴胺素作用将无机汞转化为甲基汞的过程；非生物甲基化是指在光的作用下，甲基供体（乙酸根、碘甲烷和氨基酸等）将无机汞转化为甲基汞的过程。甲基汞的毒性比无机汞大，并会在生物体内积累，经食物链的富集而威胁人类健康。

污染物的生物降解过程指的是在微生物、酶或植物分泌物的作用下，进入水或土壤介质中的化学污染物发生降解作用，转化为毒性不同的其他化学物质。较为常见的污染物生物降解是包括淀粉、蛋白质、脂肪等来自人类食物的遗弃物、残余物或排泄物形成的生活污水，在水解酶的作用下，首先降解为低分子的糖、氨基酸、脂肪酸和甘油等；然后在好氧条件下，进一步分解为 CO_2、H_2O 和无机盐类，或者在厌氧条件下，转化为有机酸、醇和各种还原性气体。碳烃化合物包括烷烃、烯烃、环烷烃和芳香烃等，其烷烃最末碳原子受到微生物的攻击，首先形成脂肪酸或醇，然后进一步降解。化学农药的生物降解过程则较为不易和复杂化。有机氯农药不易生物降解，有机磷（如马拉硫磷）在绿色木霉和极毛杆菌属等细菌作用下，首先降解为二烷苯基磷酸盐和硫代磷酸盐，然后降解为磷酸盐、硫酸盐和碳酸盐等。

（五）动植物吸收—摄取过程

植物对污染物的吸收—摄取过程包括植物通过其根系从水、土基质中吸收污染物进入植物体内并在不同组织中进行迁移分布。植物根系吸收是化学污染物进入植物体最重要的途径之一。植物还可以通过呼吸作用过程经由植物叶片、茎、果实等吸收大气中的污染物。污染物通过叶片进入植物体一般有 3 种途径：直接的喷施过程；随大气颗粒沉降累积于叶片表面然后进入植物体；叶片可以通过气孔从周围大气介质中吸收污染物。植物对污染物的吸收—摄取的动力来源是植物蒸腾拉力。

动物对污染物的吸收—摄取过程包括表皮吸收、呼吸摄入和摄食等途径。大多数动物类群3种途径通常同时存在。皮肤经常与许多外来污染物接触，通常动物皮肤对污染物的通透性较差，在一定程度上可防止污染物进入动物体内，但不同动物皮肤的屏障作用差异较大。对腔肠动物、节肢动物、两栖动物等低级种类动物来说，其表皮细胞防止外源污染物侵袭的能力较低，污染物渗透体表后可以直接进入体液或组织细胞。哺乳类动物皮肤吸收相对较难，污染物必须经过角质层、基底层和真皮层才能进入全身循环。不管哪类动物，污染物都会通过皮肤渗透到体内并引起动物中毒，如四氯化碳及部分有机磷农药可通过皮肤吸收而引起全身毒性，叠氮化钠等致癌物可以透过角质层而引起皮肤细胞病变。

高等动物通过呼吸作用对污染物进行摄入是一种不可低估的途径，而对于采用皮肤呼吸的低等动物，并没有污染物皮肤吸收和呼吸吸收的差别。肺泡上皮细胞层极薄且表面积大，大气中存在的挥发性气体、气溶胶和大气飘尘上吸附的污染物可以直接透过肺泡上皮进入毛细血管。气体、小颗粒气溶胶和脂—水分配系数高的物质很容易被呼吸吸收。肺的通气量和血流量对污染物的吸收有显著影响，高温和运动剧烈条件下污染物经肺吸收量将明显增加。大气飘尘进入肺部后，在气管和肺泡表面沉积。难溶于水的污染物将通过吞噬作用被吸收，而易溶于水的物质将被扩散吸收。

摄食营养物质并同时吸收污染物是动物摄食吸收污染进入动物体内的最主要途径。口腔黏膜可以吸收部分污染物，胃和小肠是许多污染物进入动物体内的主要场所，尤其是小肠。

（六）污染物的生物累积—放大过程

生态系统中DDT的生物累积—放大过程是最为典型的例子。在水体中最开始时DDT的浓度仅为3×10^{-6} ppm，需要依赖精度极高的检测仪器方能测出；但在浮游动物体内DDT浓度达到了4×10^{-2} ppm，约为水体中DDT浓度的13333倍。通过食物链的逐级传递，小型鱼类、大型鱼类和鱼鹰体内的DDT浓度分别到达了水体中DDT的166666倍、666666倍、8333333倍。简言之，与海水相比，DDT的浓度在不同生物体内可达1.3万倍~833万倍。像这样，生物个体通过吸收、吸附、吞食等各种过程，从周围无机环境中蓄积某种元素或难分解化合物以致随着生物生长发育，浓缩系数不断增大的现象，称为生物富集或生物浓缩。浓缩系数是指生物体内该物质的浓度同它所生存的无机环境中该物质浓度的比值，又称生物积累率或富集系数等。

考察污染物在生态系统中的同一食物链上的浓度变化情况，可以发现，DDT 从浮游动物→小型鱼类→大型鱼类→鱼鹰，其浓度急剧增大。这种由于高营养级生物以低营养级生物为食物，某些元素或难分解化合物在其机体中的浓度随着营养级的提高而逐步增大的现象，称为生物放大。

二、污染生态效应

（一）污染生态效应的概念

所谓效应，是指在有限环境下，一些因素和一些结果之间所构成的一种因果现象，多用于对一种自然现象和社会现象的描述。"效应"一词使用的范围较广，并不限定于指严格的科学定理、定律中的因果关系，如温室效应、蝴蝶效应、毛毛虫效应等。

由某种动因或原因所产生的一种特定的科学现象，通常以其发现者的名字来命名，如法拉第效应成效；物理的或化学的作用所产生的效果，如光电效应、热效应、化学效应等；对初始条件敏感性的一种依赖现象，如蝴蝶效应。药物引起的机体生理生化功能或形态的变化也称为效应。对于生态效应这一术语，迄今仍还没有确切的定义，人们往往把一些不利于生态系统进化的现象，统称为"生态效应"。事实上，生态效应作为一种现象，应包括 2 个方面的含义：一是指有利于生态系统中生物体生存和发展的变化，即良性的或有益的生态效应，如缺锌生态系统中加入了锌，使生物体的生物产量上升；或者当 2 种有毒元素共存时，由于它们之间的拮抗作用，使生态系统中生物体中毒的程度减弱；二是指不利于生态系统中生物体的生存和发展的变化，即不良生态效应，包括致畸、致突变、生物产量下降、生理上的不适甚至全死亡等。目前通常把不利于生态系统中生物生存和发展的现象统称为生态效应。

有时候，从环境学科角度出发，会有环境效应的说法。环境效应包括生物效应、环境化学效应和环境物理效应 3 种。生物效应是环境诸要素变化而导致生态系统变化的效果；环境化学效应是在环境条件的影响下，物质之间的化学反应所引起的环境效果；环境物理效应是物理作用引起的环境效果，如噪声、振动、地面下沉等。

从污染物的概念来讲，因其数量超过环境容纳量或其质量为生态系统所不能接受，因此当污染物进入生态系统，参与生态系统的物质循环，势必对生态系统的组分、结构和功能产生某些影响，这种表现即为污染生态效应。受到污染物影响的主体既可能是生物个体（动物、植物、微生物和人类本身），也可能包括生物群体甚至整个生态系统。

（二）污染生态效应的表现

1. 对非生物组分的改变

污染物直接导致非生物环境组分的变化，包括组分种类的从无到有，污染物量的从低到高。例如，由于人类的强烈活动，大气圈的化学组成在发生深刻改变，工业革命以来某些大气组分的浓度发生深刻变化，其中氟利昂在工业革命前并不存在于大气中，现在已经成为大气的一个重要组成部分。同时，污染物进入生态系统后，与生态系统中非生物组分发生化学反应，使环境的组成发生变化，如低价态污染物与氧气反应生成高价态污染物。此外，污染物对某些生物体产生毒性作用，使这些生物的新陈代谢及其产物发生改变，从而改变了非生物环境的组成。例如，人工合成的塑料已越来越改变着生态系统非生物组分。

2. 对生物组分和生态系统结构及功能的改变

污染物的种类、数量和质量都对生态系统中的生物个体产生有毒性、有害性或二者兼有，尤其是大量污染物进入生态系统时，或者长期作用于生态系统时，有可能造成生态系统中某些生物种类的大量死亡甚至消失，导致生物种类的组成发生变化，使生物多样性降低。例如，据美国的一份报告指出，在过去的400多年间，地球上约有2%的哺乳动物、1.2%的鸟类已经灭绝；在未来的30年中，全世界24万种植物大约将有6万种灭绝。

污染物所导致的生物成分的变化，将延续性地导致生态系统的结构和功能的变化甚至丧失。生态系统的结构，即物种结构、营养结构和空间结构，归根结底就是物种，即生物成分。污染物进入生态系统后，经常会导致该系统的结构发生变化及组成成分内部发生变化。例如，有机金属（如有机锡、有机汞等污染物）进入水体后，敏感物微藻种将最先受到毒害，其优势地位下降甚至消失，而污染耐受性强的种类优势地位逐渐上升，久而久之，非耐受种类的微藻逐渐遭到淘汰，群落组成也变得更加单一。如果有机金属污染继续加剧，超过耐受型藻类的耐受阈值，其也将受到明显毒害，整个水生生态系统的初级生产过程都将会受到严重干扰，系统可能出现崩溃。

生态系统的组成与结构的变化，必将最终导致生态系统的能流、物流、信息流也发生相应的变化。例如，重金属作用于农田生态系统，直接影响作物的光合作用生产过程而造成作物产量的降低，系统的物质生产与流动特征发生变化；光合作用过程受阻则直接影响了生态系统的能流特征；再如，有些有机污染物被称为"环境激素"，其存在大大干扰了各种动植物之间的信息传递。

3. 对个体生理生化的改变

上述重金属对农作物光合作用的影响即为污染物对植物个体生理生物影响的一个例子。SO_2、HF、Cl_2、O_3、NO_x、C_2H_4、NH_3、H_2S 等许多大气污染物都会对植物产生有害有毒作用。当有害气体浓度很高时，在短期内就会破坏植物的叶片组织，产生明显的症状甚至整个叶片脱落，使生长发育受到影响。另外，植物长期接触低浓度的有害气体，叶片也会逐渐变黄，造成生长发育不良等慢性伤害。当重金属等污染物浓度过高时会影响细胞膜的透性，从而影响生物的正常代谢，使糖的转移和碳水化合物累积受到影响，导致生物体对营养元素吸收的异常。下面以重金属对植物生理变化的影响加以说明。

重金属污染还可引起植物呼吸作用的改变，并对植物蒸腾作用有很大影响。在低浓度重金属污染物的刺激下，植物细胞膨胀，气孔阻力减少、蒸腾加速；当污染浓度超过一定值后，气孔蒸腾阻力增加或气孔关闭，蒸腾降低；如果浓度太高，叶面积出现伤斑，会导致蒸腾作用急剧下降。重金属污染物对植物体内酶的活性也具有十分重要的影响，由于植物、重金属浓度以及试验条件等的不同，具有刺激或抑制影响的结果均有报道。重金属对作物细胞的影响，见之于铅、铜的研究。研究认为，四乙基铅可抑制植物细胞的分裂，低浓度有机铅可引起洋葱根尖纺锤体紊乱，细胞分裂也严重受影响。

对于动物而言，污染物种类不同，对应的动物靶器官也有所不同，呼吸系统、循环系统、神经系统、消化系统以及其他系统都可能成为受毒害的对象。例如，Cd 造成高血压、肾与肺的损害、骨质的破坏、生殖细胞的破坏、贫血等，人体汞中毒的症状则通常是疲乏、多汗、头痛、视力模糊、肌肉萎缩、运动失调等。

从微观角度看，许多污染物对生物遗传物质具有致突变性，又发现多数致突变物是致癌物，尤其是有机有毒污染物以及放射性污染物，如多种多环芳烃、二噁英和多种放射性元素等。

（三）污染物生态效应的发生机制

1. 物理机制

物理机制是指污染物（包括能量）进入环境后只改变其物理性状、空间位置而不改变其化学性质、不参与生物作用的过程。包括污染物在环境中的分子扩散、紊流扩散及搬运过程，污染物沉降及累积过程，水体底质中污染物被水流冲刷的移动过程等。污染物的物理作用机制的影响因素主要取决于污染物的物理特性、环境中大气或水流扩散的尺度和强度，以及污染区域的边界、背景条件等。物理机制也可概括为污染物在生态系统中发生渗滤、蒸发、凝聚、吸附、解吸、扩散、沉陷、放射性蜕变等许多物理过程，伴随着这些物理过程，生态系统的某些因子的物理性质发生改变，从而影响生态系统的稳定性，导致各种生态效应的发生。例如，热电厂在向水体排放冷却水的过程中，导致水体温度的上升，是一个在水生生态系统中发生的物理过程，通常被称为"热污染"。热污染由于使水体温度升高，进一步增加水生生态系统中的各种化学反应速率，导致水中有毒物质的毒性作用加大；水温升高还会降低水生生物的繁殖率，并使溶解氧浓度下降。

2. 化学机制

化学机制主要指污染物经由与生态系统其他环境各要素之间发生化学作用，导致污染物的存在形式不断发生变化，其对生物的毒性及产生的生态效应也随之不断改变。以土壤中的重金属为例，其在土壤中存在着多种不同形态，它们本身性质的差异导致与土壤交互作用的不同，因而产生的生态效应往往也不同，如亚砷酸盐的毒性明显高于砷酸盐，即使同为砷酸盐，由于所结合的金属离子的不同，毒性也有很大差异。土壤环境氧化还原电位和 pH 值是影响土壤中重金属转移和对植物有效性的重要因子。研究发现，氧化还原电位的升高和 pH 值的降低导致水稻对 Cd 吸收量的增加。氧化还原电位的降低，在一些土壤中可能形成重金属的硫化物，从而使重金属的水溶性降低，减少了对植物的毒害程度。随着 pH 值的降低植物吸收重金属的增加，有可能是因为土壤溶液中 Fe^{2+}、Mn^{2+}、Cu^{2+}、H^+ 的增加而增加了对位交换的竞争，使重金属的吸附减少。

光化学反应是一氧化氮、碳氢化合物和许多化合物（如农药、氯氧化物、碳氢化物等）在太阳光作用下发生的化学反应，导致异构化、水解、置换、分解、氧化等作用。例如，一氧化氮和碳氢化合物在光作用下发生一系列化学反应生成了二氧化氮、臭氧、过氯酰基硝酸酯等有害的二次污染物，它们对人体健康的危害和对城市生态系统的破坏作用增强。而谷硫磷等杀虫剂在紫外光照射下产生多种无杀虫能力的代谢物。

3. 生物学机制

生物学机制是指生物机体结构组成部分的相互关系，以及其间发生的各种变化过程的物理、化学性质和相互关系。污染物生态效应生物学机制指污染物进入生物体后，生物体结构各组成部分间相互关系的变化过程。包括生物体的生长、新陈代谢、生理生化过程所产生的各种变化，如植物的细胞生育、组织分化以及植物体的吸收机能、光合作用、呼吸作用、蒸腾作用、反应酶的活性与组成、次生物质代谢等一系列过程的变化。

1）污染物在生物体内的累积富集机制

很多污染物进入生态系统后被一些生物直接吸收，而在生物体内累积起来，甚至沿着食物链不同营养级发生逐级传递，使顶端生物的污染物富集达到严重的程度。污染物的这种累积将使生物体发生严重的疾病，如"痛痛病"是 Cd 富集所引发的疾病，"水俣病"为因大量使用含有机汞的鱼类引起的疾病等。对于植物（如胡萝卜）的实验结果表明，Cd、As 等重金属在影响细胞干物质累积的同时，对水分的吸收也有阻滞作用，且这一作用随浓度的增加而更为突出。Cd、Cu、As 等重金属在烟草组织中达到一定浓度时，可抑制烟草组织的分化，分化芽数明显降低，以至不能分化。

2）生物对污染物的代谢、降解与转化机制

很多污染物能被生物吸收，这些物质进入生物体后在各种酶的参与下发生氧化、还原、水解、络合等反应，被转化、降解成无毒物质，如苯酚、氰化物和许多农药经植物吸收后生成复杂的化合物而使毒性消失。某些生物体可以吸附气体，如二氧化硫、氟化氢等，并吸滞尘埃。相反地，也有生物作用使污染物的毒性反而增强，如多环芳烃在土壤中的降解过程中，某些中间产物的毒性要大于初始污染物的毒性。

4. 综合机制

实际上，污染物进入生态系统所产生的污染生态效应，往往综合了上述各种物理、化学和生物学的过程，并且往往是多种污染物共同作用，形成复合污染效应。例如，进入土壤中的重金属，其种类通常不止一种；光化学烟雾也是由 NO_x 和碳氢化合物造成的复合污染。把 2 种或 2 种以上化学污染物共同作用所产生的综合生物学效应称为联合作用或复合作用。

复合污染生态效应发生的形式与作用机制多种多样，主要包括以下 3 种。

（1）协同效应：又称为增强效应，是指 2 种或 2 种以上的组分相加或调配在一起，所产生的作用大于各种组分单独应用时作用的总和；简单地说，就是"1+1>2"的效应。复合污染的协同效应指一种污染物的毒性效应因另一种污染物的存在而得到增强的现象。例如，乙醇和四氯化碳对肝脏皆有毒性，当同时作用于生物体时，会导致肝脏所受毒害效应比二者分别作用时强一些。

（2）加和效应：是指 2 种或 2 种以上的污染物同时或近乎同时作用于生物体时，共同产生的毒性或危害为其单独作用时毒性的总和，即"1+1=2"。这种效应对于那些化学结构相近、性质相似的化合物或作用于同一器官系统的化合物、毒性作用机理相似的化合物共同作用时容易产生，如稻瘟净与乐果对水生生物的危害。

（3）拮抗效应：拮抗效应与加和作用相反，它是指生态系统中的污染物对生物体的毒害作用因另一种污染物的存在而减小减弱。例如，据中野（Nakano）等于 1978 年的研究表明，Cu 和 Zn 对 *Euglena*（一种蓝绿藻）的生长具有拮抗效应。污染物之间生物拮抗效应的产生，主要是由于它们在有机体内相互之间的化学反应、蛋白质活性基因对不同元素络合能力的差异、元素对酶系统功能的干扰以及相似原子结构和配位数的元素在有机体中的相互取代等多种原因造成的。

第 4 节　污染生态监测与诊断

一、污染生态监测的概念

污染生态监测是指通过采用物理的、化学的和生物的方法与技术手段，对生态系统中污染物种类、性质、污染效应、迁移转化等进行定性、定量和系统的综合分析，以探明生态系统的质量及其变化规律。

　　污染生态监测的目的在于追踪污染物的来源及其污染路线；确定污染源所造成的污染影响，在时间和空间上的分布规律及其发展、迁移和转化情况；研究污染扩散模式和规律，为预测预报生态系统质量，控制生态系统污染和环境治理提供依据；收集生态系统本底值及其变化趋势数据，积累长期监测资料；为保护人类健康和合理使用自然资源提供建议，为制定和修改环境标准提供数据。

二、污染生态监测程序

（一）准备工作

　　污染生态监测准备工作主要包括监测点和采样时间的选择。污染生态监测的样品应该在具有代表性的时间、地点、按规定的采样要求采集、必须能够反映实际情况。若忽视了试样代表性，即使采用先进的分析手段进行认真的分析，也得不到正确的结果。那样不仅浪费时间、人力、物力，而且还能给环境质量评价和治理工作带来危害。因此，要获得正确的、可靠的分析结果，正确的采样是污染生态分析的首要问题。

　　在采样前，必须对监测区的情况进行详细调查，弄清监测区的污染源情况、工业区布局、人口密度、农药的使用、水文、气象、地质、地貌、城市给排水、河宽、河床结构等情况。在调查的基础上，根据监测目的，确定监测项目、监测点的布局及采样方法，使采集的样品具有代表性。水质监测的对象不是自然界存在的全部水，而是水体，具体地讲是指河流、湖泊、水库、海洋以及经人类加工的工业用水、排放水和生活饮用水等。

（二）样品采集

1. 土壤污染生态监测

　　土壤监测与大气、水体不同，大气和水皆为流体，污染物进入后易混合，在一定范围内，污染物分布比较均匀，相对来讲，比较容易采集具有代表性的样品。土壤是固、气、液3相组成的分散体系，污染物进入土壤后流动、迁移、混合较难，所以样品往往具有局限性。例如，当污染水流经农田时，其各点分布可能差别很大，其监测中采样误差对结果的影响往往大于分析误差。一般认为，监测值相差10%~20%是可以理解的。

为使所采集样品具有代表性，监测结果能表征土壤实际情况，首先需要进行污染源、自然条件、作物生长情况的调查研究，具体涉及：调查地区的自然条件，包括母质、地形、植被、水文、气候等；调查地区的农业生产情况，包括土地利用、作物生长与产量情况，水利、肥料、农药使用情况等；调查地区的土壤性状，包括土壤类型及其性状特征等；调查地区污染历史及现状，通过调查选择监测区域，确定代表性地段、代表性面积，然后布置一定量的采样地点进行采样。

不同类型土壤都要进行布点。在一定区域面积内，要有一个观察点。在非污染区的土壤中，也要选择少数观察点作为分析对照之用。必须明确，每个采样地点，实际上是一个采样测定单位，具体代表它所在整个田块土壤。由于土壤本身在空间分布具有一定的不均匀性，故应多点采样、均匀混合，以使样品具有代表性。在同一个采样单位里，若面积不大，可不同方位选择 5~10 个有代表性的采样点，采样点的分布应尽量照顾土壤的全部情况。

常见的布点方法如下。

（1）对角线布点法：该法适合受污水灌溉的田块。布点时由田块进水口向对角引直线，将对角线三等分，每等分的小点作为采样点，每一田块采样点不一定是 3 个。采样点应根据调查目的、田块面积和地形等条件做变动。

（2）梅花形布点法：该法适合面积较小、地势平坦、土壤较均匀的田块，设在两线相交处，采样点一般为 5~10 个。

（3）棋盘式布点法：适合中等面积、地势平坦、地形开阔、但土壤较不均匀的田块，一般采样点在 10 个以上。此法也运用于受固体废物污染的土壤，因为固体废物分布不均匀，采样点应在 10 个以上。

（4）同步布点法：适用于面积较大、地势不太平坦、土壤不够均匀的田块，采样点布点较多。若土壤中某些有害物质含量达到一定数量，则对作物生长产生影响。此时在采样前应全面观察田间作物生长发育情况及其形态特征，结合土壤、灌溉、施肥、施用农药等情况划分不同类型的地段，分别进行采样或者取混合后的样品进行测定。因为土壤监测在于预防和控制作物的污染，所以应该与作物监测同时进行，同步布点、采样、检验，以利于对比和分析。

为了解土壤污染状况，可随时采集样品进行测定。如果需要同时了解土壤上生长的植物受污染的状况，则依季节变化或作物收获期采集。若需要研究某种农药在土壤中的残留量，应在施农药前和植物收获季节分别采集土样。

如果要对土壤污染状况做一般性了解，只需要采取深度为 5~10 单位左右的耕层土壤及耕层以下 15~30cm 的土层土壤；如果了解土壤污染状况，应按照土壤剖面层分层取样。由下而上逐层采集，在各层内分别铲取一片片土壤，然后集中混合均匀。用于重金属项目分析的样品，需要将和金属采样器接触部分弃去。

由于测定所需的土样是多点混合而成的，取样量往往较大，而实际供分析的土样不需要太多。具体需要量视分析项目而定，一般要求 1000g。因此，对多点采集的土壤，可反复经四分法缩分。

采样时注意事项主要包括：采样点不能设在田边、沟边、路边、肥堆边；要将现场采样点的具体情况（如土壤剖面形态特征等）详细记录在记录本上；现场写好 2 张标签（地点、深度、日期、姓名），一张放入袋内，一张放在口袋上。

2. 地表水污染生态监测

首先，根据河流、湖泊等水域具体情况选定采样的地点。主要布点原则为：废水排入河流的主要居民区、工业区的上游和下游；湖泊、水库、河口的主要出口和入口；河流主流、河口、湖泊和水库的代表性位置；主要用水地区，如公用给水的取水口，商业性捕鱼水域和娱乐水域；主要支流汇入干流、河口或沿海水域的汇合。此外，布点还要考虑河流的宽窄和深度，污染程度与河水的深度有关。

其次是布点方法，对于河流常有以下 4 种布点方法。

（1）单点布设法：这是最简单的布点法，适用于河面较窄、流量不大、河床没有沙滩的小河流。其方法是在河流中心取样，但为了掌握水质变化，可以在工业城市偏上游和偏下游处分别单点取样，也可在河流断面上取混合水样，后者较为准确。由于河面较窄，取单点水样一般就能代表河流的污染状况。

（2）三点布设法：当在城市的下游有较大的河心滩时，则在河水分流处布设一点，河心滩两边各设一点，以便掌握河水分流后有害物质含量的分布情况。

（3）断面布设法：对于河面宽、水量大、水深流急的河流，应采用断面布设法，即在河流经工业城市或工业区的上游、中游、下游布设 3 种类型的监测断面，即对照断面、控制断面和消减断面。对照断面是为了解河流入境前的水体水质状况，应在河流进入城市或工业区之前，避开废水和生活污水排出口，一个河段只设一个对照断面。控制断面是为了解特定排污对水体的影响，评价水质污染情况，以便控制污染物排放的采样断面。其数目应根据城市的工业布局和排污口分布情况而定。例如，沿岸大城市、大型工矿区、工业集中区、城市的主要饮用水源、水产资源集中的水域、主要风景区、重大水利设施处以及国际河流出入国境线的出入口处等都应设置控制断面。一般认为，重要排污口下游的控制断面应放在距排污口 500~1000m 处，因为在排污口的污染带下游 500m 横断面上的 1/2 宽度处重金属的浓度出现高峰。消减断面是指废水、污水汇入河流，流经一定距离与河水充分混合后，水中污染物的浓度因河水的稀释作用和河流本身的自净作用而逐渐降低，且左、中、右 3 点浓度差异较小的断面。一般认为，消减断面应设在城市或工业区最后一个排污口下游以上的河段。对于一些水量小的河流，可根据具体情况确定消减面的位置。

（4）多面布设法：这是在有支流注入的河流，且上游和支流都有工业城市情况下应采用的布点方法。

对于湖泊水库的布点方法是根据汇入湖、库的河流数量、径沉、沿岸污染源的影响，水体的生态环境特点，湖库中污染物的扩散与水体的自净能力等情况设置断面：①在入出湖、库的河流汇合处分别设置采样断面，在湖、库区沿岸的城市、工矿区、大型排污口、饮用水源、风景游览区、游泳场、排灌站等地，应以这些功能区为中心，在其辐射线上设置近似弧形的采样断面；②在湖、库中心和沿水流流向以及滞流区分别设置采样断面，湖泊中不同鱼类的洄游产卵区应设置采样断面；③按照湖、库的水体种类（单一水体或复杂水体），适当增、减采样断面，还可按湖、库面积大小划成网格布点，每个方块布一个采样点。长形湖、库采用平行线条布点法，近圆形的湖泊采用同心布点法。

由于湖、库的水经常处于停滞状态，不同的深浅层水温也不同，从而水体内所含的物质的质、量也有所不同，因此必须采集不同深度的水样，以了解其垂直分布与分层情况。垂线上采样点的选择，在一般情况下，可参照河流中采样点的布置。若湖、库存在间温层，则要根据各成层的情况确定采样点的位置。

对于工业废水，采样点要根据分析监测的目的和要求，选择适宜的采样点。一般有 4 种布点方法：①对于测定一类污染物，包括砷、铅和它们的无机化合物，六价铬的无机化合物，有机氯和强致癌物质等，应在车间或车间设置出口处布点采样；②二类污染物，包括悬浮物、硫化物、氰化物、有机磷，石油类，铜、锌、氟及它们的无机化合物，硝基苯类、苯胺类等，应在工厂总排污口布点采样，某些二类污染物的分析方法尚不成熟，在总排污口处布点采样分析干扰物质多而影响分析结果，这时应将采样点移至车间排污口，按污水排放量的比例折算成总排污口废水中的浓度；③在处理设施的工厂，应在处理设施的排出口布点，为了解对废水的处理效果，可在进水口和出水口同时布点采样；④在排污渠道上，采样点应设在渠道较直、水量较稳定、上游没有污水汇入处。

最后，水样的采集频率，包括水系的采样和废水的采样。

对于水系样品的采集，为了掌握水质的季节变化，需要采集四季的水样，每季不少于 3 次。如果水质监测手段和力量有限，每年至少应在丰水期、枯水期各采样 2 次。北方有冰封期和南方有洪水期的省市，必须分别增加冰封期、洪水期采样。一年内采样总数为 6~8 次。对于一些重要的控制断面，为能了解一天内和几天之间的水质变化情况，也可以在 1 天内按一定的时间间隔或 2 天内分不同等分时间进行采样监测。有自动采样器时，则可进行连续自动采样和监测。对沿海受潮汐影响的河流，每次采样应在退潮和涨潮时增加采样，要承受污水或废水的小河流，每年至少应在丰水期、枯水期各采样 1 次，如果遇到特殊情况或发生污染事故时，还应随时增加采样次数。

对于废水样品的采集，由于生产工艺过程不同，工业废水的水质、水量变化很大，因此在采样前应仔细调查生产工艺过程，根据实际情况和分析目的，采用不同的采样时间和采样频率。如果工厂的生产工艺过检连续、恒定，废水中的组分及浓度不随时间变化，可以用瞬时取样。瞬时取样也适用于采集有特定要求的水样。例如，某些平均浓度合格，但高峰排放浓度超标的废水，可采用瞬时采样进行分别分析，将测定数据绘制成时间与浓度关系曲线，并计算其平均浓度和高峰排放的浓度。

此外，监测所需水样量由监测项目决定不同监测项水量的用量有不同的要求，所以采样必须按照各个监测实际情况分别计算，再适当增加 20%~30%，即可作为监测项目的实际采样量，供一般物理与化学分析用水样需用 2~3L，如待测的项目很多，需要采集 5~10L 充分混合后分装于储样瓶中。

（三）样品分析

1.重量分析法

重量分析法的操作是先用适当的方法使待测组分从试样中分离出来或将待测组分转化为含该成分且具有确定组分的化合物，然后通过准确称重，由称得的重量确定试样中待测组分的含量。重量分析法用分析天平直接称重反应产物的重量，准确度较高。对于高含量组分的测定，相对误差一般为 0.1%~0.2%；对于低含量组分的测定误差较大，操作复杂，故该法不适用于微量或痕量组分的分析。

重量分析法可分为：①直接过滤法，是用滤纸或滤膜过滤样品溶液，烘干滤纸及残留于滤纸上的固体，根据称量滤纸增加的质量，算出溶液中留在滤纸上物质的含量，如水中悬浮物和大气总悬浮微粒含量均可用此法；②蒸干法，即把溶液中的溶剂蒸发、干燥，再称量剩余物质的质量，就可得到样品中固体物质的含量，如水中总残渣、油分等的测定；③汽化法，也称挥发法，它是通过加热或蒸馏等方法，使试样中的待测成分挥发或变成易挥发的物质逸出，然后从试样减少的质量或利用吸收剂吸收挥发性物质后所增加的质量来计算所测成分的含量，如土壤中水分的测定；④萃取法，是利用待测成分在 2 种互不相溶的溶剂中溶解度的不同，使它从原来的溶剂中定量转入萃取溶液中，然后将萃取溶剂蒸干，称量干燥物，即可求出待测成分的含量；⑤沉淀法，是使待测物与沉淀剂反应生成难溶化合物，经过过滤、洗涤、干燥或灼烧等，得到组成固定的物质。

2. 容量分析法

容量分析法是用一种已知浓度的溶液滴加至被测物的溶液中，直至化学反应充分为止，然后由试剂溶液的用量乘以浓度算出被测物的含量。容量分析法中用来滴定被测物溶液的、已知浓度的试剂溶液称为标准溶液。容量分析法根据化学反应类型的不同，可分为酸碱滴定法（又称中和法，即以酸碱反应为基础的滴定分析法）、氧化—还原滴定法（是以氧化—还原反应为基础的一种滴定方法）、络合滴定法（是利用金属离子与络合剂形成络合物的化学反应为基础的一种容量分析方法）等。

3. 光谱分析法

光谱分析法是物理学、电子学、数学等相邻学科的快速发展所催生出来的分析方法，是分析化学中富有活力的领域之一，也是污染生态系统监测中应用最广泛的技术。光谱分析法特别是原子光谱分析法更接近物理分析方法。光谱分析法种类繁多，诸如紫外光谱、可见光谱、原子发射光谱、红外光谱、X 射线荧光光谱法、原子吸收、原子荧光光谱法、离子体傅里叶变换法、激光共振电离光谱、等离子体—质谱法等。下面对分光光度法进行说明。

分光光度法是利用棱镜或光栅等单色器来获得单色光，对待测物质的吸光能力进行测定的方法。根据物质对不同波长的光具有选择性的吸收作用，光谱范围为 190~800nm。在污染生态系统监测中，分光光度法一直占有十分重要的地位。环境样品中的砷、铬、铅、锌、铜、硒、氰化物、氟化物、二氧化硫、氮氧化物、酚及油类等污染物均可用该方法测定。分析方法的不断发展，使对污染有各种新型仪器和新的分析方法，但分光光度法、原子吸收光谱法、气相色谱法和化学分析法作为环境监测中的四大分析方法的地位丝毫没有动摇。在美国《水和废水标准检验方法》和我国《地面水水质监测检验方法》等权威性的著作及主要标准方法中，分光光度法在各类分析方法中所占的比率位居第一。分光光度法具有许多明显的优点：①操作简便、快速，仪器设备简单，各种类型的分光光度计均由光源、单色器、吸收塔、检测器四大部分组成，这些仪器操作简便，易于掌握，由于近年来新的灵敏度高、选择性好的显色剂和掩蔽剂的不断出现，常常可不经分离而直接进行比色或分光光度测定；②适用范围广，许多无机离子和有机化合物都可以直接或间接地用分光光度法进行测定；③在一定条件下，只要几种共存组分的最大吸收峰不重叠，则可以在同一试样中同时测定 2 种或多种组分；④该法准确度较高，一般分光光度法的相对误差为 2%~5%。其准确度虽比容量分析法低，但对微量组分的测定已完全能满足要求。

4. 色谱分析法

色谱分析法又称色层分析法或层析法，是一种高效的分离分析法，能简便、快速分离分析复杂样品中不同的待测成分。在污染生态监测分析中，它解决了许多其他分离分析法不便解决或无法解决的重大问题，成为污染生态监测分析的重要手段之一。

色谱技术是基于一相（流动相）流过另一相（固定相）时，混合物中各组分在相对运动时，混合物中各组分在两相间经反复多次分配，使原来分配系数只有微小差别的各组分产生很大的分离效果，从而将各组分分离开来。固定相可以是固体吸附剂，也可以是载体或载体上载有液体（固定液），或者是以管壁作载体涂抹固定液。流动相可以是气体或液体，前者为气相色谱分析法，后者为液相色谱分析法。液相色谱分析又分为柱层析（也称经典的柱层析）、纸层析、薄层层析和高效液相色谱分析。气相色谱法已成为水中苯系物、挥发性卤代烃、氯苯类、六六六、DDT、有机磷农药、三氯乙醛和硝基苯类污染物的分析方法。

气相色谱仪还可以通过与光谱仪所组成的联用仪，解决气相色谱定性困难的弱点。在联用仪中，以气相色谱仪作为分离手段，以光谱仪作为分析工具，在分析中取得了相得益彰的效果。当前最成熟的联用仪是气相色谱—质谱联用仪。现代色谱—质谱都配有电子计算机、自控实验条件和数据处理系统。有的联用仪还配有数据库，储存几万个化合物的图谱，可以自动检索定性。此外，气相色谱—傅立叶红外联用仪、气相色谱—核磁共振等联用技术的发展，进一步为污染生态监测提供了多种重要的检测手段，把剖析复杂样品中未知物的研究和实际应用等工作推上了一个新台阶。

5. 酶分析法

酶分析法是一种生物药物分析方法。酶分析法在生物药物分析中的应用主要有 2 个方面：第一，以酶为分析对象，根据需要对生物药物生产过程中所使用的酶和生物药物样品所含的酶进行酶含量或酶活力的测定，称为酶分析法；第二，利用酶的特点，以酶作为分析工具或分析试剂，用于测定生物药物样品中用一般化学方法难于检测的物质，如底物、辅酶、抑制剂和激动剂（活化剂）或辅助因子含量的方法称为酶分析法。

如果有仅作用于被测物质的酶，利用酶的特异性，不需要分离就能辨别试样中的被测组分，从而对被测物质进行定性和定量分析。因此，酶分析法常用于复杂组分中结构和物理化学性质比较相近的同类物质的分离鉴定和分析，而且样品一般不需要进行很复杂的预处理。酶分析法具有特异性强，干扰少，操作简便，样品和试剂用量少，测定快速精确，灵敏度高等特点。通过了解酶对底物的特异性，可以预料可能发生的干扰反应并设法纠正。在以酶作分析试剂测定非酶物质时，也可用偶联反应，而且偶联反应的特异性可以增加反应全过程的特异性。此外，由于酶反应一般在温和的条件下进行，不需要使用强酸强碱，它还是一种无污染或污染很少的分析方法。很多需要使用气相色谱仪、高压液相色谱仪等贵重的大型精密分析仪器才能完成的分析检验工作，应用酶分析法即可简便快速地进行。酶分析法目前主要广泛应用于医药、临床、食品和生化分析检测中，如尿素、各种糖类、氨基酸类、有机酸类、维生素类、毒素等物质的定性和定量分析。下面以过氧化物同工酶和过氧化氢酶为例，对酶分析法做简要介绍。

硒是动物和一些微生物生长必需的微量营养元素。生态系统中的硒对人和动物的影响主要是通过土壤—植物体系起作用，与硒的含量、形态和可给性有关。适量硒对植物生长有促进作用而高硒对植物则反映出毒性。在各种硒化合物对动物的毒性以及晒中毒的指标、预防和控制方面进行了较为深入的研究，但对土壤和植物中硒的研究较少，发展同工酶谱方法研究硒对植物生长发育影响的早期评价指标，将对植物致毒性的指示和影响机制研究有着重要的理论和实践意义。过氧化物酶是植物体内分布较广的一类氧化还原酶，具有重要的生理功能，如本质素的合成、伸展蛋白的聚合、植物生长素的代谢、病毒的抵抗和创伤的愈合等。该酶的活性对外界不良条件的反应十分敏感，如温度、盐渍、病害、无机污染等环境胁迫及激光、电磁辐射等物理因素作用，均会引起过氧化物同工酶酶谱变化。大量研究证实，过氧化物同工酶作为一种适应性酶，能反映植物生长发育的特点、体内代谢状况和对外界环境的适应性。因此，可以反映环境影响与植物生理代谢的关系。

动植物和微生物细胞内的过氧化氢菌可催化过氧化氢分解为水和分子氧化，当酶与底物（过氧化氢）反应结束后，再用碘量法测定未分解的过氧化氢量。以钼酸铵作催化剂，使过氧化氢与碘化钾反应，放出游离碘，然后用硫代硫酸钠滴定碘。根据被催化分解的量，即可计算过氧化氢酶的活性。过氧化氢酶广泛存在于动植物及微生物体内，近年来已被应用于生态毒理及生态化学领域。由于此酶可分解有机质降解过程中的土壤释放的过氧化氢或生物体内的过氧化氢，防止其对生物体的毒害作用，因此可作为了解土壤有机质状况、微生物数量、植物代谢强度及抗病能力的参数。在水生生态毒理学中，可用于估计受试化学品对水生生物的急性和亚急性效应。

三、污染生态诊断

（一）污染生态诊断的标准

1. 环境背景值

环境背景值又叫自然本底值，是指在不受人类活动影响情况下，组成环境的各个要素，如水、大气、生物、阳光、岩石、土壤等各种化学元素的含量及其基本的化学成分的含量，反映的是环境质量的原始状态。环境背景值是环境本身所固有的元素含量，以及环境中能量分布的正常值，可作为诊断生态系统污染程度的参照值。

如果环境中的化学元素含量超过了环境背景值和能量分布异常，表明生态系统可能受到了污染。但在人类的长期活动，特别是现代农业生产活动的影响，自然环境的化学成分和含量水平发生了明显的变化，要找到一个区域的环境要素的背景值是很困难的。因此，环境背景值实际上是相对不受直接污染状况下环境要素的基本化学组成。

2. 环境质量标准

环境质量标准是为保护人群健康和生存环境，对环境要素中有害物容许含量所做的人为规定。它是国家环境政策目标的具体体现，是制定污染物排放标准的依据，也是环保部门进行环境管理的重要手段。环境质量标准包括国家环境质量标准和地方环境质量标准。环境质量一般分为水质量标准、大气质量标准、土壤质量标准和生物质量标准。

环境质量标准是随着环境问题的出现而产生的。产业革命以后，英国工业发展造成的环境污染日益严重。1912 年，英国皇家污水处理委员会对河水的质量提出 3 项标准，即五日生化需氧量（BOD$_5$）不得超过 4mg/L，溶解氧量（DO）不得低于 6mg/L，悬浮固体（SS）不得超过 15mg/L，并提出用五日生化需氧量作为评价水体质量的指标。近几十年来，一些国家先后颁布了各种环境质量标准。环境质量标准按环境要素分，有水质量标准、大气质量标准、土壤质量标准和生物质量标准 4 类，每一类又按不同用途或控制对象分为各种质量标准。

水质量标准是对水中污染物或其他物质的最大容许浓度所做的规定。水质量标准按水体类型分为地面水质量标准、海水质量标准和地下水质量标准等；按水资源的用途分为生活饮用水水质标准、渔业用水水质标准、农业用水水质标准、娱乐用水水质标准和各种工业用水水质标准等。

大气质量标准是对大气中污染物或其他物质的最大容许浓度所做的规定。世界上已有 80 多个国家颁布了大气质量标准。世界卫生组织（WHO）于 1963 年提出二氧化硫、飘尘、一氧化碳和氧化剂的大气质量标准。

土壤质量标准是对污染物在土壤中的最大容许含量所做的规定。土壤中污染物主要通过水、食用植物、动物进入人体，因此土壤质量标准中所列的主要是在土壤中不易降解和危害较大的污染物。

生物质量标准是对污染物在生物体内的最高容许含量所做的规定。污染物可通过大气、水、土壤、食物链或直接接触而进入生物体，危害人群健康和生态系统。联合国粮食及农业组织（FAO）和世界卫生组织（WHO）规定了食品（粮食、肉类、乳类、蛋类、瓜果、蔬菜、食油等）中的农药残留量。美国、日本、苏联等也规定了许多污染物和农药在生物体内的残留量。例如，日本厚生省于 1973 年 1

月颁布的农药残留标准，对大米、豆类、瓜果等 30 多种生物性食品中的铅、砷、DDT、六六六等 17 种污染物规定了残留标准。中国颁布的食品卫生标准对汞、砷、铅等有毒物质和一些农药等在几十种农产品中的最高容许含量做出了规定。

3. 环境容量

环境容量是以生态系统为基础，在一定区域与一定期限内，遵循环境质量标准，既保证农产品生物学质量，同时也不使环境遭到污染时，环境所能容纳污染物的最大负荷量。一个特定的环境（如一个自然区域、一个城市、一个水体）对污染物的容量是有限的。其容量的大小与环境空间的大小、各环境要素的特性、污染物本身的物理和化学性质有关。环境空间越大，环境对污染物的净化能力就大，环境容量也就越大。

环境容量是对污染物进行总量控制与环境管理的重要手段，它对损害或破坏环境质量的人类活动，施加数量上的限制，以求人的活动符合自然规律，从而进一步要求污染物的排放必须限制在允许限度内，既能发挥生态系统的净化功能，又保证该系统处于良性循环状态。

污染物的排放必须与环境容量相适应，如果超出环境容量就要采取措施，如降低排放浓度，减少排放量，增加环境保护设施等。在工农业规划时，必须考虑环境容量，如工业废弃物的排放、农药的施用等都应以不产生环境危害为原则。在应用环境容量参数来控制环境质量时，还应考虑污染物的特性。非积累性的污染物，如二氧化硫气体等风吹即散，它们在环境中停留的时间很短，依据环境的绝对容量参数来控制这类的污染有重要意义。

由此可见，开展环境容量的研究，不仅可以揭示自然环境的内在属性，而且对于制定环境质量标准，开展区域性环境污染的综合防治，合理利用自然资源，都有着十分重要的意义。

4. 临界浓度

临界浓度是指环境中某种污染物对人或其他生物不产生不良或有害影响的最大剂量或浓度，或者说人或其他生物遭受污染物而产生不良反应或有害表现所对应的污染物最低剂量或浓度。它反映环境介质中的污染物作用于研究对象，在不同浓度或剂量下引起危害作用的种类和程度。按作用对象的不同可分为卫生临界浓度（对人群健康的影响）、生态临界浓度（对动植物及生态系统的影响）和物理临界浓度（对材料、能见度、气候等的影响）。

生态系统中污染物临界浓度确定有多种分析方法，归结起来，主要有生态地球化学法和生态环境效应法。

（1）生态地球化学法：主要是应用统计学方法，根据环境中元素地球化学含量状况、分布特征来推测环境中临界浓度的方法。例如，对于土壤来说，以各土壤中某元素的自然含量或背景值来表示，一般的做法是背景值算术平均值的1.2倍（或3倍）标准差或几何均值乘以几何标准差。小于此值被认为是无污染土壤，大于此值是污染土壤。但由于各种微量元素所具有的植物毒性和动物毒性是各不相同的，所以必须考虑其生态效应和卫生效应，从而确定其临界浓度。例如，英国环境部暂定的园艺土壤中铅的最大允许浓度为500mg/kg，它是根据表层含铅平均值75mg/kg和标准差388mg/kg制定的。

（2）生态环境效应法（对于土壤临界浓度的确定）：①是建立土壤—植物（动物）—人系统，应用食品卫生标准推算土壤中有害物质的浓度，作为临界浓度；②是将作物产量减少10%时土壤中有害物质浓度作为临界浓度，对地面水、地下水是以不产生次生污染时的土壤有害物质浓度作为临界浓度；③是当土壤微生物减少或土壤微生物活性降低到一定数量时，土壤中有害物质浓度即为临界浓度。

在论述土壤污染物的临界浓度制定时，曾有学者提出20多个土壤微生物活性和生化过程指标，其中主要有呼吸作用、固氮作用、蔗糖酶、蛋白酶、纤维素酶、硝化作用、大肠杆菌、微生物区系（包括最敏感的类型、腐生细菌）等。在上述指标中，固氮作用、酶活性和呼吸作用是最敏感的指标。当土壤中的重金属含量超过背景值仅百万分之几时，就对微生物开始表现出抑制作用。土壤真菌对重金属污染也是高度敏感，其数量在污染土壤中剧增，而其他微生物种类的数量则相应减少。以上述指标确定土壤重金属临界含量的具体界限：一种以上的生物化学指标在7天以上出现；25%的变化或者微生物计数指标在7天出现>50%的变化。另外，对于土壤重金属临界浓度，则以微生物的数量减少或活性降低10%~15%作为制定标准的极限，超过则会引起土壤正常功能的毒害。

（二）污染生态诊断方法

1. 生物途径诊断法

1）敏感植物指示法

当生态系统受到污染后，某些植物对污染所产生的生态反应和生理生化反应会从表观上表现出来，如植物叶片或花瓣颜色发生改变，从而可以利用这些"信号"，诊断生态系统被污染的状况。但采用什么指标表示污染的质和量，目前仍然需要进一步研究。下面是一些可资利用的植物生长指标。

（1）植物症状表现。

植物受到污染影响后，常常会在植物形态上，尤其是叶片上出现肉眼可见的伤害症状，即可见症状。不同的污染物和浓度所产生的症状及程度各不相同。根据敏感植物在不同环境下叶片的受害症状、程度、颜色变化和受害面积等指标，来指示生态系统的污染程度，以诊断主要污染物的种类和范围。

人们可以通过植物受害症状特征确定生态系统中的污染物种类，但要注意分析各种污染物引起的共性症状，而且监测工作者还要熟练掌握各类污染物伤害植物叶片的典型症状特点，手边还需要备有各类污染物影响植物的症状彩色图，以供查对。

植物症状指标还可以反映生态系统污染的程度，给出相对的定量关系。例如，在污染物浓度与植物伤害程度分级的基础上，根据植物伤害程度和面积来确定污染物的浓度范围。

（2）植物生长量表现。

可利用植物在污染生态区和清洁区生长量的差异来诊断和评价生态系统污染状况。一般差异越大，表明生态系统所受污染越严重。

（3）种子发芽和根生长中毒情况。

通过植物种子萌发和根部生长的抑制情况来反映所受污染物危害作用的大小和受害程度的深浅。这是因为，陆生植物种子萌芽和根部伸长是植物生长周期中最为关键的阶段，也是对周围环境变化最为敏感的时期。通过研究化学物质对高等植物的生态毒理效应来监测环境污染程度，从生态学的角度衡量环境健康，进而评价该化学物质的排放可能对环境造成的不良影响。

2）敏感动物指示法

敏感动物指示法，是指利用敏感动物在一定地区范围内通过其特性、数量、种类或群落等变化指示环境或环境因子特征的方法。土壤动物对土壤环境变化的生物指示研究已受到广泛关注，通常用土壤动物的群落组成、物种多样性、物种的多度和丰富度的变化以及其生理指标等指示土壤环境变化，如土壤线虫和蚯蚓可作为长期不同施肥方式下土壤质量或肥力变化的特征性指示类群。在河流环境质量变化程度的研究中，以泥鳅作为敏感指示动物，通过研究其体内重金属的富集程度，可指示河流环境质量状况。因此，敏感动物指示法在实际研究中具有很高的应用价值。

可以利用鱼类的回避反应实验来研究污染物的生态毒理特征。行为毒理学是研究环境中不良因素（包括物理的、化学的因素）对实验动物及人类行为方面影响的科学，是毒理学的一个分支。行为测试已较广泛用于有机溶剂、重金属（尤其是铅、汞）、工业废气、农药等神经毒理学研究。许多研究表明，行为确是一种早期和敏感的毒理学指标，人或动物接触相对低剂量（或浓度）的环境毒物后，常是在出现临床症状或生理生化指标改变之前，表现出行为功能障碍。

行为指标不仅敏感，并且在测试上是无创伤的，也比较客观，容易掌握，对于考虑毒物对神经系统功能损害具有相对特异性。在制定最高容许浓度和诊断、评价生态系统质量标准方面具有特殊意义。

回避反应是鱼类行为方式之一。污染引起的生物回避，可使水环境中的水生生物种类、区系分布随之改变，从而打破了生态系统的平衡。利用生物行为反应进行污染生态诊断，可以检出低浓度的污染物。

生物回避性能是由于外界环境作用于其感官系统，信息再传递到中枢神经系统所引起的。目前对污染物产生回避反应的水生动物种类主要有鱼、虾、蟹，水生昆虫等也有一定回避能力。

3）发光细菌诊断法

利用发光杆菌作为指示生物的方法，是一种快速、简便、灵敏、廉价的诊断方法，并与其他水生生物测定的毒性数据有一定的相关性，因此该方法对有毒化学品的筛选、诊断和评价具有重要意义，也可作为诊断、评价污染生态系统内化学物毒性的指标。

污染物影响下细菌发光原理是：明亮发光杆菌在正常生活状态下，体内荧光素在有氧参与时，经荧光酶的作用产生荧光，光的峰值在490nm左右。当细胞活性高时，细胞内 ATP 含量高，发光强；休眠细胞 ATP 含量明显下降，发光弱；当细胞死亡，ATP 立即消失，发光即停止。处于活性期的发光菌，当受到外界毒性物质（如重金属离子、氯代芳烃等有机毒物、农药、染料等化学物质）的影响，菌体就会受抑制甚至死亡，体内 ATP 含量也随之降低甚至消失，发光减弱甚至到零，并呈线性相关。

2. 物理诊断法

物理诊断法通过对污染物进入生态系统后系统颜色、味道、水体透明度、大气可能度、土壤团粒特征、土壤结构与质地等物理性质的判断来确定环境介质质量变化。

除了传统的分析判断方法，遥感技术等新方法用于污染生态系统的诊断越来越成熟和频繁，包括应用遥感技术进行水质、土壤污染、大气环境变化、农作物及其他植被生长态势等各个方面的分析和评价。

3. 化学诊断法

用化学分析方法诊断生态系统的污染物的化学性质和化学反应为基础的分析方法。国际学术联合会环境问题科学委员会提出生态系统应测定下列污染物：包括汞、铅及其代谢产物与分解产物，多氯联苯；长效性有机氯，四氯化碳醋酸衍生物，氯化脂肪族，砷、铬、钒、锰、镍，有机磷化合物及其他活性物质（抗生素、激素、致畸性物质和诱变物质）等。

思考题

（1）举例说明什么是环境污染。

（2）简述大气污染的过程及危害。

（3）简述水污染的过程及危害。

（4）简述土壤污染的过程及危害

（5）说明污染生态过程的表现。

（6）举例阐述污染物的生态效应。

（7）分析有哪些常用的污染生态监测与诊断方法。

主要参考文献

［1］国际种子检验协会（ISTA）. 国际种子检验规程［M］. 北京：中国农业出版社，1996.

［2］Geng H X, Yan T, Zhou M J, et al. Comparative study of the germination of Ulva prolifera gametes on various substrates［J］. Estuarine, Coastal and Shelf Science, 2015, 163：89−95.

［3］Knoke K L, Marwood T M, Cassidy M B, et al. A comparison of five bioassays to monitor toxicity during bioremediation of pentachlorophenol-contaminated soil［J］. Soil Water, Air and Soil Pollution, 1999, 110: 157–169.

［4］Liu T T, Wu P, Wang L H, et al. Response of soybean seed germination to cadmium and acid rain［J］. Biological Trace Element Research, 2011, 144: 1186–1196.

［5］Mariappan N, Srimathi P, Sundaramoorthi L, et al. Effect of growing media on seed germination and vigor in biofuel tree species［J］. Jourmnal of Forestry Research, 2014, 25（4）: 909–913.

［6］Sfaxi-Bousbih A, Chaoui A, Ferjani E E. Cadmium impairs mineral and carbohydrate mobilization during the germination of bean seeds［J］. Ecotoxicology and Environmental Safety, 2010, 73（6）: 1123–1129.

［7］包美玲, 张强, 洪慧, 等. 湖库型水产养殖污染生态环境损害鉴定适用方法研究［J］. 环境科学与技术, 2023, 46（S2）: 241–246.

［8］曹慧慧, 姚时, 李晓娜, 等. 气候因子作用下土壤中微／纳塑料的污染特征及生态效应研究进展［J］. 生态与农村环境学报, 2023, 39（5）: 584–590.

［9］范飞, 周启星, 王美娥. 基于小麦种子发芽和根伸长的麝香酮污染毒性效应［J］. 应用生态学报, 2008, 19（6）: 1396–1400.

［10］侯峥, 李婵媛, 常胜, 等. 水污染控制在石化园区生态化建设中的水绩效评价研究［J］. 环境科学导刊, 2023, 42（1）: 82–88.

［11］金彩霞, 郝苗青, 王庆纬, 等. 利巴韦林对4种作物种子发芽的影响［J］. 生态毒理学报, 2013, 8（1）: 37–41.

［12］刘书颖, 张翔, 徐晶, 等. 基于冗余分析的城市河湖水污染成因及尺度效应［J］. 中国环境科学, 2022, 42（10）: 4768–4779.

［13］刘同明. 锦带花种子发芽试验［J］. 林业勘查设计, 2014（1）: 89–91.

［14］陆妍, 孟顺龙, 陈家长. 灭多威的污染现状及其对水生生物的毒性效应研究进展［J］. 中国农学通报, 2021, 37（24）: 139–145.

［15］屈国颖, 李民敬, 郑剑涵, 等. 受污染湖泊沉积物中氮素转化对有机污染物降解的促进效应与机制［J］. 地球科学, 2022, 47（2）: 652–661.

［16］王丽, 王萌, 耿润哲. 基于农业面源污染风险区的生态保护红线优化方

法分析［J］. 中国环境监测，2023，39（3）：41-49.

［17］杨光蓉，陈历睿，林敦梅. 土壤微塑料污染现状、来源、环境命运及生态效应［J］. 中国环境科学，2021，41（1）：353-365.

［18］杨怡森，孙晨瑜，马俊卿，等. 玉米接种丛枝菌根真菌后对土壤铅污染的耐受效应［J］. 生态与农村环境学报，2023，39（10）：1316-1322.

［19］殷晓彦，崔占峰. 偏向性技术进步的污染减排效应研究——基于产业结构升级的视角［J］. 生态经济，2022，38（6）：208-216.

［20］赵莎莎，肖广全，陈玉成，等. 不同施用量石灰和生物炭对稻田镉污染钝化的延续效应［J］. 水土保持学报，2021，35（1）：334-340.

［21］周如月，刘俊勇，韦锃弦，等. 水体及沉积物微塑料污染对近海养殖海区的生态风险［J］. 环境化学，2023，42（8）：2539-2548.

［22］周亚东，周有标，颜速亮，等. 不同基质对美丽梧桐种子育苗的影响［J］. 热带生物学报，2013，4（4）：322-326.

［23］中华人民共和国农业部，中华人民共和国农业行业标准. 土壤pH的测定 NY/T 1377—2007［S］. 北京：中华人民共和国农业部，2007.

［24］中华人民共和国环境保护部. 新化学物质环境管理办法［EB/OL］.（2010-02-04）.

［25］中华人民共和国环境保护部. 新化学物质申报登记指南［S］. 北京：中华人民共和国环境保护部，2010.

第 7 章 干扰与受损生态系统的修复与恢复

导读： 本章主要介绍干扰的概念、性质及类型，人为干扰的主要形式及其后果，生态系统退化原因及退化生态系统的类型及特征，生态退化产生的环境效应，生态恢复的基本概念与恢复生态学，生态恢复的基本原则与工作程序。对人为及自然干扰对生态系统的影响的认识和学习可促进对人为影响的生态作用以及受损／退化生态系统修复与恢复的认识和实践。

学习目标： 了解干扰的类型及其生态影响，了解生态系统退化的原因及环境效应，理解并掌握生态修复与恢复的概念，了解进行生态恢复与修复的工作程序，了解常见退化生态系统的修复与恢复。能对干扰类型和退化生态系统进行准确分析和初步实践。

知识网络：

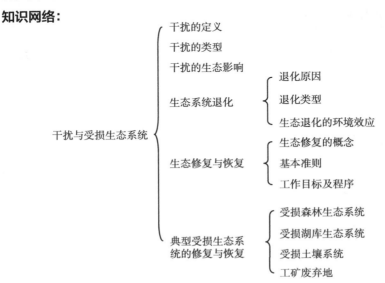

第 1 节　干扰的含义、性质和类型

一、干扰的含义

在经典生态学中，干扰被认为是群落内在的发展动力，是影响群落结构和演替的重要因素。生态学家克莱门茨（Clements）于 1916 年在他研究群落演替过程时，认为干扰阻碍了生物群落达到演替顶极。20 世纪 50 年代后，群落演替的重点研究由对过程的研究转向对机理的研究，这使得对干扰的生态过程及其生态学意义得到不断深入研究。近年来，越来越多的研究人员认识到，在很大程度上生态系统发展变化的速度和方向是由干扰决定的。

自 20 世纪 70 年代以来，干扰对植物群落动态的影响越来越受到关注。研究认为，干扰在大多数情况下阻碍着植物群落演替的进展，甚至使植物群落发生逆向演替而逆反到早期的演替阶段；但同时也发现在少数情况下，适度干扰有助于生态系统的进展，尤其是发生人类干扰的一些情况下，如对退化生态系统的人工干扰可使其得以恢复或重建一个结构与功能相协调的新的生态系统。因此，干扰就其字面含义而言，是平静的中断、正常过程的打扰或妨碍。

一般而言，干扰被认为是指导致一个生命层次（如细胞、个体、种群、群落、生态系统等）的特征超出其正常波动范围的因素，干扰体系包括干扰的类型、频率、强度和时间等（Mooney，1983）。干扰可能影响生态系统的稳定性——生态系统保持正常动态的能力，主要包括恢复力和抵抗力。恢复力是指受干扰后回到先前状态的速度，抵抗力是指系统避免被取代的能力。

关于干扰的定义仍处于进一步研究完善中，随着研究的深入而不断发展。有几种关于干扰的典型定义：怀特（White）和皮切特（Pichett）于 1985 年认为，干扰是相对来说非连续性的事件，它破坏生态系统、群落或种群的结构，改变资源、养分的有效性或者物理环境；干扰是一个对个体或群落产生不连续的、间断的破坏或毁灭，这种作用能直接或间接地为新的有机体定居提供机会（Sousa，1984）；干扰是一个偶然发生、不可预知的事件（Rykiel，1985）；有学者认为，干扰与种群本身性质和原因无关，它能够引起种群的即刻反应和敏感变化，并能使在景观水平上突然改变资源量（Bazzaz，1983）；使群落和生态系统的属性，包括物种多样性、系统中养分的释放、系统的垂直结构和水平结构等，远离一般的或恒定变动范围的因素（Forman and Godron，1986）。我国学者也对干扰给出了定义，如彭少麟于1996年在研究我国南方热带亚热带森林群落动态时认为，干扰是生命系统（包括个体、种群、群落和生态系统等各个水平）的结构、动态和景观格局的基本塑造力，它不但影响了生命系统本身，也改变了生命系统所处的环境系统。

综上所述，可以对干扰给出一个综合的定义，即干扰应该是存在于群落外部不连续的、间断发生的因子所产生的突然作用，或者是连续存在因子出现的超出其"正常"范围的快速波动或超量变化，使不同水平层次的生物，诸如个体、种群、群落、生态系统甚至景观水平上的结构和功能出现波动或遭到毁灭。

干扰可以影响植物群落动态的各个方面，在干扰对群落的异质性（非均衡性）和干扰对群落的稳定性方面，不少学者已取得了很多研究成果；但到目前为止，对于干扰专题性的研究和探讨较多地集中于自然干扰，而对人为干扰尚缺乏较为系统的研究。总体来讲，人类对于干扰作用的认识多以负面为主，然而某些干扰（如降水量增加、温度升高、人工治沙措施等）也客观地促进了植被的生长、覆盖程度和对生态环境质量的改善。

二、干扰的性质

（1）干扰的一般性质：包括干扰的强度、作用频率、干扰范围和作用时间长短等。这些特点常常与地理、地形和环境梯度有关。干扰强度是指干扰发生时其所表现出的能量大小，可以分为轻度干扰、中度干扰和重度干扰。干扰的作用频率指同一空间范围或同一组织水平内，某一干扰单位时间内发生的次数，频率的倒数称为干扰周期。干扰的范围包括时间范围和空间范围，其中时间尺度是指干扰发生的具体时刻及其持续的时间跨度，不同时间的干扰作用会产生不同的干扰效果。

（2）离散性和周期性：一方面，干扰本身指非确定性的突发或时间上的不连续，故干扰是离散性的。另一方面，虽然干扰是离散的，但对于许多自然干扰因子和干扰后果来说，却可能存在着统计意义上的周期性，如北美中部存在的短暂非连续性的火灾，其具有一定的周期性，再如，温带和东亚北亚热带地区存在的短暂干旱天气和集中强降雨现象，通常具有一定的周期性，即每隔一定年数发生1 次。

（3）相对性与相关性：研究或关注的对象不同，干扰所表现出来的各种特性而有差异。通常，某一因素相对于某一特定对象来说可能是干扰，而对其他对象则不是干扰，而是生态系统的正常波动。因此，是否对生态系统形成干扰不仅仅取决于干扰本身，同时还取决于干扰所对应的客体。如果某客体对某干扰事件反应不敏感或抗干扰能力较强，则在干扰发生时，该客体不会受到较大影响，那么这种干扰行为只能称为该客体演变的一个自然过程而非干扰。同时，不同干扰之间可能还存在相关性，如火灾与干旱、病虫害与干旱等。

（4）来源多样性：干扰源的多样性，即干扰的异源性，如火灾和干旱来源不同，因此其作用特点和强度也不相同。

（5）尺度性：干扰反映了自然生态演替过程的一种自然现象，存在于自然界的各个尺度的各个空间。在景观尺度上，干扰与景观格局紧密相关；在生态系统尺度上，对种群或群落产生影响的突发事件即可视为干扰；而从物种的角度，能引起物种变异和灭绝的事件就可以认为是较大的干扰行为项。

尺度不同，干扰存在与否或其产生的影响大不相同，如对于全球生态系统及生物圈尺度来看，其并未发生可以观察到的变化，但其实在某一个生态系统内部时时刻刻都在发生内部环境的变化；又如生态系统内部病虫害的发生，可能会影响物种结构的变异，导致某物种的消失或泛滥，这对于种群来说，是一种严重的干扰行为，但由于对整个群落的形态特征没有产生影响，从生态系统的尺度，病虫害则不是干扰而是一种正常的生态行为。

（6）不协调性：常常是在一个较大的景观中，干扰形成一个不协调的异质斑块，新形成的斑块往往具有一定的大小、形状，结果导致景观内部异质性提高，即与原有的景观格局形成一个不相协调的整体。这种不协调性会影响干扰景观中各种资源的可获取性和资源结构的重组，其结果是复杂的、多方面的。

此外，自然干扰常常不是独立出现的，当多个干扰因子同时出现时，往往会有协同作用，增强对生态系统和群落的影响力。同时，在多个干扰因子中，常常会存在一个或若干个主要的干扰因子，而其他干扰因子对生态系统的影响不大。

对于生态演替而言，干扰可以看作对生态演替过程的再调节。通常情况下，生态系统有其自然的演替进展。在干扰的作用下，生态系统的演替过程发生加速或倒退，如土地荒漠化过程是在自然环境（如全球变暖、地下水位下降、气候干旱化等）影响下，地球表面草地、林地等发生退化，或者因为人类过度放牧、过度垦荒等人为干扰加速这种退化过程，这些干扰促进了生态演替的逆向变化过程。但是，通过合理的生态工程建设，如植树种草、封山育林、退耕还林还草、引水灌溉等措施，可以使其发生再逆向演替，使退化环境得以恢复而发生正向演替。

三、干扰的类型

根据不同的划分原则和标准，干扰可以分为不同类型。

（一）自然干扰和人为干扰

这是根据干扰的动因而进行的最为常见的一种分类。所谓自然干扰，是指无人为活动介入的、在自然条件下发生的干扰，包括大气干扰、地质干扰和生物干扰等。皮克特（Pickett）于 1985 年曾把自然干扰定义为"使生态系统生物群落和种群结构受到破坏，使资源基础的有效性或物理环境发生改变而在时间上相对离散的事件"，如火灾、冰雹、洪水冲击、雪压、异常的霜冻、酸雨、地震、泥石流、滑坡、病虫害侵袭和干旱等，都是自然干扰。

进一步地，自然干扰又可分为物理性干扰因素和生物性干扰因素。前者诸如火烧、冰雹、风暴、雪压和雪暴、洪水、大潮汐、降水变化、干燥胁迫、河岸和海岸冲击、沉淀、地表运动等，而后者则包括捕食或放牧，伤害或取代其他有机体的非捕食行为（如草地哺乳动物和蚂蚁的挖掘），以及生态系统中大型食肉动物的消失所导致的食草动物的压力减轻，进而造成植被动态过程的深刻变化等。

所谓人为干扰，是指由于人类生产、生活和其他社会活动形成的干扰体对自然环境和生态系统施加的各种影响，包括有毒化学物质的释放与污染、森林砍伐、植被过度利用、露天开采等人为活动及其对生态系统造成的影响。从工业革命以来，随着人口急剧增加和随之对资源需求量的日益增长，人类对生态系统干扰的作用力和影响范围，远远超过了自然干扰。现在，包括极地在内，已经没有任何生态系统未受到人类活动直接或间接的影响。

人为干扰往往叠加在自然干扰之上，共同加速生态系统的退化。例如，在某些地区，人为干扰对生态退化起着主要作用，并常造成生态系统的逆向演替，以及不可逆变化和不可预料的生态后果，如土壤荒漠化、生物多样性丧失和全球气候变化等。但是，人类活动也可能调整退化生态系统而使其得以恢复，即人类干扰并非完全是只有破坏作用。

（二）破坏性干扰和增益性干扰

这是按照干扰所产生的效应结果来进行划分的。对于增益性干扰，如上所述，并不是所有类型的干扰，或者说干扰并不总是对生态系统的一种破坏行为。例如，对于森林生态系统，人类合理的经营利用森林，包括基于遵循生态规律的合理采伐、修枝、人工更新和低产低效林分改造等人为干扰，是可以促进森林的发育和繁衍，从而提高森林生态系统服务功能的。从更普遍生物意义上来讲，有些干扰，或者说适度的干扰，是以积极作用为主的，甚至是必要的。

康奈尔（Connell）等于 1978 年根据对热带珊瑚的研究，提出了适度干扰假说，发现适度的干扰可以增加生态系统的生物多样性，从而有益于生态系统稳定性的提高。在草地生态系统中，适时、适当地进行人为干扰，可以促进植被更新，保持草地生态系统的稳定。例如，草甸草原在长期缺乏干扰的情况下，凋落物积累增加，土壤蓄水量增加，形成过于潮湿的环境后，草地会逐渐沼泽化，生物多样性也会下降。但是，如果适时进行放牧、火烧等干扰处理，则可以防止这种演变的发生。

当然，多数自然干扰和人为干扰往往会导致生态系统正常结构的破坏、生态平衡的失调和生态功能的退化，这些影响有时候甚至是毁灭性的，如各种地质灾害、气候灾害、森林采伐和长期的过度放牧等掠夺式经营。这些干扰中，自然干扰往往是人力无法抗拒和挽回的，而对生态系统有破坏性的人为干扰则是能够逐渐减少乃至杜绝的。这些则为破坏性干扰。

（三）内源性干扰和外源性干扰

在研究群落演替的动力来源时，很早就发现其可能来源于群落自身或外部环境，即自源发生和异源发生。通常，自然干扰因子被看作外源因子，在没有干扰发生期间，群落演替由内源因子驱动。

内源干扰是指由内源因子对系统发生的作用，是在相对静止的长时间内发生的小规模干扰，对生态系统演替起到重要作用。对于内源干扰，有许多学者认为，其是自然过程本身所属的一部分，而不是干扰。外源干扰的动因源于系统外部，是短期内的大规模干扰,其打破了自然生态系统的演替过程,诸如强烈的火灾、风暴、沙暴、冰雹、霜冻、洪水、雪压、干旱和人为砍伐、放牧等,都属于生态系统的外源干扰。外源干扰的影响效应大小和作用强弱与生态系统自身特点有关,干扰作用的利害也是多方面的。

值得注意的是,内源干扰和外源干扰有时难以区别,因为干扰因子具有突发性且其作用效应又具有滞后性。可以运用外源—内源连续谱的方法,把内源因子和外源因子看作一个连续谱的 2 个端点,从而认识和辨析干扰因素的作用。

四、人为干扰的主要形式及其后果

自人类产生以来,就一直对自然生态系统施加着干扰,尤其是自工业革命以来,自然生态系统受到人为干扰的形式和程度日益多样化和复杂化,可以从多个方面进行分析。

人类传统劳作方式对生态系统的干扰。人类社会对自然生态系统的干扰形式包括对植物的采集、对动物的狩猎捕捞、毁林开荒等初始方式。据统计,全球 80% 的人口依赖于传统医药,而 85% 的传统医药与野生动植物有关,如美国用途最广泛的 150 种医药中,118 种来源于自然,其中 74% 来源于植物,18% 来源于真菌。我国中药对野生动植物的利用和依赖更是闻名于世。因此,一些经济、药用及珍稀野生生物资源自古以来就被大肆掠夺采集,甚至由此造成一些物种的灭绝。所以,采集是人类对自然生态系统长期施加的一种直接干扰。

从一万多年前的早期农业活动开始,人类就对森林和草原植被进行砍伐与开垦,这种干扰对自然环境构成危害,并持续到现在(如备受人们关注的热带雨林的砍伐)。这种干扰导致一系列生态环境问题的发生,如森林大量被砍伐后,不仅导致森林植被的退化,加剧水土流失、区域环境的变化,而且还会因此造成许多生物生境被破坏、生物多样性丧失等。

采樵也是人类施加给自然生态系统不可忽视的一种人为干扰方式。在这种干扰中,人们的重要目的是满足对能源的需求,包括对植物活体(如林木枝干以及枯枝落叶)的采集。这种采樵活动对生态系统造成的影响在于破坏了物质循环的正常进行。例如,对林下枯落物的利用,造成生态系统能量和养分的减少,使原有的循环节律和速率发生变化;而且,这还破坏了地被层及其土壤生物的生存环境条件。以采樵为目的而对草原枯落物的反复掠取,是造成草原退化的重要原因。

狩猎和捕捞是人类历史上对动物性生活资料和生产原料进行获取的一种方式。为了维持生计，历史上人类曾对森林、水生环境中生存的大量野生动物进行肆意狩猎，尤其是对某些种群数量很少的濒危动物有着特别偏向性的捕杀，结果导致严重破坏动物种群的生殖和繁衍，甚至造成物种的灭绝。

除上述对生态系统造成的破坏以外，还存在着另一种对环境的人为干扰类型——环境污染。也就是说，人类在不断发展工农业的同时，向自然环境排放了大量的生活垃圾、工业垃圾、农药以及各种对环境有毒害性的污染物。工业废水排放使许多水域被污染，水质下降甚至饮用水的价值丧失；大量化石燃料的使用以及向大气排放的各种污染物，不仅使空气受到污染，而且进入大气的硫氧化物、氮氧化物与水蒸气结合后形成极易电离的硫酸和硝酸，导致大气酸度增加，许多地区甚至酸雨成灾，给生态系统和土壤等带来了灾难性的影响。这方面的干扰及其危害是相当广泛和严重的，事例也是随处可见的。

随着人类科学技术的日新月异，人类社会的发展越来越快，对资源和能源的需求也越来越大，不断出现新的干扰形式，如旅游、探险活动等，这些干扰都对自然生态环境造成了不同程度的破坏。

人类对生态系统的直接干扰还会产生许多间接的影响，如森林的砍伐不仅使区域的生态环境发生变化，而且还对河流流域的径流造成影响，使河流的水文特征改变。采樵不仅直接对草原植被的再生造成危害，同时还因植被状况的改变而间接影响土壤盐分和地下水资源分布的变化。水域的污染不仅直接危害了水生生物的生存安全，而且还能通过生物对有害物质的富集而对人类的健康构成威胁。因此，人为干扰具有广泛性、多变性、潜在性、协同性、累积性和放大性等特点。

第 2 节　干扰与受损生态系统退化

一、生态系统受损退化的原因

生态系统受损是指在一定时空范围内，由于自然干扰、人为干扰（人类对自然资源的过度使用、不合理利用以及产生有毒有害物质）或两者共同作用而造成的土地资源丧失、土地生产潜力衰减、生态系统结构破坏、功能衰退、生物多样性减少和生物生产力下降等一系列的生态破坏和环境污染问题。

常见的生态系统受损与退化及其原因，可以从以下 7 个方面进行认识。

（一）植被的破坏与减少

自然植被对维持生态系统平衡具有十分重要的意义。自然森林植被的破坏与减少是陆地生态系统退化的主要原因之一，由于人类过度以及不合理的利用与破坏，天然森林的面积正在不断减少，尽管人工林面积有所增加，但总森林面积仍在减少。森林面积的减少导致降水减少，而由于缺少植被的保护，降水时又容易发生洪灾和水土流失，使土地质量日益退化。生态系统的各种退化类型，如侵蚀化退化、荒漠化退化、石质化退化、土壤贫瘠化退化和污染退化等，都与植被的破坏及减少有着直接或间接的关系。

（二）土壤侵蚀

侵蚀是因为自然营力作用于生态系统，而使生态系统的结构和组成成分发生相应的变化，导致生物群落消失、形成沙漠、戈壁、裸地、裸岩等地貌，而不再使土地具有生态系统的结构和功能。近年来，由于人类的干扰和破坏，侵蚀已经不仅仅由自然力而引起，而是自然力和人类活动的叠加作用造成的。

（三）荒漠化

荒漠化是土壤遭受侵蚀的结果，是因自然干扰或人为干扰而形成。全球荒漠化土地面积达 $3.6 \times 10^7 km^2$，占全球陆地面积的 1/4，现在全球荒漠化土地正以 $1.5 \times 10^5\ km^2/a$ 的惊人速率在扩大（一年所增加的荒漠化土地面积比整个美国纽约州还大）。引起荒漠化的重要原因之一是植被破坏后造成的严重水土流失。地表径流带走土体中的黏粒，使表土层中砂粒和砾石相对增多，土壤质地逐渐沙质化。由于人类的滥樵、滥垦、滥牧和滥建，铲草皮作燃料或积肥，挖掘根用药材且不回填土坑，破坏天然植被，造成荒漠化土地面积继续扩大。土地荒漠化严重制约着土地生产力的提高，也是土地质量下降的重要原因。

（四）石漠化

石漠化也是土壤遭受侵蚀的结果，而且通常被认为是土壤发生退化的最后阶段。它是在自然干扰或人为干扰或二者共同作用下，在原来连续覆盖着土壤的土地上，因植被遭到破坏而造成土壤严重流失，因此形成大片基岩裸露的一种土地退化过程。引起石漠化的自然干扰往往是重大的自然灾害，而人为干扰可以是重大的破坏或反复的干扰。在我国许多侵蚀区，特别是南方山丘地区，植被破坏后严重的水土流失使石漠化不断加剧，最终可导致土地完全失去生产力和承载能力。

（五）土壤贫瘠化

土壤侵蚀导致土壤贫瘠化。土壤贫瘠化是指土壤肥力减退，是土地退化的一种方式。引起土壤贫瘠化的因素主要是水土流失、土地的过度利用和不合理利用。严重的水土流失是加剧生态系统退化的主要原因；另外，部分地区重用轻养，土壤负荷过大，有机肥投入减少，肥料结构不合理，氮、磷、钾比例失调，严重缺磷、缺钾，导致土壤肥力下降，地力衰退；除此之外，对耕地管理利用不当，也会导致土壤贫瘠化。

（六）污染

污染物主要来自工业和城市的废弃物（废水、废气和固体废弃物，也称"三废"）、农药和化肥、放射性物质等。未经处理的"三废"造成了严重的土地污染、水污染和大气污染，导致生态系统的退化。另外，金矿废弃地、垃圾堆放场或填埋场也是造成土地退化的严重污染源。污染导致生态系统退化是一种典型的人为干扰。

（七）人为干扰

除了第 1 节中对人类干扰的分析，对于生态系统的受损和退化，可以进行更为深入的分析。首先，干扰通过对个体的影响，最终引起种群的年龄结构、种群大小、种群遗传结构及群落的丰富度、优势度与结构的改变。其次，干扰可直接破坏或毁灭生态系统中的某些组分，造成系统资源短缺和某些生态学过程受阻或生态链的断裂，最终导致整个生态系统的崩溃。

人类的生存和发展必须通过对自然生态系统的利用来实现，如人类对自然生态系统中土地的开垦、草地放牧、砍伐森林等，这些方面的利用都对生态系统造成了损坏。

人类对自然生态系统的开垦过程，是把物种丰富、生态过程复杂的自然生态系统转化为物种单一的农田生态系统，这本身就是一种退化现象。从经济发展的角度来看，农田生态系统是必需的，但盲目地开垦，包括面积的快速增大和不合理的开垦速率,是造成生态退化的主要因素。第一,开垦破坏了植被,土壤直接暴露于环境而缺少植被的缓冲,使其更易遭受自然力的侵蚀;开垦也破坏了土壤腐殖质积累的过程,改变了土壤系统中的水热条件和物质循环,进而对土壤动物和微生物产生影响。第二,人类对土地的垦殖是高投入的生产过程,造成严重的土壤恶化,如土壤酸碱化、土壤污染等,并显著影响土壤动物、微生物及土壤结构和性能。另外,不合理的灌溉还往往造成土地次生盐渍化。

放牧是人类作用于自然草地生态系统的一种干扰方式。低强度的放牧可以促进生态系统的更新和正向演替,防止物种的单一化,但是过度放牧会导致生态系统的退化,使生物生境恶化,出现沙化、盐渍化等现象。

森林的采伐也是导致生态退化的原因之一。首先,森林砍伐后改变了原有生境,即使间伐、择伐及重择伐也会使森林生态系统组分发生不同程度的变化。其次,森林采伐后使原有的截留雨水功能减弱,造成水土流失。最后,森林大面积采伐致使局域气候条件恶化,生物多样性减少,影响其他生态系统生境的改变。

另外,造成生态退化的因素还有非农业占地过程,如城市交通建设、采矿废弃地等。

二、退化生态系统的类型及特征

(一)退化生态系统的类型

依据不同的划分标准和角度,可以将退化生态系统划分为不同的类型。章家恩于1999年根据生态系统的层次与尺度,把退化生态系统分为局部生态系统退化、中尺度的区域生态系统退化和全球生态系统退化。彭少麟等于2000年根据生态系统的退化过程及其生态学特征,将退化生态系统分为裸地、森林采伐迹地、弃耕地、沙漠化地、采矿废弃地和垃圾堆放场6种类型。显然这种分类主要适用于陆地生态系统。实际上生态退化还包括水生生态系统的退化(如水体富营养化、干涸等)和大气系统的退化(如大气污染、全球气候变化等)。以下对常见的退化生态系统类型进行介绍。

1. 裸地

裸地或称为光板地,通常因较为极端的环境条件而形成,环境条件较为潮湿或极干旱、盐渍化程度较深,缺乏有机质甚至没有有机质,基质移动性强等。裸地可分为原生裸地和次生裸地2种。原生裸地主要是由自然干扰所形成的,而次生裸地则多是人为干扰所造成的，如废弃地等。

2. 森林采伐迹地

森林采伐迹地是一类人为干扰导致的退化生态系统，其退化程度随采伐强度和频度而异。据世界粮农组织调查，20 世纪八九十年代全球森林每年以（1.1~1.5）× $10^7 hm^2$ 的速度消失。联合国、欧洲、芬兰有关机构的联合调查研究预测，到 21 世纪 20 年代末全球森林的年消失速率将达（1.6~2.0）× $10^7 hm^2$。与最后一季冰川期结束后相比，原始森林覆盖面积的减少比例分别为亚太地区 88%、欧洲62%、非洲 45%、拉丁美洲 41%、北美洲 39%。7 个森林大国中，巴西、中国、印度尼西亚和刚果（金）的森林面积以每年 0.1%~1% 的速度递减，俄罗斯、加拿大和美国以每年 0.1%~0.3% 递增。目前世界原始森林已有 2/3 消失，中国现有林用地 $2.6 × 10^8 hm^2$，森林覆盖率仅为 13.92%。在十大自然资源中，森林资源最为短缺，人均占有森林面积仅相当于世界平均水平的 11.7%。20 世纪 50 年代初期，海南省森林覆盖率为 25.7%，现在只有 7.25%；西双版纳傣族自治州为 55.5%，现在只有 28%。

3. 弃耕地

弃耕地也是由人为干扰形成的退化生态系统类型，是人类原始农耕方式而造成的一类退化类型。这种退化类型也是相对于自然生态状态而言的，从生态系统演替意义上讲，这类退化生态系统有双重性。一方面，它的可恢复性强，如不再干扰，会按照群落演替规律逐步恢复到顶极群落；另一方面，在农业生产水平发展到一定程度后，弃耕地的增多是积极的，它为区域整体生态环境的改善提供了基本条件。

4. 沙漠

沙漠可由自然干扰或人为干扰形成。按目前荒漠化的发展速度，未来 20 年内全世界将有 1/3 的耕地消失。目前全球荒漠化土地面积达 $3.6 × 10^7 hm^2$，占陆地面积的 1/4，并以每年 $1.5 × 10^5 hm^2$ 的速度扩展（比整个美国纽约州还大）；100 多个国家和地区的 12 亿多人受到荒漠化的威胁；$3.6 × 10^9 hm^2$ 土地受荒漠化的影响，每年造成直接经济损失 420 多亿美元。我国已成为世界荒漠化面积最大、分布最广、危害最严重的国家之一。荒漠化土地面积超过 $1.1 × 10^9 hm^2$，占国土面积近 1/3。

5. 废弃地

废弃地是指因采矿、工业和建设活动挖损、塌陷、压占（生活垃圾和建筑废料压占）、污染及自然灾害毁损等原因而造成的不能利用的土地，分为以下 3 种。

（1）工业废弃地。工业废弃地是所有废弃地类型中情况最多样化的废弃地。有一些工业对土壤的本底没有很大的污染，而一些工业尤其是化工产业，对土壤具有相当大的污染。

（2）采矿废弃地。采矿废弃地是指采矿活动破坏的、非经治理而无法使用的土地。

（3）垃圾堆放场。垃圾堆放场或垃圾堆埋场，是家庭、城市、工业等堆积废物的地方，是人为干扰形成的。

6.受损水域

从长远的角度来看，自然原因是水域生态系统退化的主要因素，但随着工业化的发展，人为干扰大大加剧了其退化的过程。大量未经处理的生活和工业污水直接排放到自然水域中，使水源的质量下降、功能降低，包括对水中生物生长、发育和繁殖的危害，甚至使水域丧失饮用水的功能。

（二）退化生态系统的特征

与正常的自然生态系统相比，退化生态系统具有的特征可从物种结构、营养结构、生物生产、物质循环、能量流动和信息传递等角度进行分析。

1.生物多样性的变化

退化生态系统的特征生物种、优势种或建群种受到干扰，会先后消失，与之共生的种类也逐渐消失；作为生产者的这些物种的显著减少乃至消失，以其为起点的食物链上的其他物种也会相继不适应而快速减失。随后，系统的伴生种可迅速发展，通常为 r 对策的种类会增加，如喜光种类、耐旱种类、能忍受生境的先锋种类趁势侵入、滋生繁殖，系统的物种多样性可能会变化不大或略有增减，但多样性的性质发生变化，质量明显下降，价值降低，因而系统的功能发生衰退。

2.层次结构简单化

生态系统退化后，随着各物种的变化，群落在种群特征上常表现为组成发生变化，优势种群结构异常；在群落层次上表现为群落结构的矮化、郁闭度的锐减，整体景观的破碎度增大。例如，在因过度放牧而形成的退化草原生态系统中，最明显的特征是牲畜喜食植物的种类减少，不适口的种类得以表现出来，而动物的践踏也同时使其他物种的丰富度减少，草原上植物群落整体趋于简单化和矮小化，部分地段甚至出现沙化和荒漠化。

3. 食物网结构变化

如上所述，生态系统退化出现系统结构受到损害，层次简单化，从而食物网简单化，食物链缩短，部分链断裂和解环，单链营养关系增多，种间共生、附生关系减弱，甚至消失。例如，随着森林的消失，某些类群的生物如鸟类、动物、微生物也因失去了良好的栖居条件和隐蔽点及足够的食源而随之消失。由于食物网结构的变化，系统自组织、自调节能力减弱。

4. 能量流动不畅

由于退化生态系统生产者的数量和质量发生退化，能量向系统的输入受阻，从而导致食物关系的破坏，能量的转化及传递效率随之降低。能流规模降低，能流格局发生不良变化；能流过程不畅，系统对太阳光能的转化、各级消费者的捕食过程都发生减弱或消失，腐化过程弱化，矿化过程加强而吸附储存过程减弱。最终导致能量的输入降低和能流损失增多，系统的整体能流效率降低。

5. 物质循环不完整

退化生态系统最显著的特征就是生物循环减弱而地球化学循环增强。

生物循环是一个闭路循环，而地球化学则为"开放"循环。生物循环主要在生命系统与各个活动库中进行。由于系统发生退化，系统层次结构简单化，食物网解链、解环或链缩短、断裂，甚至消失，这导致系统的物质循环减弱，活动库容量变小，流量变小，生物的生态学过程减弱。地球化学循环主要在环境与储存库中进行，由于生物循环减弱，活动库容量小，相对于正常的生态系统而言，生物难以滞留相对较多的物质于活动库中，而储存库容量增大，因而地球化学循环加强。例如，森林的退化导致其系统中生物部分（主要是各种植被成分）对土壤、水分和养分等的储存数量和留存时长缩减，导致其被快速输送出生物系统，流失出该系统而进入毗邻的地表及地下水生系统引起富营养化、被大风吹起进入大气中引发空气污染等问题。土壤干旱化，频发水灾，其原因也在于此。

总体而言，物质循环由闭合向开放转化，导致生物循环与地球化学循环组成的大循环过程受阻、物质运移功能减弱，从而环境发生退化。当一个生态系统越来越由生物控制转变为受非生物系统控制时，系统将由闭合状态越来越转向开敞而不受控制的状态，水循环、氮循环和磷循环等发生转变，出现局部水量平衡状态失衡、水土介质中氮磷的富营养化等。

6. 系统生产力下降

其原因显而易见：植被系统的退化导致对光能的利用率减弱；由于竞争和对资源利用的不充分，光效率降低，植物为正常生长而消耗于克服环境的不良影响上的能量（以呼吸作用的形式释放）增多，净初级生产力下降；第一性生产者结构和数量的不良变化也导致次级生产力降低。

7. 生态系统服务功能衰退

固定、保护、改良土壤及养分的能力弱化；调节气候能力削弱；水分维持能力减弱，地表径流增加，引起土壤退化；防风、固沙能力弱化；美化环境等文化环境价值降低或丧失。这导致系统生境的退化，在山地系统中尤为明显。

总之，退化生态系统首先是组成和结构发生变化，进而导致其功能退化和生态过程弱化，引起系统自我维持能力减弱且不稳定。

三、生态退化的环境效应

生态退化是目前全球所面临的主要环境问题，它不仅使自然资源日益枯竭、生物多样性不断减少，而且还严重阻碍社会经济的持续发展，进而威胁人类的生存和发展。下面主要阐述植被和土壤系统的退化所导致的环境效应。

（一）植被退化的环境效应

1. 植被本身的退化表现

1）植被生产力下降

植被退化首先表现为植物光合作用的下降，进而可能导致次级生产力下降。例如，草地植被遭受破坏，会导致其地上部分初级生产力的下降。有研究表明，随着退化程度的升高，草地初级生产力越来越低：轻度退化草地地上部分初级生产力分别只有 $1000\sim1200kg/hm^2$，比未退化草地下降了 $20\%\sim35\%$，中度、重度、极度退化的草地相应数值分别为 $600\sim1000kg/hm^2$ 和 $35\%\sim60\%$、$200\sim600kg/hm^2$ 和 $60\%\sim85\%$、$<200kg/hm^2$ 和 $>85\%$。水生植被遭到破坏使水域初级生产力下降，鱼类食物资源缺乏，产量降低，品质下降。森林植被遭到破坏后，林木蓄积量下降，人造林和次生林的生产力和各种生态服务功能均低于原生林。

2）物种多样性下降

植被遭到破坏直接导致植物物种的日益减少或灭绝，物种多样性下降。如果一片森林的树木物种多样性非常丰富，那么这时缺失一个物种对于整个森林的生产力来讲，影响并不是太大；但在物种多样性越稀缺时，树的种类继续变少，对整个森林生产力产生的打击就会越来越大，因为此时一个植物物种的灭绝，常常会导致 10~30 种生物的生存危机。

2. 植被退化对生态系统消费者的影响

1）对动物个体生态的影响

植被退化对动物个体生态的影响主要表现为动物个体因环境退化而表现出的适应性特征的变化，如个体死亡、病变、畸变和抵抗力下降等。植被系统退化至一定程度以后，生境因子发生相应变化，动物个体表现出相应的适应机制或因不能适应而消亡。例如，干旱导致植被大部分或全部死亡，动物将发生迁移或进入洞穴以躲避干旱；再如，森林大火会导致大量动物死于火灾或死于火灾之后的食物缺乏、水分缺乏等极端因子胁迫。植被种类、盖度、生物量受到干扰，无法保障动物食用所需，将迫使动物个体改变食物类型、调整栖息生境和繁殖行为。

2）对动物种群的影响

由于植被退化导致动物可食用量减少，动物种群个体死亡，种群数量下降、缩小，种内竞争和种间竞争加剧，容易发生种群灭绝或少数种群的暴发（如蝗虫）。另外，植被因干扰而发生的退化乃至快速消失对动物分布构成影响。例如，植被的减少或特定种类的消失造成动物栖息地破坏和食物来源枯竭，这种生存质量的下降是导致动物种群灭绝的首要原因。再如，由于人类干扰导致野外栖息生境质量退化，大熊猫野生种群虽然受到严格保护但其种群仍保护难度很大。华南虎的灭绝就是由于栖息地丧失所致。

在对动物群落结构的影响方面，植被破坏对动物群落结构的影响表现为群落生物多样性下降，次级生产力下降，组成发生改变。个体小、生活史短、繁殖快的 $r-$ 对策种增加，物种暴发。营养级别较高的大型动物首先消失，群落次级生产下降。例如，森林植被破坏会使虎、灵长类等大型动物首先受到威胁。

3. 植被退化对生态系统分解者的影响

植被退化对微生物产生影响首先表现为对植物根际生境微生物的影响，因为植被退化直接造成土壤环境的破坏和枯枝落叶层的减少。植被破坏导致的逆行演替、水土流失等因素降低土壤中的营养水平，导致环境因子异变，使微生物群落组成及生态功能退化。

森林砍伐后残留的砍伐迹地，缺乏植被覆盖的裸露地，以及开垦的农地中，土壤微生物的总量明显低于有林地。当有林地退化或被改变成草原、耕地或废矿点后，土壤中的微生物生物量显著降低。

植被退化使原来连续分布的林地变成片状甚至点状分布的次生林或被砍伐而形成灌丛和裸地，地表裸露，水土流失严重，枯落物减少，土壤微生物生长和代谢都降低，土壤呼吸强度、代谢葡萄糖能力、分解纤维素能力、固氮作用强度和土壤各种酶的活性等受到影响，从而影响着微生物的代谢途径（碳循环、氮循环、磷循环、硫循环等）。例如，过度放牧使草原土壤微生物量、微生物碳占全碳的比例下降，土壤肽酶和酰胺酶活性降低。

植被退化还导致土壤微生物多样性的降低。植被是土壤微生物赖以生存的有机营养物和能量的重要来源，植物根系数量的多寡和分布格局影响着微生物定居的物理环境。植物凋落物的类型和总量，植物缺失所导致的水分从土壤表面的损失率等，都会通过改变土壤有机碳和氮的水平、土壤含水量、温度、通气性及 pH 值等来影响土壤微生物多样性。

4. 植被退化对生态系统服务功能的影响

生态系统服务功能的主要内容包括 10 个方面：生物生产与生态系统产品的提供、生物多样性的维护、调节气候、减缓干旱和洪涝灾害、维持土壤功能、传粉与种子传播、病虫害的生物防控、净化环境、休闲与娱乐、提供文艺创作源泉。这些功能多数与植被紧密相关。

据统计，已知约有 8 万种植物可食用，仅有 7000 种植物得到利用，其中包括小麦、玉米和水稻等 20 种最重要的栽培植物。今天，野生的鸟、兽、虫、鱼仍然是人们生存所必需的动物蛋白的重要来源。自然植被为人们提供许多生活必需品和原材料。自然草场是畜牧业的基础。家畜生产肉、奶、蛋、革，而且为运输和耕种服务。森林生产橡胶、纤维、染料等各类天然化合物。

植物多样性对气候因子的扰动和化学环境的变化具有不同的抵抗能力，从而可以避免某一环境因子的变动而导致物种的绝灭，并保存了丰富的遗传基因信息。植物多样性也为人类农作物品种的改良提供了基因库。现有农作物仍然需要野生种质的补充和改善。在已知可被人类食用的约 8 万种植物仅有 7000 种左右得到利用，且只有 150 种粮食植物被大规模种植，其中 82 种作物提供了人类 90% 以上的食物。植物多样性还是现代医药的最初来源。在美国用途最广泛的 150 种医药中有 118 种来源于自然，其中 74% 源于植物，18% 来源于真菌，5% 来源于细菌，3% 来源于脊椎动物。在全球仍有 80% 的人口依赖于传统医药，而传统医药的 85% 是与野生动植物有关的。

　　生态系统中的绿色植物通过光合作用固定大气中的二氧化碳，调节着地球的温室效应；同时，光合作用向大气提供每年大约 2.7×10^{11}t 的氧气，调节着大气中氧气变化，保证了生命活动的基本气候条件。研究发现，亚马孙热带雨林每年能够固定储存（2~3）× 10^8t 二氧化碳，这相当于地球二氧化碳排放量的 5%。因此，绿色植物对区域性乃至全球气候具有直接的调节作用。

　　森林是地球生物圈的支柱，其拥有全球 90% 的植物生物量，成为地球上主要的碳储存库。森林植被通过降低风速和植物蒸腾，保持着适宜的空气湿度，从而改善了局部地区的小气候，可使昼夜温度不致骤升骤降，可有效减轻夏季干热和秋冬霜冻。

　　湿地在缓解全球气候变化和调节区域气候方面具有重要作用，是地球生态系统中最大的碳库，其碳含量约占陆地生物圈的 35%。湿地生态系统在全球尺度上主要是通过吸收和固定大气中的二氧化碳，降低大气中的二氧化碳浓度增速，从而起到减缓气候变化的作用。在区域尺度上，能增加空地湿度和降低夏季高温的增幅。

　　森林和植被在减缓干旱和洪涝灾害中起着重要作用，成为水利的屏障。在降雨时，植被的枝叶树冠能够截留 65% 的雨水，35% 变为地下水，减少了雨点对地面的直接冲击。植被的根系深扎于土层之中，这些根系以及死植物枝干支持和充实着土壤肥力，并且吸收和保护了水分。试验证明，一棵 25 年生天然树木每小时可吸收 150mm 的降水，22 年生人工水源林每小时可吸收 300mm 的降水。林地涵养水源的能力比裸露地高 7~8 倍。

　　森林和植被中的土壤有许多孔隙和裂缝，土层里也有许多有机物形成的孔洞。这些孔洞和穴隙，既是水的储藏库，也是水往地层深处移动的通路。森林和草原的不同土壤深处孔洞占比为：在地下 5~10cm 处，森林为 27%，草原为 4%；15~20km 处，森林为 16%，草原为 4%；25~30cm 处，森林为 17%，而草原为零。显然，森林、草原都具有很强的水下渗的能力，而以林地的能力较强。

　　生态系统对土壤的保护主要是由植物承担的。高大植物的林冠拦截雨水，削弱了雨水对土壤的溅蚀、分离作用；地被植被和枯枝落叶拦截径流和蓄积水分，使水分下渗而减少径流冲刷；植物根系具有机械固土作用，根系分泌的有机物质胶结土壤，提高了其抗侵蚀能力。

陆地植物对大气污染，土壤—植物系统对土壤污染分别具有明显的净化作用。绿色植物通过吸收和吸附作用净化污染，主要表现为2个方面：一是吸收二氧化碳释放氧气等，维持大气环境化学组成的平衡；二是在植物耐受范围内通过吸收而减少空气中硫化物、氮化物、卤素等有害物质的含量。

此外，植物、藻类和微生物吸附周围空气中或者水中的悬浮颗粒和有机的或无机的化合物，把它们有选择性地吸收、分解、利用和排出。动物对生的或者死的有机体进行机械的或者生物化学的切割和分解，然后把这些物质有选择性地吸收、分解利用和排出。这种摄取、吸收和分解的自然生物过程保证了物质在自然生态系统中的有效循环利用，防止了物质的过分积累所形成的污染。形体高大枝叶茂盛的树木具有降低风速的作用，可使大粒灰尘因风速减小而沉降于地面。研究表明，云杉、松树、水青岗的年阻尘量分别为 $32t/hm^2$、$34.4t/hm^2$ 和 $68t/hm^2$。

湿地在全球和区域性的水循环系统中起着重要的净化作用。湿地植被减缓地上水流的流速，流速减慢和植物枝叶的阻挡，也可使水中泥沙得以沉降。同时，经过植物和土壤的生物代谢过程和物理化学作用，水中的各种有机的和无机的溶解物和悬浮物被截留下来。许多有毒有害的复合物被分解转化为无害甚至有用的物质。湿地中生长的大多数植物对多种污染物具有很强的吸收净化能力，如凤眼莲可去除 BOD 42.82kg/（d·m²）、氮 9.92kg/（d·m²）、磷 2.94kg/（d·m²）。利用浮萍处理生活污水可将大肠杆菌去除98%。

对照生态系统中的植被可能提供的生态服务功能，可概括出植被退化可能导致生态服务功能受到影响。

（1）源/汇平衡失调。全球植被退化、面积减少，对大气碳的同化吸收能力减弱，会加剧温室效应。

（2）净化能力下降。植被退化，面积减少后，地球表面生态系统的产氧和自净能力下降；同时，各种人类活动产生的污染物排放量尚难有效遏制，而植被的利用、吸收和净化分解能力又呈现下降趋势，因此污染物往往会积累，使生态系统进入恶性循环状态。

（3）调节水分能力下降。随着大量森林被砍伐，森林面积减少，森林对自然界水分循环的调节能力下降。

（二）土壤退化的环境效应

土壤是农业生产的基本生产资料。土壤的自然形成极其缓慢，形成 1cm 厚的土层大约需要百年以上的时间。陆地上的分解过程主要在土壤中进行。

土壤本身具有复杂的生态服务功能，其功能如下。

（1）为植物的生长发育提供场所。植物种子在土壤中发芽、扎根、生长、开花、结果，在土壤的支撑下，完成其生命周期。

（2）为植物保存和提供养分。土壤中带负电荷的微粒可吸附可交换营养物质，以供植物吸收。如果没有土壤微粒，营养物将会很快淋失。同时，土壤还作为人工施肥的缓冲介质，将营养物离子吸附在土壤中，在植物需要时释放。

（3）土壤在有机质的分解和环境净化中起着关键作用。人类每年产生的生活垃圾、工业固体废弃物、农作物残留物和人与各种家畜的有机废弃物，经过土壤微生物的分解利用得以净化处理。有机质的降解与营养物的循环是同一过程的 2 个方面。

（4）土壤肥力，即土壤为植物提供营养物的能力，很大程度上取决于土壤中的细菌、真菌、藻类、原生动物、线虫等各种生物的活性。土壤在氮、碳、硫、磷等大量营养元素的循环中起着关键作用。

土壤退化的环境效应可从以下 3 个方面进行认识。

1. 土壤退化对生态系统中植物的影响

土壤是植物生存的基质，土壤退化对植物的影响是全面而深刻的。短期直接的影响包括植物个体的生态特征、生产力、群落结构的改变；长期的综合影响包括植被类型及植物区系的改变。

土壤退化对生态系统中植物的影响有以下表现。

1）对植物个体生态特征的影响

土壤退化对植物生态特征的影响表现为植株个体形态变异、生理病变、产品质量下降，乃至个体死亡等。原因是：退化土壤营养成分缺乏，肥力降低，影响植物的生长，使植物矮化、老化，产量和质量下降；污染物对植物造成胁迫作用，导致植物发生病变乃至死亡。例如，用含镉、铅等重金属废水灌溉农田，土壤受到污染，导致植物生长受到损害；土壤中镉含量过高可使白榆树、桑树、杨树等叶片褪绿、枯黄或出现褐斑等，生长受阻。

2）导致植物生产力下降

土壤退化导致植物生产力下降。如上所述，土壤退化导致的肥力不足，将直接影响植物生长。重金属污染抑制植物的光合作用。例如，5mg/kg 的镉处理土壤可使水稻减产 79%。土壤盐碱化、酸化造成的胁迫环境，导致一些耐受种占据优势而其余种发生消亡或锐减，使群落生产力下降。土壤退化还可导致基于植物生产力的农业、林业、畜牧业生产的产量和品质下降。研究发现，高寒草甸严重退化使植物组织 68.3% 的氮损失，86.5% 的碳损失。

总之，土壤退化导致土壤本身的理化性质发生恶化和低劣化，进而导致植物个体及其组成的群落结构的变化，即群落物种组成发生改变，影响各种植物在群落中的关系，引起植物群落组成、结构和生产力等特性随之发生变化。土壤退化与植物之间存在着相辅相成的紧密关系。

2. 土壤退化对生态系统中动物的影响

土壤动物包括土壤中和落叶下生存着的各种动物，土壤动物是生态系统物质循环中的重要一环，既可能是消费者也可能是分解者，它们在生态系统中起着重要的作用，一方面积极同化各种有用物质以建造其自身，另一方面又将其排泄产物归还到环境中不断改造环境。

常见的土壤动物有蚯蚓、蚂蚁、鼹鼠、变形虫、轮虫、线虫、壁虱、蜘蛛、潮虫、千足虫等。有些土壤动物与处在分解者地位的土壤微生物一起，对堆积在地表的枯枝落叶、倒地的树木、动物尸体及粪便等进行分解。细菌的繁殖能使枯枝落叶软化，从而增加适口性；枯枝落叶经土壤动物吞食变成粪便排出后，又便于微生物的分解。一部分土壤动物是自然界"垃圾"的处理者，另一部分土壤动物是以其他动物为食物的捕食者。典型土壤动物（如蚯蚓），能大量吐食土壤，分解其中的有机质而提高土壤肥力，促进土壤团粒结构的形成，改善土壤物理性质。另外，一些土壤动物也危害农田，如鼹鼠。土壤动物对环境变化反应敏感，物种组成和生存密度会随着环境的变化而改变。

健康的土壤通常土壤动物多样性丰富，而土壤退化以后，土壤动物的数量和丰富程度明显下降。与植物类似，土壤退化对土壤动物的影响也包括个体和群体 2 个方面。

1）土壤退化对土壤动物个体的影响

土壤退化对土壤动物个体水平的影响主要表现为土壤物理结构和化学性质的

改变对土壤动物个体形态的变化，包括土壤动物个体的病变、畸变、基因突变、生活史改变乃至死亡等。例如，草地的退化导致土壤板结，使土壤动物的物理生存环境恶化；某些大型践踏直接导致一些土壤动物的死亡；污染物在土壤中的积累可能导致土壤动物死亡、病变；放射性污染物可能造成个体的基因突变。例如，农药污染对土壤动物的新陈代谢及卵细胞的数目和受精卵的孵化能力有明显的影响。

2）土壤退化导致土壤动物群落结构的改变

土壤退化使一些敏感的动物物种消亡，耐受种存活并得到发展，导致动物群落组成发生改变，动物群落多样性下降。土壤理化性质的恶化、土壤水分状况的变化和土壤污染等因素均影响土壤的动物组成和数量。例如，草地沙化导致土壤动物种类和个体数量均下降。呼伦贝尔草地沙化使土壤动物群落随草地沙化程度的不断加剧而逐渐趋于简单，个体数量逐渐减少。土壤污染也会降低土壤质量而发生退化，进而降低了土壤动物群落物种的多样性和动物数量，如随着铜污染程度的增加，土壤动物的种类数和个体数密度急剧减少，土壤动物多样性指数、种类数和均匀度指数都随着污染指数的增大而减小；农药污染区土壤动物种类和数量明显下降，清洁种类消失，出现以弹尾类和线虫类等耐污类群为优势的群落。

外来物种入侵也将促使土壤退化以及土壤动物群落的改变。例如，紫茎泽兰入侵云南省昆明市针叶林、阔叶林和草地后，导致了土壤退化，当地原生土壤动物类群总数量显著减少，其中针叶林减少 41.3%，阔叶林减少 29%，草地减少36.7%；土壤动物群落个体总数下降，其中针叶林减少 63.5%，阔叶林减少 20.4%，草地减少 43.2%。

3. 土壤退化对微生物的影响

土壤微生物对土地退化的响应十分敏感。土壤覆被类型变化、土地利用方式改变、土壤污染和土壤理化性质恶化等均对土壤微生物有重要影响，导致土壤微生物各项指标下降，其中破坏作用最大的是农药污染和重金属污染。

化学农药对多数土壤微生物具有不同程度的毒性，大量施用农药以及农药在土壤中残留对土壤微生物能产生不同程度的抑制作用，长期超量施用农药的农田菜地微生物生物量通常比较低。重金属污染后微生物的生物量明显下降，原有的种群结构发生改变，耐性菌增加，并出现新菌群，有时会形成具有较强解毒机制的菌群。

污染物进入土壤，通过诱导、抑制、竞争等作用，影响酶的活性，改变微生物代谢途径。高浓度的多菌灵、呋喃丹或丁草胺等农药可以抑制硫酸盐还原酶活性，降低水稻田土壤的反硝化作用，杀虫剂、除草剂可以减少根瘤的数量，降低根瘤干重，抑制根瘤菌的固氮功能。重金属污染导致土壤微生物中各主要生理类群数量下降，矿区受重金属污染土壤中氨化细菌、硝化细菌数量减少，降低了土壤的供氮能力。高浓度重金属污染土壤，其呼吸速率显著下降。

随着尾矿污染区土壤中重金属含量的增加，土壤细菌、真菌、放线菌以及各生理类群数量均显著降低。一般而言，各生理类群对于重金属的敏感性从大到小依次为放线菌、细菌、真菌、自生固氮菌、氨化细菌、硝化细菌、反硝化细菌、纤维分解菌。

第3节　受损生态系统的修复与恢复

一、生态恢复与恢复生态学

生态恢复是研究生态整合性的恢复和管理过程的科学，已成为世界各国的研究热点，恢复已被用作一个概括性的术语，它包括了重建、改建、改造、再植等含义，一般泛指改良和重建退化的生态系统，使其重新有益于利用，并恢复其生态学潜力。

（一）生态恢复与恢复生态学的定义

1. 生态恢复的定义

布拉德肖（Bradshaw）于 1987 年认为，生态恢复是对生态学有关理论的一种严苛检验，它研究生态系统自身的性质、受损机理及修复过程。凯恩斯（Cairns）等于 1995 年将生态恢复的概念定义为：为将被损害生态系统恢复到接近于它受干扰前的自然状况而进行的管理与操作过程，即重建该系统受干扰前的结构与功能以及有关的物理、化学和生物学特征。乔丹（Jordan）于 1995 年认为，使生态系统恢复到先前或历史上（自然或非自然的）的状态即为生态恢复。伊根（Egan）于 1996 年认为，生态恢复是重建某区域历史上有的植物和动物群落，而且保持生态系统和人类的传统文化功能的持续性的过程。

国际生态恢复学会于 1995 年对生态恢复给出了一个较为详细的定义：生态恢复是帮助研究恢复和管理原生生态系统的完整性的过程，这种生态整体性包括生物多样性的临界变化范围、生态系统结构和过程、区域和历史内容以及可持续的社会实践等。生态恢复与重建的难度和所需的时间与生态系统的退化程度、自我恢复能力以及恢复方向密切相关。一般来说，退化程度较轻的和自我恢复能力较强的生态系统比较容易恢复，其所需的时间也较短。生态系统的自我恢复往往较慢，有些极度退化生态系统（如流动沙丘）没有人为措施自然恢复则几乎不可能。

与生态恢复有关的概念如下。

（1）恢复：指从受损状态恢复到未被损害前的状态的行为，是完全意义上的恢复，既包括回到起始状态又包括完美和健康的含义。

（2）修复：被定义为把一个事物恢复到先前状态的行为，其含义与恢复相似，但不包括达到完美状态的含义。在实际工作中，不一定要必须或者说不一定能够恢复到起始状态的完美程度，因此这个词被广泛用于指所有退化状态的改良工作。

（3）改造：该词是 1977 年美国对露天矿治理和垦复法案进行立法讨论时定义的，它比完全的生态恢复目标要低，它是产生一种稳定的、自我持续的生态系统。该词被广泛应用于英国和北美地区，要求的是结构上和原始状态相似但不必一样，即它没有回到原始状态的含义，而更强调达到有用状态（Jordan，1987）。

其他类似术语有：挽救、更新、再植、改进、修补等，这些概念从不同侧面反映了生态恢复与重建的基本意图。

生态恢复相关词汇如此众多，说明生态恢复从术语到概念尚需要规范和统一，但也说明恢复生态实践较多地针对解决不同的实际问题，因而采用了不同的术语。

2. 恢复生态学的定义

简言之，恢复生态学是一门关于生态恢复的学科。它是 20 世纪 80 年代迅速发展起来的一个现代应用生态学的分支学科，主要致力于那些因自然突变和人类活动影响而受到损害的自然生态系统的恢复与重建。国际生态恢复学会对恢复生态学的定义是：恢复生态学是研究如何修复由于人类活动引起的原生生态系统生物多样性和动态损害的学科。但这一定义尚未被大多数生态学家所认同。多布森（Dobson）等于 1997 年认为，恢复生态学将继续提供重要的关于表达生态系统组装和生态功能恢复的方式，正像通过分离组装汽车来获得对汽车工程更深的了解一样，恢复生态学强调的是生态系统结构的恢复，其实质就是生态系统功能的恢复。我国学者余作岳和彭少麟认为，恢复生态学是研究生态系统退化的原因、退化生态系统恢复与重建的技术与方法、生态学过程和机理的学科。还有些学者认为，恢复生态学是一种通过整合的方法研究在退化的迹地上如何组建结构和功能与原生生态系统相似的生态系统，并在此过程中如何检验已有的理论或生态假设的生态学分支学科。

（二）恢复生态学的研究对象和主要研究内容

1. 恢复生态学的研究对象

恢复生态学的研究对象是那些在自然干扰或/和人类活动干扰条件下受到损害的自然生态系统的恢复与重建问题，涉及自然资源的持续利用、社会经济的持续发展和生态环境、生物多样性的保护等许多研究领域的内容。

2. 恢复生态学的主要研究内容

恢复生态学既是一门应用学科又是一门理论科学，它既具有理论性也具有实践性。根据恢复生态学的定义和生态恢复实践的要求，恢复生态学应加强基础理论和应用技术 2 大领域的研究工作。

基础理论研究包括如下内容。

（1）生态系统结构（包括生物空间组成结构、不同地理单元与要素的空间组成结构及营养结构等）、功能（包括生物功能、地理单元与要素的组成结构对生态系统的影响与作用、能流、物流与信息流的循环过程与平衡机制等）和生态系统内在的生态学过程与相互作用机制。

（2）生态系统的稳定性、多样性、抗逆性、生产力、恢复力与可持续性研究。

（3）先锋与顶极生态系统发生、发展机理与演替规律研究。

（4）不同干扰条件下生态系统的受损过程及其响应机制研究。

（5）生态系统退化的景观诊断及其评价指标体系研究。

（6）生态系统退化过程的动态监测、模拟、预警及预测研究。

（7）生态系统健康研究。

应用技术研究包括如下内容。

（1）退化生态系统的恢复与重建的关键技术体系研究。

（2）生态系统结构与功能的优化配置与重构及其调控技术研究。

（3）物种与生物多样性的恢复与维持技术。

（4）生态工程设计与实施技术。

（5）环境规划与景观生态规划技术。

（6）典型退化生态系统恢复的优化模式试验示范与推广研究。

二、生态修复的基本原则

（一）因地制宜原则

不同区域具有不同的自然环境条件和人类活动特征，如气候、水文、地貌、土壤条件等，区域差异性和特殊性要求在生态修复时要因地制宜，具体问题具体分析。依据研究区的具体情况，在长期试验的基础上，总结经验，找到合适的生态修复技术。

（二）生态学与系统学原则

生态学原则要求生态修复应按生态系统自身的演替规律，分步骤、分阶段进行，做到循序渐进。生态修复应在生态系统层次上展开，要有系统思想。

（三）可行性原则

包括生态修复的经济可行、技术措施可行和社会可接受。经济可行性原则要求在实施生态修复时，应有一定的物力、人力和财力保证；技术措施可行性原则要求在生态修复过程中实施的技术措施，在实践操作中具有可行性；社会可承受性原则要求生态修复工程的启动，必须保障人民群众的生产和生活，考虑生态恢复的经济收益以及收益周期。

（四）风险最小、效益最大原则

由于生态系统的复杂性和某些环境要素的突变性，加之人们对生态过程及其内在运行机制认识的局限性，人们不可能对生态修复的后果、生态演替的方向进行准确的估计和把握。从某种意义上讲，生态修复具有一定的风险性，生态修复需要大量人力、物力、财力的投入。

（五）自然修复和人为措施相结合原则

生态修复应遵循人与自然和谐相处的原则，控制人类活动对生态系统修复的过度管理，适时依靠大自然的力量实现自我修复。

（六）生态修复的自然原则、美学原则等

实施生态修复的基础是退化生态系统的现有状态，因此应因地制宜地实施区域的生态修复措施。

三、生态修复的目标与工作程序

（一）生态恢复的目标

生态恢复工程需要实现 4 个方面的主要内容：①对退化生境的恢复；②提高已退化土地的生产力；③加强被保护的景观；④合理利用和保护现有生态系统进行，维持其生态服务功能。

生态恢复工作的主要目标包括：①实现退化生态系统地表基底稳定性，保证生态系统的持续演替与发展；②恢复植被和土壤，保证一定的植被覆盖率和土壤肥力；③增加生物尤其是植物种类组成及其多样性；④促进实现生物群落的恢复尤其是尽快达到退化生态系统的自我恢复能力，提高生态系统的生产力和自我维持力；⑤减少或控制环境污染和生态破坏；⑥增加视觉和美学效果以及社会效益和经济效益。

其他目标还包括：①对现有的生态系统进行合理的管理，避免退化；②保持区域文化的可持续性；③实现景观层次的整合性，保持生物多样性及良好的生态环境。帕克（Parker）于 1997 年认为，恢复的长期目标应是生态系统自身可持续性的恢复。但由于这个目标的时间尺度太大，加上生态系统的开放性，可能会导致恢复后的系统状态与原始状态不同。

（二）生态修复的途径与措施

生态恢复的目的在于使退化生态系统具备合理的结构、高效的功能和协调的关系。生态系统恢复的目标就是把受损的生态系统返回到它先前的或类似的或结构与功能协调的状态。由于自然因素和人类活动所损伤的生态系统在自然恢复过程中可以重新获得一些生态学性状，若这些干扰能被人类合理地控制，生态系统

将发生明显的变化。

从理论上来讲,受损生态系统在不同人类管理对策下可能达到的不同结果是:①系统的结构和功能都恢复到退化之前的原本状态;②受损生态系统的结构恢复到原生生态系统演替过程中的某一个阶段,恢复原来的某些特性,使其达到对人类有用状态;③达到一种改进的、结构不同于原生系统但功能却优于原生系统的新的状态;④不合理的管理导致受损生态系统的退化状态进一步恶化。

受损生态系统的恢复可以遵循以下 2 个模式途径。

一是仅需少量或无须人力辅助途径,即在生态系统受损负荷未超过系统生态阈值情况下,尽力解除压力和干扰,使受损生态系统得以恢复,如对退化草场通过围栏封育,经过几个生长季后草场的植物种类数量、植被盖度、物种多样性和生产力能得到较好的恢复。

二是必须有相当的人力辅助,即生态系统的受损程度已达超负荷状态,已发生不可逆变化,此时只依靠自然力已很难或不可能使系统恢复到初始状态,必须依靠人为的一些正干扰措施,才能使其发生逆转。例如,对已经退化为流动沙丘的沙质草地,由于生境条件的极端恶化,依靠自然力或围栏封育是不能使植被得到恢复的,只有人为地采取固沙和植树种草措施才能使其得到一定程度的恢复。

(三)生态修复工作的评价

对受损生态系统进行生态修复的评价包括 2 个方面,一是修复工作所需时长,二是生态修复成功的评判标准。

生态恢复成功所需的时间长短取决于所实施的修复措施和受损生态系统本身的特性。修复措施是否合适、人为管理是否得当、是否适时退出都会影响生态恢复的时长。被干扰生态系统本身的特性,如对干扰的抵抗力和恢复力,更为深刻地影响着生态恢复的时间。一般来说,退化程度较轻的生态系统恢复时间要短些;在不同生物气候带地区,湿热地带的恢复要快于干冷地带;对于不同环境介质来说,土壤环境的恢复要比生物群落的恢复时间长得多;而对于不同类型生态系统,森林的恢复速度要比农田和草地的恢复速度慢一些。

退化生态系统的复杂性和动态性,使评价生态恢复成功的标准和指标复杂化,许多学者提出了各自不同的评价标准。一般是将恢复后的生态系统与未受干扰的生态系统进行比较,其内容包括关键种的多度及表现、重要生态过程的重新建立和水文过程等非生物特征的恢复与稳定程度等。

因此，虽然有关生态恢复成功的指标和标准尚未完全建立，但以下问题在评价生态恢复时可重点考虑：①新系统的结构与功能是否稳定并具有可持续性？②新系统是否已具备较高的生产力？③基质条件包括土壤水分和养分条件是否得到改善并能自我维持而无须人力辅助？④组分之间相互作用关系是否协调且为正向演替？⑤所建造的群落是否能够抵抗新种的侵入？

思考题

（1）简述干扰的含义、性质和类型。

（2）干扰与受损生态系统退化有何关系？

（3）受损生态系统的修复与恢复的原则与方法有哪些？

（4）请选择某一典型受损生态系统，对其生态修复进行分析。

主要参考文献

［1］Aronson J，Clewell A，Moreno-Maeos D. Ecological restoration and ecological engineering: Complementary or indivisible? ［J］. Ecological Engineering，2016，91（1）：392-395.

［2］Baggio J A，Hillis V. Managing ecological disturbances: Learning and the structure of social-ecological networks ［J］. Environmental Modelling and Software，2018，109：32-40.

［3］Banks S C，Cary G J，Smith A L，et al. How does ecological disturbance influence genetic diversity? ［J］. Trends in Ecology and Evolution，2013，28（11）：670-679.

［4］Edwards P M，Colley M，Shroufe A. Investigating Ecological Disturbance in Streams ［J］. American Biology Teacher，2021，83（4）：254-262.

［5］Gatica-Saavedra P，Echeverría C，Nelson C R. Ecological indicators for assessing ecological success of forest restoration: a world review ［J］. Restoration Ecology，2017，25（6）：850-857.

［6］Gersonde R F. Ecological Restoration ［J］. Journal of Forestry，2015，113（6）：

526-526.

　　[7]Peng J, Zhao S Q, Dong J Q, et al. Applying ant colony algorithm to identify ecological security patterns in megacities [J]. Environmental Modelling and Software, 2019, 117: 214-222.

　　[8]You X G, Liu J L, Zhang L L. Ecological modeling of riparian vegetation under disturbances: A review [J]. Ecological Modelling, 2015, 318: 293-300.

　　[9]包美玲, 张强, 洪慧, 等. 湖库型水产养殖污染生态环境损害鉴定适用方法研究 [J]. 环境科学与技术, 2023, 46 (S2): 241-246.

　　[10]常理, 王猛, 秦天玲, 等. 梯级水库群鱼类栖息地保护适应性调控理论框架与技术路径 [J]. 水电与抽水蓄能, 2023, 9 (S1): 57-62.

　　[11]陈亚宁, 郝兴明, 陈亚鹏, 等. 新疆塔里木河流域水系连通与生态保护对策研究 [J]. 中国科学院院刊, 2019, 34 (10): 1156-1164.

　　[12]陈友媛, 卢爽, 惠红霞, 等. 印度芥菜和香根草对 Pb 污染土壤的修复效能及作用途径 [J]. 环境科学研究, 2017, 30 (9): 1365-1372.

　　[13]邓来富, 江兴龙. 池塘养殖生物修复技术研究进展 [J]. 海洋与湖沼, 2013, 44 (5): 1270-1275.

　　[14]丁建, 陈贝, 袁建军. 植物修复重金属污染及内生细菌效应 [J]. 微生物学通报, 2011, 38 (6): 921-927.

　　[15]杜东霞, 李咏梅, 喻孟元, 等. 耐镉根际促生菌 WYN5 的分子鉴定及其对黑麦草富集镉的影响 [J]. 中国农学通报, 2023, 39 (27): 59-66.

　　[16]冯虎赟. 基于超积累植物修复技术的土壤环境污染治理研究 [J]. 环境科学与管理, 2022, 47 (1): 100-104.

　　[17]高嵩, 金勇, 钱军, 等. 城市河道水生态修复技术研究 [J]. 水利技术监督, 2023 (7): 219-222.

　　[18]高原, 赖子尼, 庞世勋, 等. 酸性河流中浮游动物群落分析 [J]. 应用与环境生物学报, 2012, 18 (6): 928-934.

　　[19]郭源上, 何明珠, 刘建兵, 等. 干旱区石灰岩矿山遗迹地生态修复模式对比研究 [J]. 中国沙漠, 2024, 44 (2): 35-47.

　　[20]贺艳, 邓月华. 原位薄层覆盖修复重金属污染沉积物的研究现状与展望 [J]. 环境污染与防治, 2023, 45 (10): 1456-1461.

［21］侯正飞. 高山松群落生态干扰度评价［J］. 绿色科技, 2020（8）: 13-14.

［22］胡振琪. 矿山复垦土壤重构的理论与方法［J］. 煤炭学报, 2022, 47（7）: 2499-2515.

［23］黄艺, 舒中亚. 基于浮游细菌生物完整性指数的河流生态系统健康评价——以滇池流域为例［J］. 环境科学, 2013, 34（8）: 3010-3018.

［24］黎志强. 生态干扰及其对生态健康的影响［J］. 现代农业科技, 2012（23）: 174-175.

［25］李辰溪. 锦州市大凌河流域水生态健康评价［J］. 水土保持应用技术, 2023（3）: 40-43.

［26］李达, 赖宪明, 王笛, 等. 光伏场区牧草种植技术研究［J］. 现代畜牧科技, 2023（10）: 60-62.

［27］李菡庭, 田美荣, 霍晓君, 等. 基于湖泊底泥的植物种植基对牧草生长的影响试验［J］. 生态与农村环境学报, 2023, 39（6）: 750-757.

［28］李龙. 填塘复垦造良田［J］. 中国农业综合开发, 2022（10）: 19.

［29］李迈和, Norbert Kruchi, 杨健. 生态干扰度: 一种评价植被天然性程度的方法［J］. 地理科学进展, 2002（5）: 450-458.

［30］李新举, 胡振琪, 李晶, 等. 采煤塌陷地复垦土壤质量研究进展［J］. 农业工程学报, 2007（6）: 276-280.

［31］李云帆, 李彩霞, 贾翔, 等. 乌梁素海流域生态脆弱性时空变化及其成因分析［J］. 地球信息科学学报, 2023, 25（10）: 2039-2054.

［32］林雪锋, 颉洪涛, 虞木奎, 等. 盐胁迫下3种海滨植物形态和生理响应特征及耐盐性差异［J］. 林业科学研究, 2018, 31（3）: 95-103.

［33］刘元生, 陈祖拥, 刘方, 等. 白云岩砂改良煤矸石基质对黑麦草生长及重金属淋溶影响［J］. 中国水土保持科学（中英文）, 2023, 21（5）: 138-145.

［34］罗鉴, 吴永贵, 罗有发, 等. 改良剂与植物联合修复对汞铊矿废弃物重金属淋溶释放行为及微生物群落结构的影响［J］. 环境工程学报, 2023, 17（9）: 3054-3065.

［35］齐丽. 工矿废弃地复垦潜力评价研究——以盘锦市大洼县为例［J］. 农村经济与科技, 2018, 29（23）: 4-6.

［36］宋红伟，陈奎，余阳，等．河南省澎河柒树沟—达店段山水林田湖草一体化生态保护与修复研究［J］．能源与环保，2023，45（7）：29-35.

［37］宋清梅，蔡信德，吴颖欣，等．香根草对污染土壤水溶态重金属组分胁迫响应研究［J］．农业环境科学学报，2019，38（12）：2715-2722.

［38］田鹏，钱昶，林佳宁，等．滦河流域大型底栖动物生物完整性指数健康评价［J］．中国环境监测，2019，35（4）：50-58.

［39］汪国梁，李田，周启星．生物电化学调控微生物代谢强化修复石油烃污染土壤的研究进展［J］．科学通报，2023，68（Z2）：3768-3779.

［40］王惠英，于鲁冀．高度人工干扰流域河流环境流量分区界定研究［J］．人民黄河，2018，40（12）：92-96.

［41］王佳成，廖传松，连玉喜，等．三峡水库香溪河鱼类群落结构特征及历史变化［J］．湖泊科学，2023，35（6）：2082-2094.

［42］王苏鹏，陈吉炜，刘意恒，等．城区河流中沉水植物分布特征及其影响因素分析——以宁波城区内河为例［J］．湖泊科学，2019，31（4）：1064-1074.

［43］王亚男，程立娟，周启星．植物修复石油烃污染土壤的机制［J］．生态学杂志，2016，35（4）：1080-1088.

［44］王哲，周铜，赵莹晨，等．内蒙古白云鄂博矿区优势植物重金属和稀土元素富集特征［J］．中国稀土学报，2022，40（3）：512-522.

［45］韦立权，石程远，龙佳峰，等．广西营造林规划设计和工程咨询回顾与展望［J］．广西林业科学，2023，52（5）：552-558.

［46］吴云霄，雷忻，王学乾，等．植物组织在修复PAHs污染土壤过程中的作用［J］．安全与环境学报，2020，20（3）：1048-1054.

［47］徐建斌，宋建生，徐红霞，等．千岛湖马尾松次生林珍贵化改培技术［J］．现代农业科技，2023（19）：117-119，123.

［48］杨关绍，王旭，郭雯，等．异龙湖草型—藻型稳态转换的有机碳氮及其同位素源解析［J］．地理研究，2023，42（11）：3061-3078.

［49］张丽，王腊春，杨华，等．建设生态型城市河流的研究与实践［J］．中国人口·资源与环境，2014，24（S2）：286-289.

［50］张文杰．河流生态修复刍议［J］．山西水利，2019，35（5）：47-48.

［51］张雄．基于自然的解决方案在北方缺水地区河流生态修复实践［J］．山

西水利，2023（6）：37-40，53.

　　［52］赵哲，李艳华，玄凯. 光伏提水灌溉技术在矿山复绿工程中的应用研究——以枣庄市徐庄镇工矿废弃地复垦项目为例［J］. 南方自然资源，2022（3）：55-59.

　　［53］甄广韵. 辽东山区天然次生林修复技术与模式［J］. 林业科技通讯，2023（10）：78-81.

　　［54］周启星，蔡章，张志能，等. 基于杂草植物的石油烃污染土壤生态修复（英文）［J］. 资源与生态学报（英文版），2011（2）：97-105.

　　［55］周莹，渠晓东，赵瑞，等. 河流健康评价中不同标准化方法的应用与比较［J］. 环境科学研究，2013，26（4）：410-417.

　　［56］朱教君，刘世荣. 次生林概念与生态干扰度［J］. 生态学杂志，2007（7）：1085-1093.

　　［57］Smith M D，Oglend A，Kirkpatrick A J，et al. Seafood prices reveal impacts of a major ecological disturbance［J］. Proceeding of the National Academy of Sciences of the United States of America，2017，114（7）：1512-1517.

　　［58］杜雨霜，吴刘萍，陈杰，等. 崩岗生态修复中不同人工林林下入侵植物和本土植物对群落稳定性的影响［J］. 生态学报，2024，44（4）：1588-1600.

　　［59］严梓辰，余海波，唐伟，等. 基于文献计量分析的场地化学氧化修复技术研究热点和趋势［J］. 环境工程学报，2023，17（10）：3423-3433.

第8章 环境生态工程

导读：本章主要学习环境生态工程的基本概念、产生由来、基本理论基础和原理、实践工程表现等；内容包括生态工程、环境工程、环境生态工程的产生，物质循环与再生原理、生物多样性原理、限制因子理论、涌现性与整体论原理、协同演化理论等环境生态工程基本理论，以及环境生态工程原理在生态公路的建设与维护、生态水利水电工程、湖泊及湿地生态治理工程等多方面的应用。认识和学习环境生态工程是践行生态文明理念的理论支撑和应用指导。

学习目标：了解环境生态工程的相关定义、产生由来及其在实际环境保护工作中的应用，理解环境生态工程的基本概念和相关理论基础，掌握环境生态工程的基本原理，了解环境生态工程的实践类型。能够准确识别环境生态工程类型并进行初步设计。

知识网络：

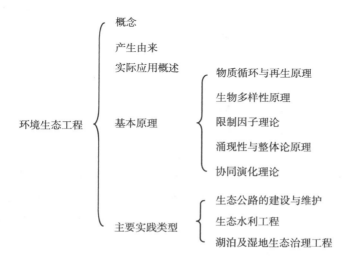

第1节　环境生态工程的基本概念及发展

一、环境生态工程的定义

环境生态工程是基于生态学基本规律、原理和理论，结合环境工程和生态工程相关方法和技术，从系统思想和能耗最低原则出发，运用现代科学技术成果、管理手段和相关专业的技术经验组装起来的，致力于彻底解决环境问题，获得社会、经济、生态综合效益，从而实现人类与环境协同可持续发展的现代生态工程体系。

环境生态工程在人类社会发展历史中已得到长久的应用。在中国南方地区广泛存在的桑基鱼塘早在距今 2500 年前后即已出现，是为充分利用土地而创造的一种"塘基种桑、桑叶喂蚕、蚕沙养鱼、鱼粪肥塘、塘泥壅桑"高效人工农业生态系统。桑基鱼塘和其他农业生产方式相比，具有突出的环境生态工程所体现出来的综合效益。通过发挥生态系统中物质循环、能量流动转化和生物之间的共生、相养规律的作用，达到了集约经营的效果，符合以最小的投入获得最大产出的经济效益原则；同时，桑基鱼塘内部食物链中各个营养级的生物量比例适量，物质和能量的输入和输出相平衡，并促进动植物资源的循环利用，极大地解决了环境污染问题，保证了生态系统的平衡；随之而来的是得到社会的广泛认可并进行推广。

在现代工业化时期，环境生态工程的应用十分广泛。例如，大气污染的环境生态治理工程利用植物治理大气污染，其原理是通过植物叶片吸收大气中的有毒物质，使某些有毒物质在植物体内得到分解转化为无毒物质，如二氧化硫，其被植物叶片吸收后形成亚硫酸和亚硫酸根离子，使其毒性减小。在土壤污染生态治理过程中，通过植物、土壤动物（如蚯蚓等）和微生物的共同作用，污染物得以转化为低毒甚至无毒物质并从土壤中清除。环境生态工程也是治理水体富营养化的有效途径。通过建立以初级生产者（藻类、高等水生植物）、消费者（食草动物、杂食性动物）和分解者（微生物）组成的水生生态系统，防治水体富营养化的同时还能提供足够的生物产量。应用蒲草为主的湿地生态系统处理煤矿所排含有 FeS 酸性废水的生态工程。因此，环境生态工程与技术系统在环境保护中发展应用非常迅速和广泛。

二、环境生态工程的产生由来

环境生态工程理念的建立和发展是随着人类社会的发展及科技的进步，尤其是对随着科技发展带来的福祉和同时产生的环境问题之间日益尖锐的矛盾的深入认识，人类发现自己对于环境的破坏与干扰，污染物的排放及净化，都必须依靠生态系统来通过它自身的规律与运动才能得到真正解决。这促使人类考虑如何科学地认识我们的生存环境，如何更加合理有效地利用我们的环境资源进行生产与生活活动，如何有效地采用生态、生物性的，而不是单纯使用物理性工程来作为环境保护与治理的手段对人类自己产生的废弃物进行处理、利用的转化。因此，在传统环境工程的技术手段中基于生态学知识来利用生物与环境之间的关系，利用生态系统本身的特点及结构功能，真正有效做到环境工程及污染废弃物的处理，由此催生了环境生态工程的理念及技术手段。环境生态工程来源于环境工程与生态工程发展的融合要求，并得到进一步的发展。

（一）环境工程概述

环境工程对环境污染进行防治的技术原理和方法进行研究，需要涉及化学、物理学、生物学、给排水工程、环境卫生学等多个学科。环境工程学科以对环境污染物的综合防治作为其基本指导思想，研究防治环境污染和环境公害的技术措施，并随着技术的发展和治理理念的提升进而研究如何将各种废物进行资源化和相应的规划等，以获取最优环境效益、社会效益和经济效益。基本内容包括大气污染防治工程（如大气颗粒物的去除、烟尘脱硫等）、水污染防治工程（如污水净化、生活用水的除菌处理等）、噪声（包括对不同功能区域不同时段限定噪声的分贝数）、固体废物防治、生活垃圾处置和其他公害防治技术。

（二）生态工程概述

相较于物理工程侧重于采用物理、化学进行防治的思路和技术方法，生态工程则是基于生态学思想，应用生态系统中物种共生与物质循环再生原理、结构与功能协调原则，结合系统工程的最优化方法，设计的分层和多级利用物质的生产工艺系统（马世骏，1983）。

美国生态学家奥德姆（Odum）于1962年提出了"生态工程"一词，并把它定义为"为了控制生态系统，人类应用来自自然的能源作为辅助能对环境的控制"，是对传统工程的补充。1971年他又指出生态工程即是人对自然的管理。1983年，他对生态工程的定义修订为"设计和实施经济与自然的工艺技术"。自此以后，生态工程在欧美国家逐渐发展起来，出现了多种认识与解释，并由乌尔曼（Ulhmann）于1983年、斯特拉斯克拉巴（Straskraba）于1984年和1985年、格瑙克（Gnauck）于1985年等提出了生态工程技术的概念，即"在环境管理方面，根据对生态学的深入了解，花最小代价的措施，对环境的损害又是最小的一些技术。"同一时期，我国著名生态学家、生态工程建设先驱马世骏先生于1984年提出了他对"生态工程"的独特见解："生态工程是应用生态系统中物种共生与物质循环再生原理，结构与功能协调原则，结合系统分析的最优化方法，设计的促进分层多级利用物质的生产工艺系统。"该定义明确了生态工程的目标，即是在促进自然界良性循环的前提下，充分发挥资源的生产潜力，防治环境污染，达到经济效益与生态效益同步发展；它可以是纵向的层次结构，也可以发展为横向联系而成为网状工程系统。

20世纪80年代末，美国学者米契（Mitsch）与丹麦学者约根森（Jørgensen）联合将生态工程定义为："为了人类社会及其自然环境两者的利益而对人类社会及其自然环境所进行的设计。"

在生态工程的实践方面，中国长三角地区和珠三角地区的桑基鱼塘是世界最早实施的生态工程实践，通过利用生态系统的物质循环原理，促进物质的分层多级利用，取得了良好的生态、经济和社会综合效益。在世界其他地方，丹麦在格雷姆斯湖建立了防治富营养化的生态工程（Jørgensen，1976），荷兰通过调控湖泊中生物种类结构、比例的方法来防治水体富营养化（Richter，1986），美国加利福尼亚州南部河口区湿地建立了利用湿生植物香蒲等去除重金属、进行复垦的生态工程（Brown，1991），德国建立了以芦苇为主的湿地处理废水的生态工程（Emier，1991）。

相比于世界其他地区，中国的生态工程实践多于理论总结，这与我们的人口数量紧密相关。中国不只是单纯解决保护环境本身，而要更迫切地以有限资源为基础，生产出更多的产品，以满足人口与社会的发展需要，因此力求达到生态环境效益、经济效益和社会效益的协调统一，改善与维护生态系统并举，促进生态系统中物质的良性循环，最终获得自然—社会—经济系统的综合高效益。我国对生态系统的管理与生态工程建设的理论原则集中体现为"整体、协调、循环、再生"（王如松，1991）。因此，我国的生态工程的发展基础除了以生态学原理为支柱外，还吸收、渗透、综合了其他许多的应用学科，如农、林、渔、养殖、加工、经济管理、环境工程等多种学科原理、技术和经验，在促进物质良性循环的前提下，充分发挥物质的生产潜力，防止环境污染，达到经济效益与生态效益的同步发展（马世骏，1987；孙鸿良等，1992）。

在生态系统运用生态学研究的基础上，中国生态学者们借鉴了生态系统中物质循环功能依赖于食物链各层级物种的相互作用、相互联系特点，在生态工艺与技术方面提出了加环理念，即增加生产环、增益环、减耗环、复合环和加工环，加强多个生态系统的联结形成共生生态网络，对其进行内部结构的调整，充分利用生态空间、时间、营养生态位，实现多层次分级利用物质、能量，充分发挥物质生产潜力、减少废物，因地制宜促进良性发展，取得斐然成绩。例如，举世瞩目的三北防护林体系、太行山绿化工程、长江中上游防护林体系、农田林网防护林体系、海岸带防护林体系等 5 大防护林生态工程的实践，在防风固沙、保持水土、改善保护区内农田小气候，促进农业增产及多种经营等不同方面，取得了十分显著的综合效益。

（三）环境生态工程在相关产业中的应用概况

1. 环境生态工程在大农业中的应用概况

生态工程与农业生产活动相结合，产生农业环境生态工程，广泛应用于耕作业、林业、牧渔养殖业。

传统农业耕作随着人口的剧增，对粮食等农业产量需求的剧增，被迫大量使用及滥用化肥和农药，造成日益严重的硝酸盐积累、农产品质量下降、水体污染、湖泊碱化、土地板结，不合理使用农药不仅导致土壤、水体和农产品受到污染，也使害虫产生抗药性，农业生态系统平衡失调，农业病虫害无法消除。此外，大量塑料薄膜的使用产生土壤"白色污染"，不仅使农业产量下降，塑料的碎片化也导致生态系统受到微塑料的影响，危害各种食物链生物（包括人类）。因此，农业生态工程应运而生，其类型多样，诸如立体农业和生态农业途径（用地与养地相结合、水旱轮作、稻萍鱼立体种养、科学施肥、合理用药等）；加强农业污染监测与防治（建立农业污染监测网络、农业沼气和太阳能利用、农业面源污染治理、土壤重金属污染生态治理、农业循环经济模式、农田保温保水固土降碳工程技术等）。

在林业环境生态工程方面，除了采取传统措施保持林业本身天然具备的生态效益，还可以依据生态学原理进行低产林地的人工干预以加强其进展演替速率，如林木种类的改造、林地条件的改善和过熟植株的砍伐移除等。例如，对于高地山丘的水土流失治理，通过生态学监测，分析地形坡度、土壤基本结构与基质状态、现有植被类型，分坡度大小和土壤条件施以适当改坡和土壤改良，并引种合适植物；在林木生长过程中进行砍杂抚育、合理采伐等措施。在沿海和西北风沙严重地区开展防护林建设，以实现保持水土、防风固沙、涵养水源、调节气候、减少污染等多种目的，从而达到防御自然灾害、维护基础设施、保护生产、改善环境和维持生态平衡等目标。

牧渔养殖业环境生态工程也有非常重要的应用价值。例如，养鸡场的粪便和鸡屠宰后残余废弃物的综合处置利用，鸭—沼—鱼循环养殖、鸭—藕—鱼循环养殖、鱼禽结合生态养鱼技术等。通过环境生态工程，把原本相对独立的各类农业活动连接起来，建立生态链关系，延长物质的利用路径，实现能量的最大化利用，同时不产生废弃物或产生最小量的废弃物。

2. 环境生态工程在工业中的应用概况

在工业生产实践过程中，也可以建立和实现工业环节生态工程。

工业环境生态工程是建立在工业生态系统概念基础之上的。所谓工业生态系统，是指模仿自然生态系统的不同组成成分及其对物质无污染的循环特征，设计和布置一系列不同工业类型所形成的系统化体系。

由于自然生态系统中生产者、消费者和分解者共同作用完成能量和物质在生态系统中的流动，保证了环境的稳定性和长期稳定的物质比例，因此人类借鉴生态系统的物质循环等原理和食物链特点，来经营和管理工业经济活动，设计和布置不同工业类型，通过形成类似生态系统食物链的产业链，期望像自然生态系统那样做到物资的充分利用和循环使用，最终不产生废弃物，以此实现节约资源、保护生态环境和提高物质综合利用目标的现代工业发展模式，这就是工业环节生态工程。

工业环节生态工程模式多样，常见的如清洁生产技术、生态工业园、产品生态设计、环境友好材料、废物资源化、污废水回用、物质回收利用、污染场地生态修复等。

清洁生产是指既可满足人们的需要又可合理使用自然资源和能源并保护环境的实用生产方法和措施，其实质是一种物料和能耗最少的人类生产活动的规划和管理，将废物减量化、资源化和无害化或消灭于生产过程之中。清洁生产在不同的国家和地区有不同的提法，如"少废无废工艺""无废生产""无公害工艺""废料最少化""污染预防""废物最少化"等，但其基本内涵是一致的，即对产品和产品的生产过程、产品及服务采取预防污染的策略来减少污染物的产生。清洁生产的内容包括 4 个部分：①清洁的能源；②清洁的生产过程；③清洁的产品；④清洁的服务。清洁生产技术是一种控制产品从产生到灭亡都不对环境造成大的危害的技术。

清洁生产起源于 20 世纪 60 年代美国化学行业的污染预防审计，"清洁生产"概念的出现则最早可追溯到 1976 年，当年欧共体（欧盟前身）在巴黎举行的"无废工艺和无废生产国际研讨会"会上提出"消除造成污染的根源"的思想。1979年 4 月欧共体理事会宣布推行清洁生产政策，并于 1984 年、1985 年和 1987 年3 次拨款支持建立清洁生产示范工程。

清洁生产包含了 2 个清洁过程控制，即生产全过程和产品周期全过程，其微观措施包括：①实施产品绿色设计；②实施生产全过程控制；③实施材料优化管理。因此，清洁生产的特点首先在于其是一项系统工程，重在预防，保证经济良好发展，与企业发展相适应，废物循环利用，建立生产闭合圈，以及发展环保技术、搞好末端治理等。

对于某一工业类型而言，清洁生产强调了该企业自身内部对材料和可能产生的废弃物的转化利用问题；生态工业园则是针对多个类型工业如何高效、环保利用物质和能量这一问题，它是指在一块固定地域上所布置的多个不同类型制造企业和服务企业所形成的一个企业社区，各成员单位共同协商管理经济事宜和环境事宜，着力于园区内生态链和生态网的建设，最大限度地提高资源利用率，从工业源头上将污染物排放量减至最低，最终获取比单个企业通过个体行为的最优化所能取得的效益之和还要大得多的环境效益、经济效益和社会效益。生态工业园的目标在于最小化园内企业的环境影响的同时提高园区总体经济效益。因此，生态工业园可以说是区域尺度上的清洁生产。

可以看出，清洁生产和生态工业园涵盖了产品生态设计、环境友好材料、废物资源化、污废水回用、物质回收利用等。

对于工业场地污染的环境生态工程而言，其内容已在第 6 章阐述，包括植物修复技术、微生物修复技术、土壤动物修复技术，以及这些技术的联合应用。

（四）环境生态工程在其他方面的应用概况

环境生态工程在其他方面的应用包括河流生态工程、湖泊修复生态工程、沙漠生态工程、污水人工湿地生态处理工程和土壤生态处理工程等。

第 2 节　环境生态工程的基本理论基础

一、物质循环与再生原理

物质循环与再生是指一切物质经过生产形成产品，再经过流通和消费使用最终都会变成废弃物，任一废弃物必然是对生物圈中某一组分或生态过程有用的"原料"或缓冲剂。衍生的意义涉及人类，指其一切行为最终都会以某种信息的形式反馈作用到人类本身，这种反馈或有利或有害。物资的循环再生和信息的反馈调节是复合生态系统持续发展的根本动因。

生态系统中的植物、动物和微生物，不断地从自然界摄取物质并合成新的物质，沿食物链发生能量的流动，同时又随时分解为原来的非生物物质，重新被生物吸收、利用，实现再生，如此进行着不停顿的物质循环与再生。物质循环是生态系统中生物因素与生物因素之间以及生物与非生物因素之间，物质以特定的循环时间，从一个储存库转移到另一个储存库。

在稳定的正常生态系统中，循环的路线、时间、循环率等是大致一定的。但是，物质在某个特定的储存库停留或从循环系统中流失或群落发生变动，那么在这个系统中通常见到的物质循环就被打乱。生物在碳、氮、磷等循环中的作用是众所周知的，其他的营养物质在生态系统内也有各自独特的循环方式。此外，具有与营养物质近似的化学性质的一些元素、化合物也随着移动，有些物质在特定的环节蓄积，出现富氧化、污染等异常，如有毒物质的生物浓缩。

依据物质循环再生原理，在设计环境生态工程时，可以考虑构建分层多级利用链实现生态系统中物质的转化和利用效率。例如，作物秸秆的分层多级利用。传统农业对于作物的秸秆是直接丢弃或用作薪柴直接焚烧，能量利用效率低下。在环境生态工程技术中，秸秆被发酵糖化制成饲料，作为家畜食物被饲用转化为家畜生物体，其作为产品输出；家畜产生的粪便可以继续得到使用来接种食用菌，产出食用菌产品作为商品产生经济价值；菌床杂屑可以进行进一步使用，如接种蚯蚓，蚯蚓排泄物杂屑不是没用之物，而是可以作为肥料给作物提供营养。因此，这是一个作物秸秆废弃物被分层多级利用的环境生态工程。

循环再生与分层多级利用物质是环境生态工程耗费最小、物质得到极大程度利用、工序组合极佳和工艺设计极优的综合体现。充分利用生态空间、时间及生物副产品、废物、能量等资源，在生产和代谢过程中，分层多级地将一个环节或一种生物成分形成的物质，包括产品、副产品和废物等，作为相邻下一个环节或生物成分所需或所能代谢的原料，后者产生的输出物（产品、副产品、废物）又是相邻再下一个环节或生物成分所需或所能代谢的原料。如此，许多环节或生物成分结成网络，使物质在系统内部长链条地流转、循环往复。通过方案必选和实践比较，做到各个环节物质输入比量协调合适，则可使每个环节所输出之物全部为其他后续环节所利用，由此达到废物零排放标准。很显然，这种多层分级利用的模式可以同步兼收生态环境效益、经济效益和社会效益。除上述例子外，桑基鱼塘、甘蔗分层多级利用，其构成循环经济模式也是很好的工程实践。

二、生物多样性原理

生物多样性是指由生物及其环境所形成的生态综合体，以及与此相关的各种生态过程的总和。通常，从遗传（基因）多样性、物种多样性和生态系统多样性等层次来认识和分析生物多样性。遗传（基因）多样性指生物体内决定生物性状的遗传因子及其组合的多样性。生物多样性在物种层次上的表现形式称为物种多样性，可分为区域物种多样性和群落物种（生态）多样性。生态系统多样性则是指在地球生物圈内所存在的生境、生物群落和生态过程的多样性。遗传（基因）多样性和物种多样性是生物多样性研究的基础，生态系统多样性是生物多样性研究的重点。

生物多样性受到环境污染的影响而发生变化。威尔姆（Wilhm）于 1967 年发现，美国俄克拉何马州一条溪流超过 60 英里（96 千米）的下游地区的底栖生物多样性遭到破坏。与清洁河流相比，污染后河流底栖生物多样性均有明显降低，随着河流受污染程度的增加，香农—威纳指数从 3.31 降低至 2.80 和 2.45。水体底栖动物多样性是监测水质污染的一个有效工具。

未经处理的城市点源废水对水域物种多样性和种群密度有影响。未处理废水的排入迅速引起原本清洁的水体中生物种类的锐减，其数量几乎减少至零，同时值得注意的是，被污染水体中大肠菌和污泥蠕虫等种类的密度快速增加。当种群密度（尤其是大肠菌和污泥蠕虫）增加时，物种丰度（尤其是水生昆虫和人们喜爱的淡水鱼类的丰度）会随之下降。从生态系统和景观角度（包括人类社会理解力）来说，功能的多样性（如有氧生产和呼吸）可能比单纯讲物种多样性更为重要，尽管物种多样性为这些功能过程提供结构基础。因此，如何认识物种多样性和功能多样性看来需要进一步的深入思考。很显然，污染排放后接纳水体的厌氧条件影响了生物代谢过程，维持有氧环境以防止和净化污染是十分重要的。

雨林或珊瑚礁等稳定的生态系统通常有着很高的物种多样性，因此一般推论认为，多样性增强了生态系统的稳定性。但是，各种分析和评论都已经表明物种多样性和稳定性的相互关系是复杂的，正相互关系在提高稳定系统的多样性方面有时候可能是次要的且不是直接原因，有时甚至可能是不必要的。例如，麦克诺顿（McNaughton）于 1978 年在研究弃耕地和东非草地后得出结论，在初级生产者水平上，物种多样性的确引起群落的功能稳定性。而哈斯顿（Huston）于 1979 年则指出，"非平衡"生态系统（指经常受到干扰的系统）往往比"平衡"生态系统有着更高的多样性，在平衡生态系统中优势度和排斥竞争更强烈些。卡尔逊（Carson）和巴雷特（Barrett）于 1988 年以及布鲁尔（Brewer）等于 1994 年注意到营养丰富的弃耕地群落与大小和年龄相同但营养不丰富的群落相比，前者明显多样性较低，而且也很不稳定。

生物多样性原理在我们的祖先种植作物时就得以应用，如强调"种谷必杂五种，以备灾害"。多样化的生物种类可以构成纵横交织的食物链网络，可以在外部环境发生变化时，通过这些复杂网络进行自我调控，实现自组织功能，使各生物种群密度与群体增长率间尽可能保持一种平衡关系，并最大限度地减缓环境变化带来的影响。我们在设计和实践环境生态工程就必须设法达成这样一个特征。例如，胶东半岛和辽东半岛天然针阔叶混交林中松树能健康生长，而油松和赤松纯林却是松干蚧活动猖獗，严重时可以引起大面积死亡。分析发现，这是因为在针阔叶混交林中阔叶树为松干蚧的天敌异色瓢虫、蒙古瓢虫、捕虫花蝽等提供了补充食物和隐蔽场所。由此可见，物种的多样性对提升环境生态工程处理环境问题的效益和维持生态系统的稳定性至关重要。

在自然生态系统中，生产者、消费者和分解者构成众多食物链。通过食物链发生能量转化和物质传递，实现价值的增值。不同的食物链借助一些节点相互交织在一起形成复杂的食物网，也正是这种食物链关系使生态系统中各物种维持着动态平衡。因此，环境生态工程的一大优点就是通过增加物种，形成复杂且延长的食物链，增加物质的传递途径长度，增强系统的生态效益，使构建的生态系统或受损生态系统能够尽快回归到健康的状态。

生物多样性还有助于增加生物之间的正相互作用，提升系统对环境污染物的净化与防治效果，以及对空间和环境资源的利用效率。例如，适宜不同水深的水生植物或陆地不同生长高度的植物，可以利用它们不同的生活型构成立体模式，形成结构复杂的生态系统，增强对污染物的净化和对光因子的利用转化效率。

三、限制因子理论

限制因子理论起始于最小因子定律［也称李比希（Liebig）定律］，它是1840 年德国著名化学家李比希研究发现并提出的。他发现作物产量常受到土壤中含量少，但作物生长又大量需要的营养元素的限制，他认为生物的生长发育需要各种基本物质，在"稳定状态"下，当某种基本物质的可被利用量接近生物所需临界量时，这种物质将成为一个限制因素。在此基础上，英国的布莱克曼（Blanckman，1905）将它发展为"最小因子限制律"。该定律说明，基本生态因素之间存在相互联系、相互制约的关系，如某一因素的数量特别不足，就会限制其他因素的作用，进而影响作物的产量。

后来，美国生态学家谢尔福德（Shelford）认识到当生态因子的量（或质）超过某种生物的耐受性上限时，也将阻碍生物生长发育，成为这种生物的限制因子。1913 年谢尔福德提出耐受性定律：任何一种环境因子对每一种生物都有一个耐受性范围，范围有最大限度和最小限度，一种生物的机能在最适点或接近最适点时发生作用，趋向这两端时就减弱，然后被抑制。

因此，限制因子原理是指当生态因子的量（或质）超过某种生物的耐受性上、下限度（即生物适宜范围，称为生态幅）时，都将成为这种生物的限制因子。当一个生态系统遭到破坏需要进行修复时，即需要考虑到生物受到水分、热量、土壤、地形等诸多因子的制约，找出限制生物生长的限制因子，从而找到关键切入点，进行事半功倍的生态修复。这也是环境生态工程的一个基本要求。

四、涌现性与整体论

涌现性，通常是指多个要素组成系统后，出现了系统组成前单个要素所不具有的性质。也就是说，这个性质并不存在于任何单个要素中，而是系统在低层次构成高层次时才"骤然"表现出来，所以人们形象地称其为"涌现"。例如，H_2 和 O_2 通过化合反应形成一个新的分子结构物即水（H_2O），而水的特性完全不同于生成它的气体 H_2 和 O_2。又如，某种藻类和腔肠动物的演化可以形成珊瑚，后者是一个营养循环机制不同于前两者，能够在低的营养供给的水体中维持高效生产力。惊人的生产力和多样性是仅在珊瑚礁群落的层次才有的一种涌现性。同理，水具有的特性只出现在 H_2O 这一结构上而非其组分 H_2 和 O_2，这就是涌现性。

现代生态学的生物组织层次包括细胞、组织、器官（系统）、个体、种群、群落、景观、生物群区和生物圈。这些生物组织的每一个等级都是有较低层次组织的组件或子集联合而成更大的、在较低层次上不存在的功能特征。因此，每个生态层次或者单元上的涌现性是无法通过研究层次或单元的组分来预测的。这个概念的另一种表述是不可还原性，即整体的特征不能还原成组分特性的综合。尽管对一个层次的研究发现会有助于另一个层次的研究，但却不能完全解释发生在另一层次的现象。

涌现性跟系统功能往往表现出的"整体大于部分之和"（即"1+1>2"）的性质有所类似，其中"大于部分"包含有涌现的新质（但又不完全等同于"涌现"）。系统的这种涌现性是系统的适应性主体之间非线性相互作用的结果。

涌现性也不同于综合特性，后者指组分行为的综合。例如，出生率是一个种群层次的综合特性，它仅仅指某一特定阶段个体出生的总和，表示为种群内全部个体数量的分数或百分数。涌现性和综合特性虽都是整体特性，但综合特性却不涉及整体单元功能的新的或唯一的特性。新特性的产生是由于组分间的相互作用（如上述 H_2O 和珊瑚的例子），产生新的独特的特性。在相同数量单元情况下，整合层次系统的组分比非层次系统的组分演化更快速，并且对外界干扰具有更强的恢复能力。

由于反馈机制（控制和平衡、作用和反作用）的存在及其作用，较高等级单元内部小单元功能波动的幅度趋于减弱。统计结果表明，整体系统特征的变化要低于部分特征变化的综合。例如，一个森林群落光合作用速率的变化幅度要比群落内单个的树叶或树木的光合作用变化幅度小，这是因为当群落内一个组分的光合作用削减时，可能会通过另一组分光合作用的加强得以弥补。

因此，在我们构建和管理一个环境生态工程时，需要考虑包含低一级组织层级的生物来构成高等级的系统，如同时采用多个植物物种并引入微生物过程形成群落而非仅仅是单一种植，从而通过系统具有的涌现性特征和渐增的内稳态，促进退化生态系统的恢复，保障环境质量得到快速提升和改善。

整体论的核心思想体现为：系统具有各组成要素所不具备的新的性质和行为；系统整体性不能机械地表达为各要素性质的简单加和。还原论与整体论相对，它是把一个复杂系统拆分成多个细小的组成部分加以分析和剖析。自从牛顿的重大科学发现后，还原论的方法一直支配着科学技术的发展。例如，1953 年沃森和克里克建立了微观 DNA 双螺旋模型，生命科学进入分子生物学时期；又如，在环境生态工程学中，探索轻度富营养化水体营养盐与初级生产力之间的关系，或者分析某种污染物与生物耐受性的规律；再如，细胞和分子水平的研究为生物个体水平癌症的治疗和预防建立了稳固的基础。但是，细胞水平的科学研究对人类的安康和长久生存没有太多作用，如抗生物的使用可以立竿见影地控制疾病，但却不能保证身体的长久健康。

因此，如果我们不能充分地了解更高组织层次，我们将无法找到方法来解决种群暴发、污染、其他社会和环境无序问题。必须认识到整体论和还原论具有相同的价值，二者是同时存在的而非二者择一的（E. P. Odum，1977；Barrett，1994）。生态学倾向于整体论，而不是个体论。在环境生态工程的设计和建设过程中，必须认识到环境问题不是哪一个物质或环境的单一问题，而必须从物质的采集、处理、生产、转化、流通、消费并考核气候、生物、土壤等众多因素的综合影响。

五、协同演化理论

协同演化原指生物与生物之间相互影响、共同演化的规律。欧利希（Ehrlich）

和雷文（Raven）于 1964 年通过研究蝴蝶与花草类植物间的关系，发现某种植物往往会吸引或排斥某些特定种类的蝴蝶，物种在一定限度上是持续相互影响并协同演化的，但他们并未对协同演化做出明确的定义。

曾赞学（Janzen）于 1980 年尝试提出了协同演化的定义，即生物间的协同演化是 2 种（或多种）具有密切的生态关系，但不交换基因的生物的联合进化。

具体而言，协同演化是指一个物种的性状作为对另一物种性状的反应而进化，而后一物种的这一性状本身又是作为对前一物种性状的反应而进化的。例如，自然生态系统中捕食者与猎物相互关系通常表现为协同进化。捕食者进化了一整套适应性特征，如锐齿、利爪、尖喙、毒牙等工具，诱饵追击、集体围猎等方式，以更有力地捕食猎物。另外，猎物也形成了一系列行为对策，如保护色、警戒色、拟态、假死、快跑、集体抵御和报警鸣叫等。自然选择对于捕食者在于提高发现、捕获和取食猎物的效率，而对于猎物在于提高逃避、被捕食的效率，显然这 2 种选择是对立的。捕食者为了存活下去必须在选择的作用下变得更精明，更有捕猎技巧，而猎物种群要避免被消灭的危险也必须选择进化更有利于逃避捕食的性状，二者之间的性状进化如同开展一场军备竞赛。

诺加德（Norgaard）于 1984 年认为，协同演化不仅是"协同"的，更是"演化"的，是"相互影响的各种因素之间的演化关系"。瓦兆达（Volberda）和莱温（Lewin）于 2003 年认为，协同演化理论应遵循达尔文主义的一般性分析框架。邹迪尔（Jouhtio）于 2006 年对协同演化做了如下定义：协同演化是发生在 2 个或多个相互依赖的物种上的持续变化，它们的演化轨迹相互交织、相互适应。这里，物种的相互依赖关系是指共生关系、共栖关系和竞争关系。

协同演化不仅存在生物与其生物环境之间，也存在生物与非生物环境之间。在生态系统中，生物不是单向被动地受环境作用和限制，而是在生物生命活动过程中，通过排泄物、尸体、残体等释放能量、物质于环境，使环境得到物质补偿，也保证生物得以延续。

在环境生态工程的建设与管理过程中，必须认识到不仅生物与生物之间存在协同进化关系，生物与非生物环境也是相互作用的，生物与环境是相互依存的整体。因此，封山育林、植树种草、退耕还林、合理间套轮作、整治土地条件（如改善坡度和土壤贫瘠化）等措施都是为了改善生态环境，即改善生物与环境的关系，促进退化生态环境及其中的生物的协同恢复。

六、其他重要原理和理论

环境生态工程设计、建设与管理过程中需要注意的除了有上述各个原理外，尚有很多别的原理，诸如协调与平衡原理、系统自组织自维持原理、自我优化和自调节原理、层次性原理、太阳能充分利用原理等。

从内涵看，这些后续原理与上述原理都有着极高的关联性。例如，环境生态工程中的太阳能充分利用原理是从工程角度予以命名，其基础是生物多样性原理和物质循环与再生原理，因为环境生态工程中绿色植物的参与，其多样性的种类能有效充分利用太阳能，物质的有效循环利用及还原再生保证了物质的消耗与分解，为保证绿色植物的持续存在提供了生存空间。

当然，太阳能充分利用原理还可以有更宽广的涵义，其包含了诸如利用薄膜吸收太阳能而构建的日光温室，透光性和热性能优良的"超级窗户"，以及其他各种节能灯、节能材料在处理环境污染物中的应用（朱端卫等，2019）。近年来，光伏发电的实现可以为环境生态工程提供所需能量，从而不用或尽量少用化石能源。

第 3 节　典型环境生态工程

一、生态公路的建设与维护

（一）生态公路的概念

生态公路又称绿色公路，对其概念及内涵的界定迄今尚未统一。从环境生态工程角度看，有关生态公路的理解多限定于环境与生态及能耗的极低化，如"生态公路是生态学与公路建设相结合的产物，其发展遵循自然生态规律和区域公路的发展要求""绿色公路是人、车、路及景观协调、生态优良的公路交通系统"。"绿色交通"的核心是资源、环境和系统的可扩展性。"绿色化"这一概念在中央政治局会议中被提出，当前阶段绿色发展是政府部门和社会各界共同讨论的热点话题。《关于实施绿色公路建设的指导意见》中正式明确提出了新时期绿色公路理念：建成的绿色公路将遵循"坚持可持续发展、保持因地制宜"等基本原则。近年来，国家出台了公路主干线发展计划和国家重要公路计划。随着中国国家道路建设的高速发展，人们对路面设计提出了更高的需求，提出全面园林绿化。

（二）生态公路的规划与实践

1. 生态公路的规划设计要求

生态公路建设的总体要求是最大限度保护生态环境，通过生态恢复、环境保护等工程技术措施实现生态恢复和污染防治，保障公路建设和营运与自然人类的和谐统一。具体而言，生态公路建设总体要求规划、设计、施工、运营和养护等多环节中从生态环境保护、环境污染防治、生态景观营造以及发展循环经济等方面得以体现。

1）考虑保护路域自然生态环境

在规划与设计过程中，需要充分考虑路线拟经区域的地质、地貌、水文、气候和沿线社会经济条件，因地制宜对公路宽度、线形密度和空间结构进行合理规划，尽量避免破坏沿线原有自然生态系统，不能直接穿过城市人口密集区，与生态敏感区、风景旅游区、文物保护区、水源保护地、珍稀动植物栖息地等重要区域保持适当距离，并提出保护方案，将不利影响减少到最低的程度。对于无法避免的情况，应采取相应的生态修复、补偿措施。

2）考虑控制环境污染

包括对可能产生的环境污染问题的预防和对已有或不可避免污染物的治理。应贯彻以防为主、以治为辅、防治结合的重要原则。公路建设应切实减少公路营建带来的环境问题，加强对公路施工期、营运期环境污染的预防与治理，主要包括公路交通噪声、施工作业噪声造成的声环境污染；公路营运车辆的尾气、搅拌场站烟尘和施工扬尘造成的环境空气污染；公路服务区等场所产生的生活污水、路面径流、施工废水和工业废渣等造成的路域及毗邻区域的水环境污染；施工中产生的废弃物对景观环境的污染等。

3）考虑保护和营造沿线植被景观

公路植被保护与恢复是公路及沿线环境生态工程的核心。

由植被所形成的路域景观是生态公路最为直观的反映和表现，最为受众所注意到和接受，同时也是路域生态恢复和污染防治环境效应的标志性体现。

生态公路沿线植被恢复必须遵循自然植物演替规律来进行群落结构的设计，

同时也要力求对公路路基、路面及边坡基质的保护与绿化和美化功能（如不能采用高大乔木以防阻挡司机视线、粗大根系破坏公路结构等），将植被建植与公路景观营造、交通服务等协调互补，改善单调的公路景观，使公路工程与自然环境相融合，为公路的驾乘者提供赏心悦目且舒适和谐的行车环境。

4）考虑践行循环经济的发展理论

循环经济践行"减量化、再循环、再利用"的基本原则，把经济活动对自然环境的影响降低到尽可能小的程度，遵循资源—产品—再生资源的反馈式流程。

生态公路的建设要求节约利用土地资源，利用交通废弃物形成新材料和新设备，再生和综合利用各种工程废物，进行节能减排技术改造、清洁能源和水资源循环利用等，这些都是循环经济实践的重要举措，对于促进以低碳交通发展模式及绿色交通运输体系具有重大的现实意义。

2. 生态公路的建设措施

生态公路建设对策体现在生态选线设计、生态保护及恢复、生态环境控制、路域景观营造等方面。

1）生态选线

生态选线是指在"不破坏就是最大的保护"的原则指导下进行公路规划选线。路线的选择不能仅仅考虑工程本身和两地间距离，而是要尽可能地保护公路沿线的生态环境，因为任何的人工植物群落重建模式都不能达到经过长时间自然演替而形成的群落结构及功能。因此，生态选线是生态公路的首要关键。

生态选线在公路建设的不同阶段有着不同的表现，先后为工程可行性研究阶段的走廊带选择、初步设计阶段的路线方案确定、施工图设计阶段的局部线位方案设计和施工过程中细部路段线形微调。

走廊带即线路的走向，其决定了公路对路域范围内和毗邻区域生态环境的影响，必须慎之又慎。路线的设计方案决定了路线的位置和线形，在中等尺度单位内影响着生态环境；路线设计中不应盲目简单追求高指标，而是要结合地形，降低线位，随弯就弯，顺势展线。细部的线位方案决定了路线与环境的直接关系，其对生态环境的影响能够被直接观察到，因此应采取减少挖方高度、降低填方高度、合理选择弃土场、尽量少占农田等措施。施工过程对环境的影响更为直观，对局部路段线形的微调直接影响的范围更小，可以做到对具体哪些植株或某一处边坡等的影响和调整。

2）环境保护与景观美化

包括对原有地貌、动植物、水环境质量的保护，以及公路建设与运营声环境污染防治、生态排水沟和生态桥梁锥坡的构建等。

原生地貌涵盖的范围很广，一切现存的稳定的地貌都属于原生地貌，即工程开挖前的已有地貌。它是地球表面经过漫长的自然演变而逐渐形成的，具有稳定的自然结构和适应气候条件的适宜植物和野生动物。

原生地貌一旦被破坏就会改变各种物种赖以生存和发展的生境，对生态环境产生长期的不利影响。工程开挖和后期构建的新的地表形态在自然条件下难以保持稳定的结构。因此，保护原生地貌是生态公路建设的首要目标。要选择对原生地貌影响较小的方案，采取"宜桥则桥、宜路则路、宜隧则隧"的方针。

高速公路将原本连成一片的原始植被分割开来，形成一道天然屏障，阻隔了公路两边的物种传播和野生动物往来。相对而言，公路这种线形工程对生态环境的切割与阻隔作用远大于其他建设开发行为，因而对野生动物产生的影响更为明显、更为直接。因此，对公路沿线野生动植物的保护就显得更加迫切和必要。为此，需要进行原有野生动物生态学调查，清楚这些物种的生活习性，预判公路路线可能对其生活习性产生的影响，制定生态走廊等有效保护对策。根据野生动物的栖息地和生活习性，因地制宜确定动物通道的型式、分布位置和数量规模等。同时，在野生动物频繁出没的路段设置警示标志、防护网、诱导措施等，以避免车辆冲撞、碾压野生动物的事故发生，保证野生动物顺利而安全的迁徙。

公路沿线原生植被的保护也十分重要，因为原生植被是经原生演替而形成的与当地土壤、地形和气候条件等相适应的自然植被类型，是"土生土长"的植被经过自然选择而达到的结构和功能都较为稳定的生态系统。要在前期进行植被调查，从而在设计阶段采取有针对性的原生植被措施保护。例如，在开工前明确施工清场范围内需要保留的珍稀树木，划定施工红线；在公路通过林地时严格控制需要砍伐的林木数量；尽量缩小施工作业面范围并对该范围内的植物通过移植或遮挡等方式予以保护；充分利用已有通道路径，尽量少开辟新的进场通道。

对路域水环境进行保护也是生态公路的迫切要求。公路的建设与营运阶段都有可能对附近水环境造成污染，如公路路面径流和施工过程中产生的渣土、沥青、油料、化学品等材料，施工驻地和建成后的收费站、服务区等配套服务设施产生的生活污水、生活垃圾、粪便等，若让其直接进入附近农田、民用水井以及水库、河流、湖泊，就会造成水体污染。公路建设过程中的水环境保护措施主要是加强管理，提高施工人员环境保护意识，不随意向水体排放弃土、弃渣、固体废物等，生活污水或生活垃圾需要经过处理达标排放。在公路营运期，服务区、收费站等设施所排放的生活污水，靠近城市的纳入市政管网，不靠近城市的需要安装污水处理设施并执行污水净化处理而达标排放。目前，服务区污水处理设施主要采用一级生化处理、二级生化处理以及土壤渗滤、人工湿地等技术。

公路建设及运营对沿线居民生产生活产生较为明显的声环境污染。车辆在公路上行驶时会因发动机和传动机构运转以及轮胎摩擦、车体振动等发出嘈杂、刺耳的噪声，影响公路两侧人们的正常生产、生活和学习乃至人体健康。降低交通噪声对沿线声环境敏感点所产生的影响，是生态公路建设内容的重要组成部分。一般而言，可供选择的声环境保护措施有调整公路线位、堆筑工程弃方形成防噪堤、建筑物设隔声设施、建造隔声屏障、栽植防噪林带、修筑低噪声材料路面等。近年来，生态型隔声屏障在生态公路建设及运营中逐渐得到应用，它是一种结构简单、成本低廉、无二次污染的隔声降噪设施，兼具隔声与绿化美化功能，且与沿线自然景观和谐统一。

3）工程裸露地植被重建

公路建设施工过程中形成的边坡和弃土场等裸露地表必须进行植被重建，以防止水土流失。公路工程建设过程中不可避免地产生大小不一的各种填方和挖方工程，形成裸露的坡地。工程形成的裸露边坡土壤多结构不完善，质地疏松，含水、风化严重，因此常常发生冲刷侵蚀、水土流失、失稳滑坡，并造成河流阻塞等灾害现象。

边坡植被生态护理需要遵循环境生态工程学原则，包括生境适应性原则、生态效益最大化原则和工程可行性原则。生境适应性原则要求植被重建种类的选择必须与边坡所在区域土壤、坡度、气候等实际环境条件相适应，必须因地制宜进行生态系统功能与服务的最优化设计；追求生态效益的最大化，是指通过人工构建植物群落并促进其顺向演替，形成长期稳定的生态系统，满足生态安全和路域美观的要求。工程可行性原则是要求对边坡进行基础的工程加固，在此基础上生物防护措施相结合，共同稳定边坡的物理基础和新建生态系统的结构与功能稳定。

目前，常见的边坡植被重建工程采用的主要方式有植被混凝土、植生材料建植、人工建植植物苗体、采用液压喷播、厚层基质喷播、团粒喷播、客土喷播等植物种子引入技术。

取土弃土场的植被覆盖工程是公路工程裸露地生态恢复的另一方面。公路建设中存在取土和弃土场所，若没有覆盖物，则极易产生水土流失，破坏生态环境。目前，最直接有效的防护措施是通过优化设计，在一定路线范围内进行土方平衡处理并合理选择取弃土场位置。对取土场而言，应考虑在远离公路视线范围外的山脊尾部，注意该处下游位置无河流、村庄等环境敏感点，务使对周边环境影响最小。取土场的一般整治措施及流程为表土剥离并集中堆放，然后分层取土、覆土，平整场地后进行植被重建。弃土场相比取土场更易于引发新的水土流失，故宜选在三面封闭的冲沟地带或对植被破坏最小的位置，然后根据汇水面积大小修筑拦渣坝，布设排水沟。当弃土施工完成后，随即对其进行植被的人工恢复。

对于排水沟型式的选择，不能简单采用传统的矩形、梯形浆砌石边沟或预制混凝土块砌边沟，这种"明沟"虽然施工相对简单，但因外观生硬、单调，其在道路环境中的视觉美感较差。应选用集排水、生态恢复、安全保障功能于一体的生态型排水沟，其既具有排水导流功能，又能恢复植被；既可防止水土流失，又能美化景观；既对水质有一定的净化作用，又能增加路侧净区并有效降低事故损害。

此外，对于桥梁锥坡形态的生态化也需要予以关注。桥梁锥坡是指在桥梁道路连接处，为保持路基稳定而在桥梁两端施工锥形填土及其表面的石砌防护体或钢筋混凝土结构。因为通常设计为锥形，故称桥台护锥。传统桥台锥坡多采用空心砖和格构体构筑，容易发生水土流失、局部水毁等现象，直接威胁路基安全，并影响沿线生态景观。公路桥梁大多数的跨河桥头采用全圬工（浆砌石）防护，这与周边景观显得极其突兀和生硬，增强了桥梁与邻近水体、地被植物的不和谐感。为此，生态公路建设应将桥梁锥坡纳入生态恢复范畴。

近年来，国内许多建设单位对此进行了有益尝试，如在优先考虑安全稳定的前提下按锥坡的不同高度采用不同的处理措施：对低矮锥坡采用客土喷播、植生材料种植等方式；对中高锥坡采用石笼植生、框格种植等方式；对高大锥坡采用工程构筑防护与植被建植相结合等方式。

4）生态型行车安全防护

生态型行车安全防护主要体现为植被运用与形成安全的综合考虑。充分考虑植物建植与交通安全的关系，以有效协调车流的集散，保障道路交通安全，并在事故发生时能够最大限度地减少损失，保护人们的生命安全。

植物生态安全防护设施兼有景观美化与行车安全的功能，不同形态的植被集中布置方式在不同位置发挥着不同的保障功能，包括：用于空间分隔、引导视线遮光防眩、线形预示的植物带；用于抗冲撞、富有弹性的植被护栏；用于固土护坡、防止水土流失的植物覆盖；用于拓展路侧净区的隐蔽式边沟；用于美化路界的生态型防护绿篱等。

公路植被景观工程与行车安全结合主要从以下 4 个方面进行设计。

（1）公路中央隔离带绿化。

公路中央隔离带的目的是既要有效遮光防眩（遮光防眩角应控制在 8°~15° 之间），又能阻隔车辆行人横穿以及驾车人员与行人横向的透视。中央隔离带种植树木绿篱植物高度需要控制在距离路面 70cm 以内，如因防眩光需要，需增加绿化植物高度；中央分隔带断口处两侧 60m 范围内绿化植物高度距离路面不得超过 70cm；乔木树种种植间距不少于 5m；其主干高度不得低于 2.5m；常见中央分隔带绿化形式主要有以常绿灌木为主、以花灌木为主、以常绿灌木与花灌木相结合的栽植方式。

（2）平交路口绿化。

为了使驾驶人员和行人有足够的观察视距，以便让他们采取相应避让措施，根据设计时速，距平交路口一定距离内不得种植丛生型小乔木和垂枝型乔木，乔木树冠下面高度距路面保持在 3m 以上，灌木类的高度控制在距路面不超过 1m。

（3）交通标志前路段。

交通标志前方绿化平台 60m 范围内不得种植乔木或大灌木遮挡视线，种植灌木高度应控制在 1m 以内，可采用彩叶树种以强化警示效果。此外，边沟或边坡乔木树冠遮挡标志时要及时予以清除。

（4）弯道内侧绿化。

弯道内侧禁止种植丛生型小乔木和垂枝型乔木，灌木类的高度距离路面不得超过 70cm，乔木种植应适当调整线形并加大株间距以确保安全视距。山区公路急弯内侧植物要强力修剪，确保视距三角形范围内视线通透。

二、生态水利水电工程

（一）世界大型水库阿斯旺水库建设的正面作用

尼罗河长 6670km，为世界上最长的河流。流域总面积 3254555km²，主要支流为白尼罗河、青尼罗河和阿特巴拉河。尼罗河在开罗分成两个岔流分别入海。全流域雨量分布极不均匀，南部丰沛，北部极少。埃及农业对灌溉的要求非常迫切，尼罗河是埃及人民的生命河。

阿斯旺水库于 1965 年动工，1971 年建成。坝高 111m，长 4200m，拦水形成纳赛尔湖——阿斯旺水库。湖周长 500km，平均深度 35m，最大水深 97m，一般水域面积 5120km²，最大水面 6116km²，一般容积 $1.75 \times 10^5 m^3$，最大库容 $1.64 \times 10^{11} m^3$，水力发电量达 $2.1 \times 10^6 kW$。该水库的建成带来巨量电力，并兼具以下显著作用：调节径流，保证洪季不涝、枯季不旱和灌溉用水，扩大耕地面积达 1/5 以上；提高了鱼产量；保证了四季通航，使湖内和尼罗河中、下游均可通行大型船只，上游可从阿斯旺城溯行 360km（刘西平，1989）。

（二）阿斯旺水库的生态环境问题

阿斯旺大坝建成后带来了许多不利的生态环境和经济问题，主要表现如下。

（1）人工灌溉导致尼罗河谷地土质日益退化。实行人工灌溉后，尼罗河沿岸地下水位上升，土壤发生盐渍化和次生盐渍化的程度日趋加重，土壤肥力下降，每年至少有 10% 的农业产量降低。

（2）大坝严重破坏泥沙输移平衡，推进了沙漠化进程。建高坝前每年尼罗河可携带 $1.3 \times 10^7 t$ 泥沙沉积在河谷及三角洲内，阻止了沙漠化的进程。但是高坝建成后，这种作用消失，造成埃及大部分地区的沙漠化，沙漠已推进到尼罗河三角洲及谷地边缘。高坝拦截了 98% 的泥沙并滞留于纳赛尔湖内，泥沙越积越厚，湖床越淤越高，最终可能将使该湖成为一个空中悬湖。

（3）原生环境的恶化。尼罗河中下游生态环境遭到破坏，上埃及甘蔗产量锐减，德尤姆省的土地不再适宜种植棉花，三角洲河口地带原有沙丁鱼种群消失，而血吸虫病率激增。中下游地区生态环境的恶化也对经济建设造成了极其严重的损失。库区及水库下游的尼罗河水水质恶化，以河水为生活水源的居民的健康受到威胁，并导致河水富营养化，下游河水中植物性浮游生物的平均密度由 160mg/L 上升到 250mg/L。土壤盐碱化最终导致尼罗河水中含盐量的增高。

（4）尼罗河三角洲退缩。早在 1902 年，阿斯旺低坝的建成就导致腊席德海岸年均后退 37m，低坝加高后退缩进一步加大，增至 41.7m。高坝建成后，来自尼罗河的泥沙和水量的大幅度减少，极大地削弱了地中海海浪对岸滩的冲刷，从头几年的骤升到 104m，快速增至年均 200m 以上。在三角洲其他地区，地中海也以每 10 年 1km 的速度吞噬海岸。

（三）大坝的生态影响及对策

1. 大坝对河流地质地貌的影响

河流地质地貌特征是生态环境系统的发育和演变的基础。大坝的建设对河流地质地貌的影响体现为对河流下切、侧蚀、泥沙搬运和沉积作用的影响。

1）对河流下蚀作用的影响

下蚀作用的强度主要受纵坡降、水量、河床的岩石性质及流水含沙量因素的影响。修建水坝之后，原河流地质作用的平衡被打破。在上游，建筑大坝之后由于水库蓄水，水面上升，纵坡降减少，局部侵蚀基准面抬升，河水流速减慢，下切作用减弱，流水侵蚀减少，搬运速度和能力减少，搬运的泥沙无法带出，沉积作用增强，泥沙在水库底部沉积，形成一个回水三角洲，这个三角洲朝水坝方向渐渐递升，泥沙颗粒变细，使水库逐渐淤浅。在下游，由于源头提高和上游沉积作用增强，河水几乎不带任何负载，河流活力增加，下蚀作用增强，原下游河床内松散的沉积物被流水侵蚀而使河谷加深，因此下游平原可能会变得更加崎岖不平。

2）对河流侧蚀作用的影响

河水自身的动力及其携带的碎屑物对河床两侧谷坡具有侵蚀破坏作用，即河流侧蚀作用。对于坝上游河道，大坝建成后，河水流速减慢，下切作用和侧蚀作用都会减慢，但沉积作用增强，因此可能在河流的行径路途中形成泥沙堆积，进一步阻碍侧蚀作用。但同时，巨大体积的蓄水增加了水压，在这种水压下，岩石裂隙和断裂面产生润滑，使岩层和地壳内原有的地应力平衡状态被改变，而对当地的地质环境造成破坏。

3）对河流搬运能力的影响

搬运作用和沉积作用关系很大。在大坝建成之后，因为河水流速减慢，河流的搬运量和搬运能力会大大减弱，从而造成上游地区沉积作用增强。而在下游，河水的搬运能力会增强，加之下蚀作用会带走大量泥沙等松散的沉积物，对下游的地形进行破坏，使河道变深变窄，原有地形更加陡峭。并且，由于受到大坝的阻拦作用，上游沉积物不能下泄，无法补充下游河口三角洲泥沙，造成三角洲的面积减少，下游水土大量流失。

4）对河流沉积作用的影响

筑建大坝之后，河流的流速在下游增加，河流基本无负载，沉积作用微弱，无法形成心滩等河谷中的沉积作用产物。而在下游的末端，下游的松散沉积物沉积，沉积作用加强，但没有上游的沉积物补充，造成三角洲上游的水土流失，使河流入海口的三角洲衰退，最终被海浪剥蚀，而且海岸受到严重的侵蚀。

2. 大坝建设对生态环境的影响

1）大坝建设对周边环境的影响

大坝建设是一项浩大的工程。大量人力物力的投入，以及对区域物质能量的扰动，严重扰动了区域生态系统的稳定性，影响了物质和能量的再分配过程。主要表现为：开山取土改变陆面形态及过程，破坏土壤、结构、质量和原生植被，加速水土流失；施工中产生的弃渣的堆放占用一定场地，且弃渣堆积体结构松散，表层无植被覆盖，若管理利用不善，则易成为新的水土流失源。

2）水库蓄水对生境的改变

水库大坝蓄水运行后，对于河流上下游生态环境所产生的负面影响可分为2类：一是环境指标的变化，包括流量、水温、水深等的陡然变化；二是生物栖息地特征的快速变化，主要指库区水位变化（表现为大坝上游水面上升导致淹没和下游水位下降）、泥沙淤积、水库下游冲刷失衡引起河势变化等。水沙条件是塑造河床形态的原动力，水库大坝的调蓄过滤作用，改变了坝下河道的径流过程和泥沙输移特征，由此改变其原有的演变规律。因此，水库大坝的存在对下游的河床形态、河口三角洲特征等具有强烈塑造作用。

3）水库运行过程中对水质的影响

在水库运行过程中，大坝上游地区水质量问题主要是来自外部生活废水、工农业废水的无处理或非达标处理排放，有机质、有毒有害物质向水库的排入或水库自身活动（如库区渔业）。这些物质将引起库区水体的富营氧化过程，使水体不适于娱乐活动、饮用及其他相关用途，同时会导致水生杂草的繁殖。

（四）生态水利水电建设与管理对策

生态水利水电建设与管理对策可以分为事前设计、事中建设施工和事后运营及管理 3 种类型。

1. 生态水利水电工程事前注意事项

主要包括做好工程环境影响评价，设计历史文物古迹保护工程，珍稀、重要植物的迁地保护，设计生态鱼道，设计工程的景观生态，构建生态补偿机制，以及查明地质灾害等。尼罗河阿斯旺水库的教训警示全人类，必须在开展水利水电工程之前做好环境影响评价，必须强调保护历史文物的重要性，在前期勘察过程中积极与环境保护部门和文物保护单位联手搞好文物重要物种资源和古迹的调查与评价，对于需要保护的文物，必须在设计及施工中研究并设计实施相应的保护措施，对于重要植物资源则需要提前找到进行迁地保护工作的地块。

对于植被较好的库区环境，为了防止水淹植被死亡后的气体释放和有机质的分解释放，则需要先行清理库区植被。对库区居民进行生态迁移也是一项非常重要的工作。

由于水库建成后大多成为风景游览区，因此必须注意水利水电工程所在区域的生态美。"安全适用、经济美观"已是水利工程质量的基本要求，因此应当将水利风景区的规划及建设作为水利工程规划建设和竣工验收的环境评价指标，即要强调生态美学的工程设计理念。应当根据大坝所在地区的地域特色和历史文化特点，采用与该地区自然生态和人文特征相符的个性化设计，合理优化布置大坝的位置和造型等，实现工程景观、文化底蕴和自然生态之间的和谐共生。

在进行工程的传统经济预算时，不应只考虑工程的经济投入与产出，应该同时建立大坝建设的生态补偿机制，即建立河流生态与环境保护和恢复之间的财政转移补偿，在考虑大坝本身的经济成本时考虑大坝建设所可能带来的外部不经济性。换言之，要对大坝的经济社会效益与生态环境影响进行综合分析评价，对大坝建设进行环境经济综合核算，全面衡量大坝建设的利弊得失，提出大坝建设的科学决策依据。

要进行生态鱼道的设计。充分研究河流鱼类的洄游特点，对于有洄游才能完成生殖要求的鱼类，必须设计生态鱼道、鱼闸等措施。例如，对于我国而言，未来经济社会的发展必然要对我国所蕴藏的巨量水能资源加以开发利用，而洄游鱼有的种类必须要上溯到河流中上游具有湍急水流的地方才能产卵。因此，大坝的建设阻断了这些鱼类的洄游通道，必须摸清楚河流生态的本底，包括洄游鱼类的种类，同时还必须提出合适的鱼道和鱼闸等生态工程措施。

另外，还需要注意对河流生态基流的考虑，必须控制大坝总量及其空间布局，维持河流基本的连续性，预算河流的生态基流。

水库工程地质勘察主要调查水库渗漏、水库浸没、库岸稳定性、固体径流和水库诱发地震等问题，不同的勘察阶段其任务、内容及方法等都有相应的要求。在规划阶段，结合区域地质调查进行，在了解一般水文地质及工程地质条件的基础上，初步分析评价水库地质问题；在可行性研究阶段，需要在可能渗漏、浸没、不稳定岸坡等区段进行专门性工程地质勘察，在地质测绘基础上进行勘探、试验和必要的监测工作，初步查明和评价水库区的工程地质条件和存在的问题；在初步设计阶段，需要在已确定存在工程地质问题的区段，进行大比例尺专门地质测绘，并综合使用勘探、试验和监测等各种方法，查明和评价这些问题；在技术设计施工图设计阶段，主要是工程地质监测和补充勘探，对重大疑难问题进行专题研究。

2. 生态水利水电工程建设过程中的注意事项

上述注意事项中有些在工程建设过程中也需要加以注意，如生态鱼道的建设、景观生态（如湿地）、地质安全监测、文物保护工程等。例如，在20世纪五六十年代的大坝建设中，我国比较成功地保护了一些历史古迹，如永乐宫和炳灵寺石窟的保护工程。前者为道教三大祖庭之一，其在三门峡水库建设时，从库区内原貌不变地搬迁到山西省芮城县郊区。在刘家峡水库建设中，工程方顺河围堤的方式，比较完好地保护了炳灵寺石窟。类似的保护方式和工程措施在三峡水利枢纽工程的建设过程中也得到实施，如闻名遐迩的丰都鬼城和石宝寨等历史文物古迹保护。

为了防治地质灾害的发生，应在工程建设初期查明地质灾害类型、规模、形成机理、控制因素和分布规律等，然后针对不同地区、不同类型、不同规模、不同成因的地质灾害，提出有效的防治措施。同时，自大坝开始建设应进行地质灾害的监测，如岩溶地区布设地下水动态监测网，活动性断裂带设立地下水监测点，建立岩体变形观测点等。

另外，需要采取必要的工程措施，在滑坡、崩塌、泥石流易发地带的重点地段，修建明沟和暗沟排除地表水和地下水，避免岩土体的含水量饱和，以增强其整体稳定性。

3. 生态水利水电工程建成运营中的注意事项

前述内容中有相当多内容在工程建成运营中需要持续给予关注，主要包括对水库的生态调库、生态地质调查、生态鱼道的监测、管理与维护等方面。大坝建成后，水位的上升、水量的增加和水温的降低，都对水生生物的生长发育加大了生存考验，原有水生生物中不能适应成库后的水体深度、水流速度、水体温度的种类，可能发生迁移或因迁移能力不足而死亡。对于岸上灌溉农业来讲，如果提灌低温水进行作物灌溉，将直接导致作物的伤害。低于大坝泄水，也可能由于水中气体程度的过饱和或者水体温度的过低，而导致坝下游水体生物产生生理不适应。因此，如何下泄放水或提水灌溉，是生态水利水电工程运营的重要问题。

需要改变以往的水利水电工程兴利调度极少关注下游生态与环境用水问题，导致社会经济用水挤占生态用水，使下游河道少流甚至断流，造成生态恶化。应将生态需求与环境保护目标引入水利水电工程的兴利调度机制，以保障最小生态基流作为优先调度目标，制订综合考虑经济效益、社会效益和生态效益的工程运行调度准则，促进人与自然的和谐持续发展。

水库的合理调查还要考虑下游河道的形态，结合水库防洪要求，保持一定历时输沙以改善河道的形态，维持河流生态环境的良性发展。

所谓鱼道，顾名思义就是供鱼类洄游的通道，是一种解决鱼类洄游问题、考虑鱼类的上溯习性的工程设计，能够有效提升鱼类的繁殖率和保护其生态环境。目前，我国在建和已建有多条"生态鱼道"，分布在我国各地，如西藏自治区湘河水利枢纽及配套灌区工程积极保护鱼类生存栖息环境，重庆市双江航电枢纽工程，金沙江水电站（金沙江攀枝花江段是江河平原区鱼类与高原区鱼类的过渡区段，有记载的鱼类 124 种，其中长江上游特有鱼类 40 种），海南省北门江天角潭水利枢纽工程生态鱼道工程等。

三、湖泊与湿地治理生态工程

（一）湖泊治理环境生态工程技术概述

从污染物的迁移途径来看，可以将湖泊污染的生态治理分为污染物来源（即入湖）控制和入湖后的湖中污染物控制技术。

1. 营养物质来源控制技术概况

（1）减少污染物的产生。通过改变生产和生活消费方式，从污染物产生源头抓起，削减污染物的产生。例如，改进企业生产工艺，实行清洁生产；控制农药和化肥的施用量；禁止使用含磷洗涤剂；践行循环经济模式等。

（2）减少污染物的排放。保证污水处理达标排放，雨污分流，固体废渣的专门收集处理等。其中污水收集与处理的主要措施有：严格控制企业污水处理达标排放；清污分流，把雨水和污水分开，避免污水入湖；兴建截污工程，通过专门的管道把城市污水送进污水处理厂集中处理；禁止在湖岸区域堆积、倾倒垃圾。

（3）降低污染物的蓄积。禁止围湖造田和围网养殖，围湖造田会导致湖泊水面积缩小，围网养殖则会导致湖泊营养物质增加。

2. 湖中污染物控制技术概况

湖中营养物质过多时发生富营养化现象，导致藻类和水生植物的大量、快速发展，对此，可对其采用冲水稀释、曝气、机械清除或生物间作用等方式来进行控制。

（1）冲水稀释或曝气技术。主要指通过引入清洁水，降低水中营养物浓度；也可以排入大量水（也可能是含营养物的水），将湖中藻类冲走。通过人工抽水方式，将底层水与表层水进行强制交换，增加水体溶解氧气，减轻臭味、色度等指标。

（2）机械清除技术。在富营养湖泊中暴发藻类繁殖时，采用机械收集，将藻类移除水体，控制藻类产生毒素，避免危及水生动物的生命安全。

（3）大型控藻水生植物的恢复与控制技术。充分利用大型水生植物在其生长过程中需要吸收大量的氮、磷等营养元素的原理，通过将其适时移出水生生态系统，从而将水中营养物随之从水体中输出，达到净化水体的作用。

（4）食物链技术。即对食物链原理的应用，又称为生物操纵技术，是通过利用水生动物（鱼类）与水生植物和藻类的种间关系来控制藻类和水生植物的生物量，从而改善水质的技术。通过调整鱼群结构，保护和发展滤食浮游植物的浮游动物或者直接增加滤食性鱼类，控制藻类过度生长或持续保障水生植物的生长，从而持续去除水中营养物。

（5）水生植物浮岛（床）技术。水生植物浮岛（床）由人工浮体和在浮体上栽种的水生植物组成，该技术在改善水体质量的同时，能够为广大居民提供视觉感官上极易接受和欣赏的、独特的景观效果，因此在提升城市形象方面的作用也非常明显，已得到广泛应用。

（6）异位修复治理技术。一是采用虹吸、泵抽、水坝底层泄水等措施，将底层水抽取出来，进行增氧治理。二是进行底泥生态疏浚，将其移至别处进行后续生态处置。

（7）底泥氧化与封闭技术。根据湖泊水体污染情况和用途等，人为增加湖泊底部溶解氧，氧化底泥中的有机物和亚铁离子等，避免磷重新释放进入上覆水中。通过向底泥覆盖沙子、卵石和黏土等物质，以封锁内源磷等污染物的释放。

（二）湖泊底泥生态疏浚的技术流程

生态疏浚是指采用环保型的施工机械设备，去除河湖底表层被污染的淤泥，并控制施工过程中污染物扩散，以减小河湖内源污染负荷的施工技术方法。目前，我国已有关于生态疏浚的国家标准和各级省市地方标准，可酌情参考。

1. 技术流程的一般规定

根据工程设计文件和疏浚与吹填工程技术规范、疏浚工程技术规范并结合河湖地质、水下地形、水文气象、航行条件等情况，编制施工组织设计，制订施工质量控制、安全生产和环境保护管理措施。开工前，办理水上水下施工作业许可手续。泥浆输送和淤泥存放过程中避免产生二次污染。

2. 一般技术流程

1）现场查勘

施工前对施工现场进行查勘。复测疏浚区域水下地形、污泥堆场及沉淀池地形，查验施工条件，预评估环境影响。工程地形复测内容包括：工程地形、高程、水深、淤泥层厚度。调查施工条件包括工程所在地水文气象、交通航运、施工补给和施工障碍等，以及交通航运条件和施工补给条件。施工条件调查还应包括疏浚作业区是否有沉船、网�、管路、线缆等水下障碍物情况，以及跨河建筑物、跨河线路等上部障碍物情况。

环境影响预评估是指评估施工过程可能对第三方权益和周边环境产生的影响，包括噪声预评估、水体污染预评估等，并作出相应的处置措施。

2）船舶调遣

在现场和线路查勘基础上，制订船舶调遣方案，包括水上调遣和陆上调遣。

3）疏浚施工

按照规范、规程、设计图纸和施工组织设计组织疏浚施工。疏浚施工前，应进行生产试验，根据相应规范进行施工放样。疏浚过程中污泥应清除到位，并减少对原状土的破坏。注意排泥管线的合理架设，水上管线与潜管组合使用，安全完成泥浆输送、堆放和余水处理。

4）围堰填筑

充分利用洼地、荒地考虑污泥堆场和沉淀池的布置，尽量少占耕地，远离居住点和水源地，不应打乱当地已有的农田排灌系统。围堰断面型式一般采用梯形，考虑污泥堆场容积、沉淀池容积与疏浚工程量、余水处理量相适应。

围堰填筑作业开始前，将填筑范围内的杂草、树根、腐殖土层等清除，翻松表层土后，填覆新土并压实。堰基为砂性土时，应在堰基中间挖槽，并回填黏性土。分层分批进行围堰填土，做好防渗处理。污泥中有重金属污染的，应进行特殊的防渗处理。

5）验收准备

当生态疏浚工程具备验收条件时，及时报请验收。

3. 生态疏浚工程施工质量与安全要求

1）施工质量要求

施工单位应建立质量保证体系，设立质量管理机构，制定质量管理制度；按设计及规范要求，编制质量保证措施，严格过程控制和质量检验；按 DB32/T 2334 进行质量检验与评定。施工记录及检验评定应及时，资料应真实、齐全。

生态疏浚工程项目单位工程一般按施工合同和施工区域划分。

2）施工安全要求

生态疏浚工程的施工安全应符合 SL398、SL401 的规定。建立安全保障体系，设立安全管理机构，制订安全管理制度、安全度汛方案及安全生产应急预案。实行安全生产许可证、特种设备检验合格证制度，按规定办理人身伤害和施工船舶保险，安全管理人员和特种作业人员需要具有水上作业经验并持证上岗。水上作业区、堆场及沉淀池设置必要安全护栏和警示标志。

船舶安全防范。施工船舶有海事、船检部门核发的各类有效证书，符合施工安全要求；设置必要的安全作业区或警戒区、标志、显示号灯和信号；预防油污泄漏事故。

（三）水污染治理的生物操纵技术

1. 水生生物概述

水生生物是生活在各类水体中的生物的总称。水生生物种类繁多，有各种微生物、藻类、水生高等植物、各种无脊椎动物和脊椎动物。其生活方式也多种多样，有漂浮、浮游、游泳、固着和穴居等。

1）水体微生物

根据水体微生物的生态特点，可将水域中的微生物分为 2 类。

一是清水型水生微生物。主要是那些能生长于含有机物质不丰富的清水中的化能自养型或光能自养型微生物，如硫细菌、铁细菌、衣细菌等，以及蓝细菌、绿硫细菌、紫细菌等。清水型微生物发育量一般不大。

二是腐生型水生微生物。腐败的有机残体、动物与人类排泄物、生活污水和工业有机废物废水大量进入水体后，水体微生物利用这些有机废物废水作为营养而大量发育繁殖，有机物质被矿化为无机态，水被净化变清。这类微生物以不生芽孢和革兰氏阴性杆菌为多，如变形杆菌、大肠杆菌、产气杆菌、产碱杆菌、芽孢杆菌、弧菌和螺菌等，原生动物有纤毛虫类、鞭毛虫类和根足虫类。

2）藻类

有人继续将藻类归入植物或植物样生物，但藻类没有真正的根、茎、叶，也没有维管束，这点与苔藓植物相同。藻类是原生生物界一类真核生物（有些也为原核生物，如蓝藻门的藻类；蓝藻又称蓝细菌或蓝绿藻）。藻类主要营水生，无维管束，能进行光合作用。体型大小各异，小至长 $1\mu m$ 的单细胞的鞭毛藻，大至长达 60m 的大型褐藻。

3）浮游植物

这是一个生态学概念，与生物分类学概念未严格对应。浮游植物指在水中营浮游生活方式的微小植物，通常浮游植物就是指浮游藻类，包括蓝藻门、绿藻门、硅藻门、金藻门、黄藻门、甲藻门、隐藻门和裸藻门浮游种类，已知全世界藻类植物约有 40000 种，其中淡水藻类有 25000 种左右，中国已发现淡水藻类约 9000 种。

4）漂浮植物

漂浮植物又称完全漂浮植物，是根不着生在底泥中，整个植物体漂浮在水面上的一类浮水植物；这类植物的根通常不发达，体内具有发达的通气组织或具有膨大的叶柄（气囊），以保证与大气进行气体交换，如槐叶萍、浮萍、凤眼莲等。漂浮型水生植物种类较少，多数以观叶为主，为池水提供装饰和绿荫。它们既能吸收水里的矿物质，又能遮蔽射入水中的阳光，所以能抑制水中藻类的生长。漂浮植物的生长速度，可能成为水中一害，需要定期用网捞出一些。

5）挺水植物、浮叶植物和沉水植物

大型水生植物通常划分为挺水植物、漂浮植物、浮叶植物和沉水植物4大类型。漂浮植物类型已述。

（1）挺水植物：直立挺拔，下部或基部沉于水中，根或地茎扎入泥中生长，上部植株挺出水面。挺水型植物种类繁多，常见的有荷花、千屈菜、菖蒲、黄菖蒲、水葱、再力花、梭鱼草、花叶芦竹、香蒲、泽泻、旱伞草、芦苇、茭白等。

（2）浮叶植物：根状茎发达，无明显的地上茎或茎细弱不能直立，叶片漂浮于水面上，常见种类有王莲、睡莲、萍蓬草、芡实、荇菜、水罂粟等。

（3）沉水植物：沉水植物根茎生于泥中，整个植株沉入水中，具发达的通气组织，利于进行气体交换，常见的有丝叶眼子菜、穿叶眼子菜、水菜花、海菜花、海菖蒲、苦草、金鱼藻、水车前、穗花狐尾藻、黑藻等。

6）浮游动物

浮游动物是一类经常在水中浮游或者完全没有游泳能力或者游泳能力微弱，不能做远距离的移动，也不足以抵拒水的流动力。浮游动物是经济水产动物，是中上层水域中鱼类和其他经济动物的重要饵料，对渔业的发展具有重要意义。

浮游动物的种类极多，从低等的微小原生动物、腔肠动物、栉水母、轮虫、甲壳动物、腹足动物等，到高等的尾索动物，几乎每一类都有永久性的代表，其中以种类繁多、数量极大、分布又广的桡足类最为突出。此外，也包括阶段性浮游动物，如底栖动物的浮游幼虫和游泳动物（如鱼类）的幼仔、稚鱼等。浮游动物在水层中的分布也较广。无论是在淡水，还是在海水的浅层和深层，都有典型的代表。

7）游泳动物

游泳动物是指在水层中能克服水流阻力，从而自由游动的水生动物生态类群，绝大多数游泳动物是水域生产力中的终级生产品，产量占世界水产品总量的90%左右，是人类食品中动物蛋白质的重要来源。

游泳动物主要由脊椎动物的鱼类、海洋哺乳动物、头足类和甲壳类的一些种类，以及爬行类和鸟类的少数种类组成。其中，鱼类中的硬骨鱼纲、头足纲中的鞘形亚纲、海洋哺乳动物等大多数种类，都是游泳动物。

8）底栖动物

底栖动物为底栖生物中动物的总称。底栖动物是生活在水体底部的动物群落。

底栖动物是指生活史的全部或大部分时间生活于水体底部的水生动物群。除定居和活动生活外，栖息的形式多为固着于岩石等坚硬的基体上和埋没于泥沙等松软的基底中。此外还有附着于植物或其他底栖动物的体表的，以及栖息在潮间带的底栖种类。在摄食方法上，以悬浮物摄食和沉积物摄食居多。

底栖动物的主要特点是多为无脊椎动物。底栖动物是一个庞杂的生态类群，其所包括的种类及其生活方式较浮游动物复杂得多，常见的底栖动物有软体动物门腹足纲的螺和瓣鳃纲的蚌、河蚬等，环节动物门寡毛纲的水丝蚓、尾鳃蚓等，蛭纲的舌蛭、泽蛭等，多毛纲的沙蚕，节肢动物门昆虫纲的摇蚊幼虫、蜻蜓幼虫、蜉蝣目稚虫等，甲壳纲的虾、蟹等，扁形动物门涡虫纲等。

按生活方式，可将底栖动物划分为 5 种类型。

（1）固着型。固着在水底或水中物体上生活，如海绵动物、腔肠动物、管栖多毛类、苔藓动物等。

（2）底埋型。埋在水底泥中生活，如大部分多毛类、双壳类的蛤和蚌、穴居的蟹、棘皮动物的海蛇尾等。

（3）钻蚀型。钻入木石、土岸或水生植物茎叶中生活的动物，如软体动物的海笋、船蛆和甲壳类的蛀木水虱。

（4）底栖型。在水底土壤表面生活，稍能活动，如腹足类软体动物、海胆、海参和海星等棘皮动物。

（5）自由移动型。在水底爬行或在水层游泳一段时间，如水生昆虫、虾、蟹。

2. 生物操纵理论

1）水体营养物与生物间关系链

在水体中，氮、磷、有机质等各类营养物质的存在，供养者自养生物（如微生物、藻类生物、水生植物），直接吞食微生物、小型藻类的浮游动物（如栉水母、轮虫等），以及以浮游动物为食物、体型更大的鱼类［如四大家鱼，凶猛的马口鱼、大口鲇鱼、乌鱼、青棒（军鱼）、鲈鱼、翘嘴（翘壳）、狗鱼、鳡鱼（竿鱼）、姆鲑鱼（可吞食大马哈鱼）］。水环境中的营养物和各层级生物的关系如图 8-1 所示。

2）生物操纵

所谓生物操纵，指通过对湖泊水体中生物及其环境的一系列操纵，促进一些对湖泊使用者有益的关系和结果，即藻类特别是蓝藻类的生物量的下降。从应用

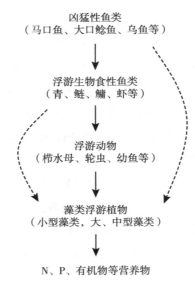

图 8-1　水体营养物与生物间关系链

的角度讲，就是利用食藻鱼类对藻类浮游植物的吞食来治理富营养化湖泊。从广义上来看，生物操纵类似于下行效应、营养级串联效应或食物网操纵，这些词涉及初级、次级或更高级水体消费者的操纵及其对群落结构的影响。

生物操纵分为经典生物操纵技术和非经典生物操纵技术。

1975 年，夏皮罗（Shapiro）等提出了经典生物操纵理论，即通过增加凶猛性鱼类数量控制浮游生物食性鱼的数量（后来演变为直接捕捞浮游生物食性鱼），从而减少浮游生物食性鱼类对浮游动物的捕食，以利于浮游动物种群（特别是枝角类）增长，浮游动物种群的增长加大了对浮游植物的摄食，这样就可抑制浮游植物的过量生长以至水华的发生。

非经典生物操纵与经典生物操纵的不同之处在于：非经典生物操纵直接放养滤食浮游藻类的鱼类，从而达到控制藻类暴发的目的；非经典生物操纵还增加了投放软体动物来通过滤食行为直接控制藻类。

经典生物操纵利用浮游动物作为工具，在控制小型藻类方面具有较大的优势；而在浮游动物无法起有效作用的大型藻类面前，非经典生物操纵所利用的滤食性鱼类则更为有效。对于已经暴发了蓝藻水华的湖泊，应该如何开展有效的生物操纵呢？对此，立即投入使用生物操纵往往不能取得对藻类数量有效地控制，因此生物操纵存在一定的生物滞后性。这时应该借助物理化学方法的快速作用，投加除藻剂、絮凝剂或通过人工收获等方法来有效应对突发水华事件。

3. 生物操纵的难点

不管是经典生物操纵技术还是非经典生物操纵技术，它们的目的都是在于控制磷等营养物质过多水体中出现的藻类等浮游植物，防治水华，因此它们的共同控制手段也都在于如何增加浮游植物的捕食者（经典操纵技术为浮游动物而非经典操纵技术为游泳动物）种群的数量。2 类生物操纵均具有一定的技术难点。

1）经典生物操纵技术的难点

经典生物操纵技术的核心部分通过对浮游动物的调控来实现藻类浮游植物的控制，其作用在藻类上的"下行效应"对于调节藻类种群结构有重要作用。如何壮大浮游动物的种群以保证其对浮游植物的摄食效率呢？目前主要有 2 种方法：①放养凶猛鱼类来捕食浮游动物食性鱼类或者直接捕杀、毒杀浮游动物食性鱼类；②为避免方法①存在的生物滞迟效应，在水体中人工培养或直接向水体中投放浮游动物。

生物滞迟效应是指从食鱼性凶猛鱼类的放养，到浮游动物食性鱼类的减少，再到浮游动物种群的发展，最后到对藻类的抑制作用要取得显著效果，需要时间较久。因此，往往在放养凶猛鱼类的同时，往水体中投放人工培养的浮游动物，以此在短时间内增加水体中浮游动物的数量。

然而，复杂的是湖泊生态系统中上行与下行效应是相互交错进行的。因此，要保持浮游动物食性鱼类和浮游动物种群的长期稳定显然是有困难的。而且，当过分强调对藻类的去除时，会因为大型浮游动物（如枝角类）的食物来源减少，而使其种群无法保持稳定。

当把视角进一步转向浮游植物对浮游动物和鱼类存在的可食性的种间差异性时，可以发现，由于增加了对可食用藻类的捕食压力，不可食用的藻类却逐渐成为优势，特别是一些丝状（如颤藻）和形成群体的有害蓝藻（如微囊藻）。对于蓝藻，因其个体较大（能达到数百微米）以及聚集成团，导致浮游动物甚至某些鱼类对其无法食用或摄取率较低；且蓝藻的营养价值较绿藻低，并能释放毒素抑制浮游动物的生长发育。因此，被捕食压力的减小致使蓝藻快速增长，逐渐形成蓝藻水华。因此，经典生物操纵技术在治理蓝藻水华中未能取得良好效果。

比较而言，生物操纵技术在轻微富营养化或中营养型的浅水湖泊中容易成功，但在富营养—重富营养的深水湖泊中难以成功，生物操纵并未将过量的营养盐从水体中去除，仅仅是将营养盐从湖泊中的一个库转移到另外一个库。

2）非经典生物操纵技术的难点

非经典生物操纵技术越过了浮游动物环节，利用有特殊摄食特性、消化机制且群落结构稳定的滤食性鱼类来直接控制（蓝藻）水华。

在非经典生物操纵应用实践中，通常选用鲢鱼、鳙鱼，这是因为它们具有人工繁殖存活率高、存活期长、食谱较宽，以及在湖泊中不能自然繁殖而种群容易控制等优点。

选择滤食性鱼类来控制藻类的原因还在于它们另外的优点：它们具有特殊的滤食器官。它们的滤食器官由腮耙、腮耙网、腭皱和腮耙管组成，在滤食过程中，小于腮孔的藻类将随水流冲走，大于腮孔的藻类将被截住进入消化道。相对于经典生物操纵技术所用的大型浮游动物（如枝角类）一般只能滤食 $40\mu m$ 以下的较小的浮游植物，鲢鱼、鳙鱼能滤食 $10\mu m$ 至数个毫米的浮游植物（或群体），所以鲢鱼、鳙鱼可以摄食丝状或形成群体的蓝藻，从而起到控制蓝藻水华的作用。此外，鲢鱼、鳙鱼对蓝藻毒素有较强的耐性。

不过，鲢鱼、鳙鱼控制藻类水华的作用也并非完美无缺。研究发现，在鱼产量大于 $100kg/hm^2$ 的湖泊中，反而有较高的浮游藻类生物量和较低的透明度。而且，无论鲢鱼、鳙鱼的产量如何，总磷与浮游藻类之间的关系都没有明显的区别，鲢鱼、鳙鱼并非控制藻类数量、提高水体质量的有效生物工具。甚至发现，随着鲢鱼放养密度增大，水中总氮、总磷的总量也随之增加。从生态系统功能过程来看，鲢鱼放养量增大，初级生产量的被利用率也随之加大，物质循环加快，鱼产量从水中总磷、总氮中扣除的量极小而更多的且有额外部分由鱼的排泄物返回水中。因此，氮和磷的增加，进一步促进了浮游植物大量繁殖，加剧了水体富营养化。

（四）水污染治理的植物浮床技术

植物浮床又称植物浮岛、生态浮岛、生态浮床、生物浮床等，是一种栽有水生植物的人工浮体。在这个人工浮体上，栽植千屈菜、菖蒲、芦苇等水生植物，漂浮在水面上，通过植物根系对水中物质的吸附、吸收作用，富集水体中的氮、磷及有害物质，从而达到净化水体的效果，同时可以为鸟类、鱼类等生物创造生存空间，消减波浪，绿化水域景观。

1. 构造分类

植物浮床有干式植物浮床和湿式植物浮床 2 种型式，表示植物和水接触或不接触。湿式植物浮床又可进一步划分为无框架与有框架，一般用 PVC 管等作为框架，用发泡聚苯乙烯板等材料作为种植床体，而无框浮床一般用椰子纤维缝合作为床体，其强度及使用时间不及有框浮床。干式植物浮床植物与水不接触，可栽培大型木本园艺植物，通过不同的组合构成良好的鸟类栖息场所，同时也美化了景观。干式植物浮床对水质没有净化作用。因此，实际应用中以湿式有框架浮床为主。

2. 浮床的大小与形状

构成整个浮床的多个单体一般边长为 1~5m。形状多为四方形或考虑到景观美观、结构稳固等因素，也有三角形和六边蜂巢形等。

3. 浮床的构造

典型的湿式有框浮床的构造包括 4 个部分，即框体、床体、基质和植物。

（1）浮床框体。浮床框体所选材料要求坚固耐用、抗风浪能力强，目前一般用 PVC 管，也有用不锈钢管、木材或毛竹等。PVC 材质轻、易漂浮，持久耐用，价格便宜，缓冲性能强。其他材料相比之下均不够理想，缺点明显，如不锈钢管、镀锌管等硬度更高、抗冲击能力强，持久耐用，但质量大，需另加浮筒增加浮力，造价高；木头和毛竹虽价格低廉且为自然材质，但常年浸没容易腐烂，耐久性较差。

（2）浮床床体。浮床床体即植物浮床的主体，是植物栽种的支撑物。目前，床体材料主要使用聚苯乙烯泡沫板，其成本低廉、浮力强大、性能稳定，方便设计和施工，可多次重复利用。在实践中，当植物种类为漂浮植物时，可以不用床体，而依靠植物自身浮力保持在水面上，但需要利用浮床框体、绳网将其固定在一定区域内。

（3）浮床基质。浮床基质是用于固定植物植株的构造，基质材料需要具有一定弹性以保证不伤害植物，且不腐烂，能保证植物直立。常用到的浮床基质多为海绵、椰子纤维等。

（4）浮床植物。植物是浮床技术用以净化水体的主体。选择时需要满足以下要求：能够适应项目所在地气候条件，优先选择本地种；为保障存活，植物根系必须发达、根茎繁殖能力强；植物生长快且生物量大，以保证营养物去除量大。此外，还应尽可能考虑植株优美，具有一定的观赏性和经济价值。目前，常用浮床植物有美人蕉、千屈菜、芦苇、荻、水稻、香根草、香蒲、菖蒲、水浮莲、水芹菜、水雍菜等。

凤眼莲的纳污能力较强，但同时它又是"十大恶草"之一，极易导致生态灾害，因此将其用来作为浮床植物要对其进行特别管理和监测，施以捞取去除。

在完成植物浮床的构造和铺设后，需要对其进行固定，防止浮床散架及多个浮床间的相互碰撞，同时保证浮床不被风浪带走。固定装置有很多类型，如重物型、船锚型和桩基型等。重物、船锚、桩基等固定装置与浮床之间的连接绳需要保持一定的伸缩长度，以保证浮床随水位变化而上下浮动的适宜空间。如遇风急浪大水体，桩基与浮床之间组好采用钢丝绳进行连接。

（五）湿地生态修复技术

湿地生态修复的基本原则包括自然性原则、生态学原则和可行性原则。自然性原则强调以自然修复为主、人工修复为辅的原则。人工修复为自然修复创造良好环境，加快生态修复进程，促进稳定化过程。但在生态缺损较大的区域，则需要以人工修复为主，人工修复和自然修复相结合，人工修复促进自然修复。生态学原则指湿地修复应遵循生态演替规律、生物多样性原则、生态位原则等生态学原则，根据生态系统自身的演替规律分步骤、分阶段，循序渐进地进行生态修复。湿地修复的可行性原则包括环境的可行性和技术的可操作性，即需要依据不同修复区域的自然环境、空间差异和特殊性，因地制宜采用适宜的修复技术。

湿地生态修复的基本流程包括：明确湿地修复边界，调查退化湿地生态现状，识别湿地退化因子（自然因子、人为因子、压力因子），确定湿地修复目标，确定湿地修复工程建设方案，评价湿地修复效果，监测修复湿地后续状态，管理湿地生态系统。

湿地修复技术包括栖息地恢复（地形改造、基底修复、湿地岸坡修复），水文水质修复，生物多样性修复，以及生态系统结构和功能修复（食物链、食物网结构的完善和湿地功能区划分）。

人工湿地的构建与运用是进行湿地生态修复的重要途径，对于恢复或重构生物栖息地、修复水文条件、生物多样性等具有十分重要的作用。人工湿地的运行与管理最大的困难可能在于如何有效解决基质堵塞的问题，以保证人工湿地可以得到持续应用。

思考题

（1）什么是环境生态工程，你是如何理解的？

（2）试述物质循环再生原理。

（3）简述涌现性原理。

（4）试对生物操纵和生态疏浚进行阐释。

（5）请对生态水利和生态公路的含义进行阐述。

主要参考文献

［1］Carmona D，Fitzpatrick C R，Johnson M T J. Fifty years of co-evolution and beyond：integrating co-evolution from molecules to species［J］. Molecular Ecology，2015，24（21）：5315−5329.

［2］Erbe B. Steps to carbon neutral practice［J］. Aktuelle Urologie，2023，54（5）：358−361.

［3］Ermolieva T，Ermoliev Y，Fischer G，et al. Carbon emission trading and carbon taxes under uncertainties［J］. Climate Change，2010，103（1−2）：277−289.

［4］Feng Y. Does China's carbon emission trading policy alleviate urban carbon emissions?［C］. 6th International Conference on Energy Materials and Environment Engineering（ICEMEE），2020.

［5］Fletcher S C. Similarity Structure and Emergent Properties［J］. Philosophy of Science，2020，87（2）：281−301.

［6］Gao C C，Wang A L，Guo X Y，et al. The Structure and Development of Regional Ecological Water Conservancy Economic System［J］. Journal of Coastal Research，2020，103：65−69.

［7］Haimann M，Hauer C，Tritthart M，et al. Monitoring and modelling concept for ecological optimized harbour dredging and fine sediment disposal in large rivers［J］. Hydrobiolgia，2018，814（1）：89−107.

［8］Han B L，Ouyang Z Y，Liu H X，et al. Courtyard integrated ecological system：An ecological engineering practice in China and its economic-environmental benefit［J］. Journal of Cleaner Production，2016，133：1363−1370.

［9］Herzon S B. Emergent Properties of Natural Products［J］. Synlett, 2018, 29 (14): 1823-1835.

［10］Laland K N, Boogert N J. Niche construction, co-evolution and biodiversity [J]. Ecological Economics, 2010, 69 (4): 731-736.

［11］Luo F Z, Wang P L. Regeneration and Recycling of Water Resources in Ecological City Landscaping［J］. Journal of Environmental Protection and Ecology, 2020, 21 (5): 1719-1728.

［12］Malko J. Roadmap to Low-carbon Economy［J］. RYNEK Energii, 2010 (4): 26-30.

［13］Matsui Y, Terashima K, Takahashi R. Process Engineering Approach Towards Low Carbon Consumption in Carbon Cycle by Smart Iron Manufacture［J］. ISIJ International, 2015, 55 (2): 365-372.

［14］Prisley S. Carbon Neutral［J］. Journal of Forestry, 2011, 109 (6): 312.

［15］Ravilious K. Life in a carbon-neutral world［J］. Physics World, 2020, 33 (4): 32-37.

［16］Wang G G, Zhang H N, Wu T, et al. Recycling and Regeneration of Spent Lithium-Ion Battery Cathode Materials［J］. Progress in Chemistry, 2020, 32 (12): 2064-2072.

［17］Yang Y, Xu S M, He Y H. Lithium recycling and cathode material regeneration from acid leach liquor of spent lithium-ion battery via facile co-extraction and co-precipitation processes［J］. Waste Management, 2017, 64: 219-227.

［18］Yang Y, Yang J Y, Zhao T N, et al. Ecological restoration of highway slope by covering with straw-mat and seeding with grass-legume mixture［J］. Ecological Engineering, 2016, 90: 68-76.

［19］Younger P L. Hydrogeological challenges in a low-carbon economy［J］. Quarterly Journal of Engineering Geology and Hydrogeology, 2014, 47 (1): 7-27.

［20］Zhao C, Zhou J C A, Zhang S Y, et al. Carbon-Based Thermoacoustic Speaker With High Vocal Efficiency and Low Power Consumption［J］. IEEE Sensors Journal, 2022, 22 (18): 17875-17881.

［21］Zhao M，Wang Z M，Shao S G. Overview of Highway Ecological Route Selection［C］. International Conference on Smart Transportation and City Engineering，2021.

［22］Zhou C Y，Heald R. Emergent properties of mitotic chromosomes［J］. Current Opinion in Cell Biology，2020，64：43-49.

［23］曹亚丽，王飞，徐霞. 基于生态工程恢复的游湖湾水环境改善效果［J］. 水资源与水工程学报，2014，25（1）：82-86，90.

［24］陈强娥，曹征强，吴凯文. 应用生态工程原理解决水利工程施工中的环境问题［J］. 工程建设与设计，2018（7）：267-268，271.

［25］陈旭. 生态水利工程设计在水利建设中的运用［J］. 东北水利水电，2023，41（7）：67-70.

［26］程纹，程颖慧，张苏州，等. 基于生物多样性保护理念的植物专类园规划设计研究［J］. 园林，2023，40（11）：113-120.

［27］崔荣祥. 基于生物多样性提升的鱼塘湿地生态修复与监测跟踪［J］. 园林，2023，40（10）：126-132.

［28］方草. 生态水利工程建设理念在滨水景观设计中的探索——以广元市坪雾坝滨江绿带公园景观设计为例［J］. 水电站设计，2023，39（1）：4-7.

［29］郭汉丁，张印贤，马辉. 循环经济理念下废旧电器回收、再生、利用循环机理的探究［J］. 电子科技大学学报（社科版），2008，10（4）：19-23.

［30］韩峰，刘志博，尹文华，等. 基于二维云模型的沙漠高速公路生态风险评价及优选研究［J］. 安全与环境学报，2023，23（10）：3774-3783.

［31］韩顺波，李子龙，何金聪，等. 疏浚淤泥生态固坡种植改良技术研究［J］. 浙江水利科技，2023，51（3）：48-53，60.

［32］胡建忠，安宝利，夏静芳，等. 砒砂岩区1999—2008年沙棘生态工程环境资源价值评价［J］. 国际沙棘研究与开发，2013，11（4）：15-18.

［33］胡顺，凌抗，王俊友，等. 西北典型内陆流域地下水与湿地生态系统协同演化机制［J］. 水文地质工程地质，2022，49（5）：22-31.

［34］黄礼林. 生态工程原理在柏枝田水库工程环境问题中的应用研究［J］. 低碳世界，2017（31）：116-117.

［35］江泽宇，暴占军，辛旭东. 生态水利工程建设理念在河道规划设计中的

应用 [J]. 黑龙江水利科技，2023，51（9）：125-127.

[36] 李春堂，柯航，李宝成，等. 河南省绿色生态文明高速公路评价体系 [J]. 公路工程，2023，48（5）：187-191.

[37] 李慧，高于健，Nazar Usman，等. 公路施工沿线生态监测技术及应用 [J]. 交通建设与管理，2023（5）：165-167.

[38] 李云燕. 循环经济生态机理研究 [J]. 生态经济（学术版），2007（2）：126-130.

[39] 刘贵清. 循环经济的生态学基础探究 [J]. 生态经济，2013（9）：106-109.

[40] 刘国锋，包先明，吴婷婷，等. 水葫芦生态工程措施对太湖竺山湖水环境修复效果的研究 [J]. 农业环境科学学报，2015，34（2）：352-360.

[41] 刘玲莉，井新，任海燕，等. 草地生物多样性与稳定性及对草地保护与修复的启示 [J]. 中国科学基金，2023，37（4）：560-570.

[42] 刘宁，戴小华，王洁，等. 基于自然解决方案的栖息地修复实践与研究——以天福国家湿地公园为例 [J]. 湿地科学与管理，2023，19（5）：86-89.

[43] 米洁. 环境工程与生态工程的复合体系发展研究 [J]. 环境与发展，2018，30（12）：254，256.

[44] 苗泽华，彭靖，董莉. 工业企业环境污染与实施生态工程的激励机制构建——以制药企业为例 [J]. 企业经济，2012，31（12）：10-14.

[45] 苗泽华，孙文博. 矿山企业生态环境及其生态工程研究 [J]. 生态经济，2015，31（2）：184-187.

[46] 莫启导. 城市河道水体生态疏浚综合治理的实践研究 [J]. 水利技术监督，2022（9）：253-255，269.

[47] 任令祺，任广波，王建步，等. 面向滨海湿地修复治理的生态系统服务净价值遥感评估研究——以黄河口湿地为例 [J/OL]. 海洋开发与管理 [2024-05-17].

[48] 弯迎彬，周鹏，刘晶雷，等. 公路边坡三维柔性生态防护应用研究 [J]. 交通节能与环保，2023，19（5）：132-135.

[49] 王端，冯琴. 城市河道治理工程中生态水利设计理念运用分析 [J]. 低碳世界，2023，13（7）：25-27.

［50］王凯，谭佳欣，甘畅. 湘西地区旅游发展与城乡融合协同演化及影响因素研究［J］. 地理科学进展，2023，42（8）：1468-1485.

［51］王磊，李慧明. 交易成本、使用寿命与行为选择——物质循环利用的影响因素分析［J］. 经济与管理研究，2010（3）：5-10.

［52］王林，苏永祥，银才让，等. 甘南境内高速公路干扰区生态修复适宜草种的活力及其应用［J］. 草业科学，2023，40（10）：2501-2512.

［53］王明祥，高丽萍. 浅谈利用"生物操作"技术治理污染水体［J］. 北京水产，2006（6）：46.

［54］魏振康，张方方，霍喜. 基于农村环境问题的生态工程研究［J］. 环境保护与循环经济，2016，36（2）：58-60.

［55］徐浩，岳超，朴世龙. 科学规划植树造林把握森林碳汇对"碳中和"战略的服务窗口期［J］. 中国科学（地球科学），2023，53（12）：3010-3014.

［56］杨光明，罗垚，张帆，等. 三峡库区生态环境三方协同治理演化博弈及系统仿真研究［J］. 重庆理工大学学报（社会科学），2021，35（12）：154-166.

［57］张蓓佳，丁日佳. 生态工业园整体涌现性机理研究［J］. 系统科学学报，2014，22（3）：90-93.

［58］张录强，范跃进. 循环经济原理及其发展要点［J］. 东北财经大学学报，2006（2）：3-6.

［59］张天雪，王召伟，宋爽，等. 海洋疏浚物生态化利用研究及应用进展［J］. 环境工程，2023，41（S1）：107-112.

［60］赵孟珊. 循环经济的本质及发展途径探究［J］. 中国市场，2015（35）：83-84.

［61］赵文钢. 生态工程技术在城市河道治理中的应用——以马料河水环境生态治理工程为例［J］. 低碳世界，2022，12（7）：33-35.

［62］郑天驹，许盛凯，田广宇，等. 黑臭水体生态协同修复技术研究及应用——以亳州市陵西湖疏浚工程为例［J］. 环境科学与管理，2022，47（11）：104-108，131.

［63］诸大建. 探索循环经济的经济学理及其政策意义——基于生态经济学的视角［J］. 中国发展，2008（1）：47-62.